U0607385

消防工程施工技术

杜明　主编

第二版

化学工业出版社
·北京·

内容简介

本书主要介绍建筑消防相关知识、火灾自动报警与消防联动系统、灭火系统、消防系统的供电与布线、消防系统的调试验收及维护、特殊建筑的消防技术等内容。本书内容简要明确，实用性强，紧跟目前消防行业施工技术的发展趋势，满足消防领域的相关要求，贴合消防领域施工技术人才培养的需要。

本书可供消防工程施工与管理人员以及其他相关人员使用。

图书在版编目（CIP）数据

消防工程施工技术 / 杜明主编. -- 2版. -- 北京：化学工业出版社，2024. 10. -- ISBN 978-7-122-46263-3

Ⅰ. TU892

中国国家版本馆 CIP 数据核字第 2024GU1469 号

责任编辑：徐　娟　　　　文字编辑：冯国庆
责任校对：宋　夏　　　　装帧设计：韩　飞

出版发行：化学工业出版社
（北京市东城区青年湖南街 13 号　邮政编码 100011）
印　　刷：北京云浩印刷有限责任公司
装　　订：三河市振勇印装有限公司
880mm×1230mm　1/32　印张 9　字数 304 千字
2024 年 11 月北京第 2 版第 1 次印刷

购书咨询：010-64518888　　　　售后服务：010-64518899
网　　址：http://www.cip.com.cn
凡购买本书，如有缺损质量问题，本社销售中心负责调换。

定　　价：49.80 元

版权所有　违者必究

第二版前言

随着城市化进程的加速，消防工程建设得到了更多的关注和投入。然而，我国消防工程仍存在一些问题：部分地区消防设施建设滞后，存在安全隐患；施工质量参差不齐，一些工程存在设计不合理、施工质量低下等问题；部分消防设备更新换代较慢，导致技术水平相对滞后。为解决这些问题，我国政府加大了对消防工程的投入和管理力度，加强了对施工质量和安全的监管。同时，推动智能化消防设备的应用和发展，提高消防工程的科技含量和效能。

本书第一版于 2016 年出版，至今一直非常畅销，但其中部分规范已经过时，第一版的一些内容已经不能适应发展的需要了，故对本书进行修订。

2016 年后消防领域更新的规范主要有：《建筑防火通用规范》（GB 55037—2022）、《消防设施通用规范》（GB 55036—2022）、《泡沫灭火系统技术标准》（GB 50151—2021）、《建筑设计防火规范》（GB 50016—2014）（2018 版）、《自动喷水灭火系统施工及验收规范》（GB 50261—2017）、《火灾自动报警系统施工及验收规范》（GB 50166—2019）、《建筑防烟排烟系统技术标准》（GB 51251—2017）。

第二版全面更新了数据及各类信息资料，根据近几年新发布的规范及工作中实际方法的运用，对一些章节进行了修订，剔除了陈旧知识，增加了现行常用内容。本次修订还配有电子课件、二维码视频等多媒体资源。

本书由杜明主编，张丹、张黎黎、刘艳君、刘静、李东、马文颖、白雅君等共同协助完成。

由于编者的经验和学识有限，尽管尽心尽力编写，但内容难免有疏漏之处，敬请广大专家、学者批评指正。

编者

2024 年 7 月

目录

1 建筑消防相关知识

1.1 火灾基础知识

1.1.1 火灾燃烧反应的三要素

火灾是一种特殊的燃烧现象，可以通过燃烧学的基本规律对火灾的发生和蔓延做出分析。比如起火是火灾过程的最初阶段，很多概念与燃烧学中的着火、点火等基本规律有关，但是又不完全相同，起火所涉及的面比着火和点火要广得多。因此，要特别注意火灾燃烧学与一般燃烧学之间的异同点。下面先以一般燃烧的三要素出发，了解火灾发生的基本条件。

在本质上，燃烧反应是可燃物与氧化剂在一定热源作用下发生的快速氧化-还原反应。具备一定数量和浓度的可燃物和氧化剂以及一定能量强度的引火源是导致燃烧的必要条件。在一些情况下，例如，气体可燃物或氧化剂未能达到一定浓度，引火源没有足够的热量或一定的温度，即使具备了燃烧的三个必要条件也不能燃烧。比如，一根火柴的热量不足以点燃一根木材；甲烷（CH_4）在空气中燃烧，当甲烷含量小于14%，或者空气中氧气含量小于12%时燃烧就不会继续；如果用热能引燃甲烷、空气混合物，当温度低于595℃时燃烧就不会发生。要发生火灾，必须同时具备可燃物、氧化剂以及引火源三个条件并达到一定的极限值，缺一不可，通常称为发生火灾的三要素，或叫作火三角。

1.1.1.1 可燃物

凡是能与空气中的氧或者其他氧化剂发生剧烈化学反应且放出热量的物质都属于可燃物。可燃物是多种多样的，不同类型建筑物内能够导致火灾的可燃物种类更加繁多。例如，工地上的生石灰遇火发热能将草袋烧着；住宅类建筑里的煤气及家用电器等，使用不当也会导致火灾。可燃物按来源可分为天然可燃物和各种人工聚合物，如木材、纸张、布匹、汽油、液化石油气、建筑装饰用板材、沙发以及窗帘等。按形态可分为固态、液态和气态可燃物三种。可燃物从组成上讲可以是由一种分子组成的单纯物质，例如 H_2、CO、CH_4、H_2S 等部分可燃气体和低分子的可燃液体。绝大部分可燃物均为多种单纯物质的混合物或多种元素的复杂化合物。例如天然气的组分一般主要包括 CH_4 和 H_2，液化石油气的主要组分包括丙烷（C_3H_8）、丙烯（C_3H_6）、丁烷（C_4H_{10}）以及丁烯（C_4H_8）等多种烃类化合物。火灾燃烧产物中也含有未完全燃烧的可燃气体，以及多种可燃液滴及固体颗粒。对于人工聚合物，其成分更加复杂，火灾燃烧产物中常含有大量的毒性成分，火灾危险性更为严重。物品的火灾危险性类别如表 1-1 所列。从表 1-1 中可以看出，甲类物品的闪点较低，爆炸极限范围宽，其火灾危险性最大。在建筑设计中，针对各种不同物品的燃烧特性与火灾危险性，应分别采取相应的防火阻燃及灭火技术措施。

表 1-1　物品的火灾危险性类别

仓库类别	储存物品的火灾危险性特征
甲	(1)闪点<28℃ (2)爆炸下限<10%的气体，以及受到水或空气中的水蒸气的作用能产生爆炸下限<10%气体的固体物质 (3)常温下能自行分解或在空气中氧化能导致迅速自燃或爆炸的物质 (4)常温下受到水或空气中的水蒸气的作用，能产生可燃气体并引起燃烧或爆炸的物质 (5)遇酸、受热、撞击、摩擦以及遇有机物或硫黄等易燃的无机物，极易引起燃烧或爆炸的强氧化剂 (6)受撞击、摩擦或与氧化剂、有机物接触时能引起燃烧或爆炸的物质
乙	(1)闪点≥28℃，但<60℃的液体 (2)爆炸下限≥10%的气体 (3)不属于甲类的氧化剂 (4)不属于甲类的化学易燃危险固体 (5)助燃气体 (6)常温下与空气接触能缓慢氧化，积热不散引起自燃的物品
丙	(1)闪点≥60℃的液体 (2)可燃固体
丁	难燃烧物品
戊	不燃烧物品

建筑物中可燃物种类很多，其燃烧发热量也由于材料性质不同而异。为便于研究，在实际中常根据燃烧热值将某种材料换算为等效发热量的木材，用等效木材的质量表示可燃物的数量，叫作当量可燃物的量。通常情况下，大空间所容纳的可燃物比小空间要多，因此，当量可燃物的数量与建筑面积或容积的大小有关。为便于研究火灾性状，通常把火灾范围内单位地板面积的当量可燃物的质量（kg/m^2）定义为火灾荷载。房间中火灾荷载的总和叫作当量可燃物总量。当量可燃物总量与房间中单位面积上的实际可燃物数量和各种可燃物的实际总数量有所不同。火灾荷载可按下列公式进行计算。

$$W=\frac{\sum(G_iH_i)}{H_0A_F}=\frac{\sum Q_i}{H_0A_F} \tag{1-1}$$

式中 W——火灾荷载，kg/m^2；

G_i——某可燃物质量，kg；

H_i——某可燃物热值，kJ/kg；

H_0——木材的热值，kJ/kg；

A_F——室内的地板面积，m^2；

$\sum Q_i$——室内各种可燃物的总发热量，kJ。

火灾荷载是衡量建筑物室内所容纳可燃物数量多少的一个参数，是分析建筑物火灾危险性的一个重要指标，也是研究火灾发展阶段特性的基本要素，火灾荷载和燃烧特性的关系参见表1-2。

表1-2 火灾荷载与燃烧特性的关系

火灾荷载/(kg/m^2)	热量/(MJ/m^2)	燃烧时间——相当于标准温度曲线的时间/h
24	454	0.5
49	909	1.0
73	1363	1.5
98	1819	2.0
147	2727	3.0
195	244	3636
4.5	4545	7.0
60(288)	5454	8.0
70(342)	6363	9.0

在建筑物发生火灾时，火灾荷载直接决定着火灾持续时间的长短及

室内温度的变化情况。所以，在进行建筑结构防火设计时，有必要了解火灾荷载的概念，合理确定火灾荷载数值。试验表明，火灾荷载为 60kg/m^2 时，其持续燃烧时间为 1.3h。通常住宅楼的火灾荷载为 35～60kg/m^2，高级宾馆达到 45～60kg/m^2。这样当火灾发生时，因为火灾荷载大，火势燃烧猛烈，燃烧持续时间长，火灾危险性增大。

1.1.1.2 氧化剂

凡是能帮助和支持燃烧的物质都叫作氧化剂。火灾时空气中的氧气是一种最常见的氧化剂。在热源能够满足持续燃烧要求的前提下，氧化剂的量与供应方式是影响和控制火灾发展势态的决定性因素。地下建筑火灾中常利用“封堵降氧”的方法控制火势的发展。

1.1.1.3 引火源

能引起可燃物质燃烧的热能源称为引火源，引火源可以是明火，也可以是高温物体，如火焰、电火花、高温表面、自然发热、光以及热射线等，它们的能量和能级存在很大差别。在一定温度和压力下，能引起燃烧所需的最小能量叫作最小点火能，这是衡量可燃物着火危险性的一个重要参数。一般情况下，可燃混合气的初温增加，则最小点火能减少；压力降低，则最小点火能增大。当压力降至某一临界压力时，可燃混合气就很难着火。

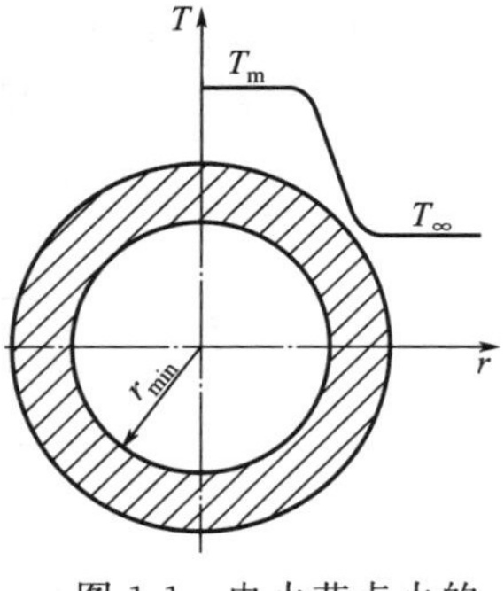

图 1-1　电火花点火的简化模型

下面以球形电火花为例，简述最小点火能的概念。如图 1-1 所示为电火花点火的简化模型，相应的简化条件为：

① 可燃混合气体处在静止状态；

② 电极间距足够大（不考虑电极的冷熄作用）；

③ 化学反应为二级反应。

假设从球心到球面温度分布均匀，球形火焰温度是绝热火焰温度（T_m），环境温度为 T_∞。点燃的判断依据为在火焰厚度 δ 内形成 T_m～T_∞ 的稳定分布。

要使半径为 r_{min} 球体内的可燃混合气体用电火花将其由 T_∞ 加热至 T_m 时，所需要的最小点火能 H_{min}(kJ) 应为

$$H_{min}=k_1\times\frac{4}{3}\pi r_{min}{}^3 c_{pl}\rho(T_m-T_\infty) \tag{1-2}$$

式中 k_1——修正系数，用来修正电火花加热温度总低于 T_m 而带来的误差；

T_m——球形火焰温度，K；

T_∞——环境温度，K；

r_{min}——球形可燃混合气体半径，m；

c_p——可燃混合气体比定压热容，kJ/(kg·K)；

ρ——可燃混合气体密度，kg/m^3。

实践证明，多数火花（例如电闸跳火）具有这个能量，所以，必须加强对明火的控制。

1.1.2 不同种类可燃物的火灾燃烧特性

1.1.2.1 可燃气体的火灾燃烧特性

(1) 可燃气体的着火。建筑物火灾中的可燃气体通常有两类：一类为火灾前建筑物内已经存在的燃料气，如天然气、液化石油气以及人工煤气等；另一类是火灾烟气中由于可燃物不完全燃烧生成的可燃气体，如 CO 和 H_2S 等。

任何可燃气体在一定条件下与氧接触，均要发生氧化反应。如果氧化反应过程产生的热量等于散失的热量，或活化中心浓度增加的数量正好补偿其销毁的数量，这个过程就称为稳定的氧化反应过程。若氧化反应过程生成的热量大于散失的热量，或活化中心浓度增加的数量大于其销毁的数量，这个过程就叫作不稳定的氧化反应过程。

由稳定的氧化反应转变为不稳定的氧化反应而导致燃烧的一瞬间，叫作着火。

① 热力着火。一般工程上遇到的着火是因为系统中热量的积聚，使温度急剧上升而引起的。这种着火称为热力着火。如图 1-2 所示为可燃混合物的热力着火过程。其中曲线 L 为氧化反应过程发生的热量随系统温度变化的指数曲线，曲线 M、M'、M''是随建筑物或可燃气体容器内壁温度升高，系统的散热曲线。当温度 T_0 比较低时，散热线 M 和发热曲线 L 有两个交点 1 和 2。当建筑物或可燃气体容器内壁温度逐渐升高时，散

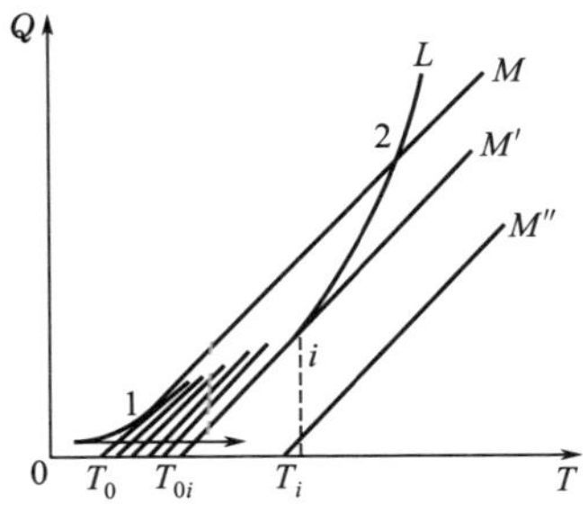

图 1-2 可燃混合物的热力着火过程
Q—热量；T—温度

热线 M 向右移动，到 M' 位置时和曲线 L 相切于 i 点。i 点是稳定状态的极限位置，如果系统内壁温度比 T_{0i} 再升高一点，曲线 M 就移动到 M'' 的位置，曲线 L 与 M'' 就没有交点。这时发热量总是大于散热量，温度不断升高，反应不断加速，化学反应就由稳定的、缓慢的氧化反应转变为不稳定、激烈的燃烧。

发热曲线 L 与散热曲线 M' 的切点 i，称为着火点，相应于该点的温度叫作着火温度或自燃温度。

根据以上分析可知，着火点是一个极限状态，超过这个状态便有热量积聚，使稳定的氧化反应转为不稳定的氧化反应。着火点与系统所处的热力状态有关。着火温度除和可燃混合物的特性有关外，还与周围环境的温度、压力以及反应容器的形状及尺寸等向外散热的条件有关，即使同一种可燃气体，着火温度也不是一个物理常数。在燃料的活性较强、燃烧系统内压力比较高和散热较少的情况下，燃料的热力着火温度会变得低一些。表 1-3 给出了 1atm（1atm＝101325Pa，下同）、298K 条件下，某些可燃性物质的最低着火温度。

表 1-3　空气中某些可燃性物质的最低着火温度

可燃性物质	最低着火温度/℃	可燃性物质	最低着火温度/℃	可燃性物质	最低着火温度/℃
甲烷	537	己烷	223	丙烯	455
乙烷	472	庚烷	204	环己烷	245
丙烷	432	辛烷	260	苯	498
丁烷	587	异辛烷	415	甲苯	480
戊烷	260	乙烯	450	甲醇	385
乙醇	363	一氧化碳	609	氨	651
1-丙醇	412	氧化乙烯	429	聚乙烯	350
1-丁醇	343	乙酸	463	聚苯乙烯	495
氢气	500	甲醛	424		

大量的试验及理论分析证明，当混合气压力增大时，着火温度下降，混合气自燃容易发生；反之，则自燃温度上升，混合气不易着火。着火临界压力和着火温度的关系如图 1-3 所示。

着火温度还与燃料和空气的组分比有关。着火临界压力也同燃料和空气的组分比有关，这就是可燃气体的着火（爆炸）极限，如图 1-4 与图 1-5 所示。

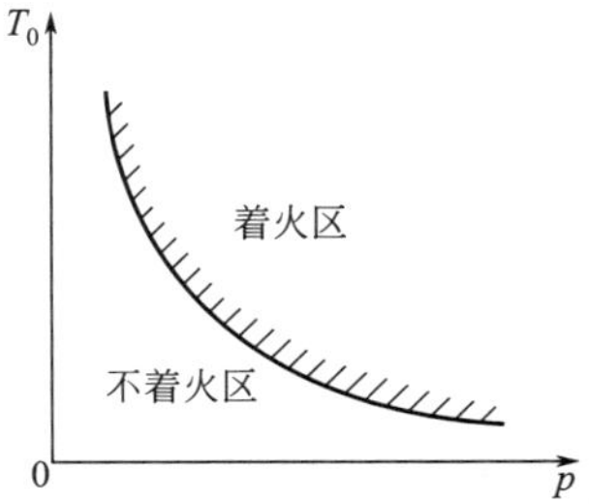

图 1-3　着火临界压力与着火温度的关系

T_0—着火温度；p—着火临界压力

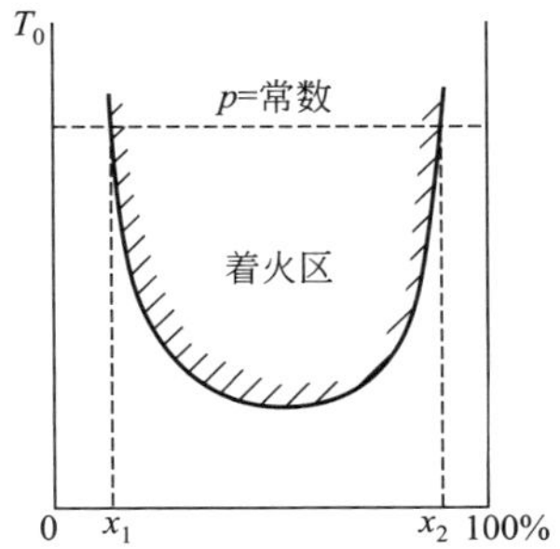

图 1-4　着火温度与混合气成分的关系

T_0—着火温度；p—着火临界压力

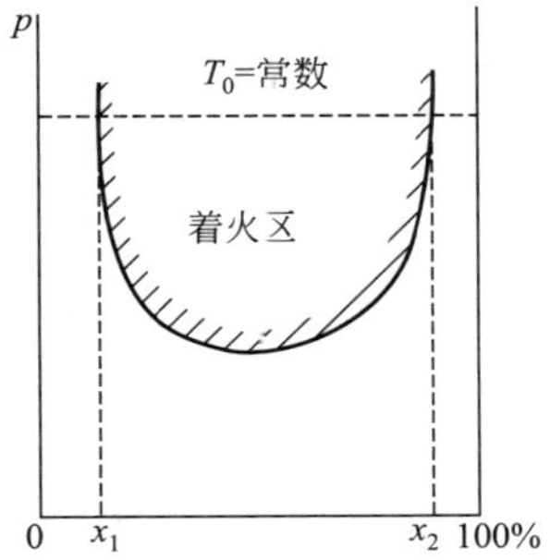

图 1-5　临界压力与混合气成分的关系

T_0—着火温度；p—着火临界压力

由图 1-4、图 1-5 可以看出，在一定的压力和温度下，并不是所有的可燃混合气都能着火，燃料气的浓度低于或者高于某一极限值都不会被点燃或爆炸。可燃混合气遇明火发生燃烧时可燃气体的最低浓度，叫作可燃极限下限；遇明火能发生燃烧的最高浓度，称为可燃极限上限。当压力或者温度下降时，可燃极限范围缩小，火灾危险性降低；当压力或温度下降到某一值时，可燃极限上限和下限可为一点；当温度或者压力继续下降，则任何混合气体成分都不能着火。表 1-4 为若干燃料气的可燃极限。

表 1-4　若干燃料气的可燃极限（273.15K、1atm）

气体名称	可燃极限(体积分数)/%		气体名称	可燃极限(体积分数)/%	
	下限	上限		下限	上限
氢气	4.0	75.0	一氧化碳	12.5	74.2
甲烷	5.0	15.0	氨	15.0	28.0

续表

气体名称	可燃极限(体积分数)/%		气体名称	可燃极限(体积分数)/%	
	下限	上限		下限	上限
乙烷	2.9	13.0	硫化氢	4.3	45.5
丙烷	2.1	9.5	苯	1.5	9.5
丁烷	1.5	8.5	甲苯	1.2	7.1
戊烷	1.5	7.8	甲醇	6.0	36.0
乙烯	2.7	34.0	乙醇	3.3	18.0
丙烯	2.0	11.7	1-丙醇	2.2	13.7
乙炔	2.5	82.0	乙醚	1.85	40.0
丙酮	2.0	13.0	甲醛	7.0	73.0

② 支链着火。热力着火理论为多数燃料在燃烧设备内所经历的着火过程，也是大多数火灾发生的主要原因。也有许多现象不符合热力着火理论，比如氢气/氧气体系在低压下其可燃界限呈半岛形，如图 1-6 所示。这种燃烧现象可以通过支链着火理论来解释。

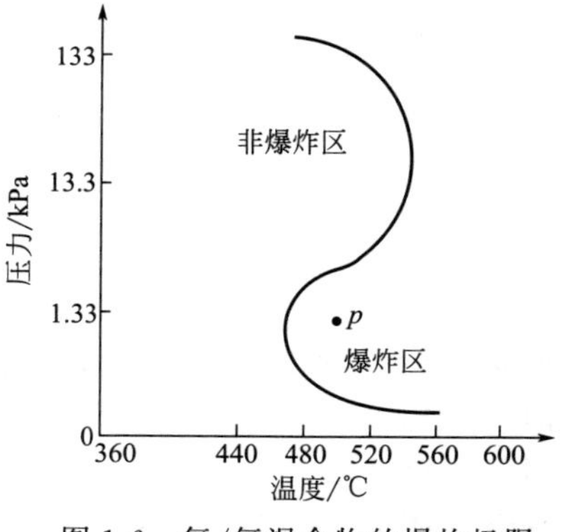

图 1-6　氢/氧混合物的爆炸极限

p—爆炸极限

在一定条件下，因为活化中心浓度迅速增加而引起反应加速从而使反应由稳定的氧化反应转变为不稳定的氧化反应的过程，叫作支链着火。例如，磷在大气中会发生闪光，但温度并不高；许多液态可燃物（醚、汽油、煤油等）在低压与温度只有 200～280℃ 时发生微弱的火光，叫作冷焰。

实际燃烧过程中，不可能有纯粹的热力着火或者支链着火存在。事实上，它们是同时存在而且是相互促进的。可燃混合气的自行加热不仅加强了热活化，而且加强了每个链反应的基元反应。通常来说，高温时热自燃是着火的主要原因，而在低温时支链反应是着火的主要原因。

（2）可燃气体的点火。假设可燃混合气中任一点的瞬时温度与浓度均相等，燃烧反应是在整个系统中同时进行的。而当一微小热源放入可燃混合物中时，则贴近热源周围的一层混合物被迅速加热，并开始燃烧产生火焰，然后利用湍流混合和传热，火焰锋面逐渐传播并扩展至整个可燃物，使可燃混合气逐步着火燃烧。这种现象称为强迫着火。工程中使用比较普遍的着火方法是强迫着火，点火源可以是灼热固体颗粒、电火花、引燃火炬以及高温烟气回流等。

强迫着火和自燃着火在原理上是一致的，均为化学反应急速加剧的结果。但是，强迫着火要求点火源处的火焰能够在混合气中传播，所以，强迫着火的条件不仅与点火源的性质有关，还与火源的传播条件有关。为了确保着火成功，并使火焰能在较冷的可燃气体中传播，强迫着火温度（点火温度）通常要比自燃温度高得多。

（3）可燃气体的燃烧过程。根据可燃气体与空气混合过程的特点，可燃气体的燃烧过程可归纳为扩散式燃烧和预混式燃烧两种基本形式。两者边混合边燃烧叫作扩散式燃烧。可燃气体与空气在燃烧前即进行预混合的燃烧过程称为预混式燃烧。火灾燃烧中经常出现这种情况，即使可燃组分在预混燃烧阶段不能完全燃烧，部分燃料气进入烟气中，还可继续发生扩散燃烧。

① 扩散式燃烧。可燃气体在喷射出来之前没有与空气混合，当可燃气体从存储容器或者输送管道中喷射出来时，在适当的点火源能量的作用下，喷射而出的可燃气体卷吸周围的空气，边混合边燃烧，形成射流扩散火焰，分为层流与湍流两种类型。图 1-7 为可燃气体层流扩散火焰的结构示意。层流扩散火焰焰面为圆锥形。焰面上可燃气体和空气的混合比等于化学计量比。焰面以内为可燃气体与燃烧产物的混合区。可燃气

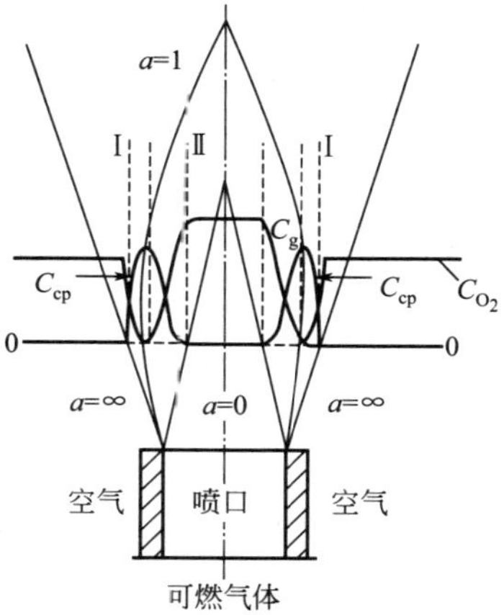

图 1-7　可燃气体层流扩散火焰的结构示意

Ⅰ—外侧混合区（烟气＋空气）；Ⅱ—内侧混合区（烟气＋燃气）；C_g—可燃气体浓度；C_{cp}—燃烧产物浓度；a—空气过剩系数；C_{O_2}

体浓度 C_g 从火焰中心向焰面逐步降低。焰面以外为空气和燃烧产物的混合区。氧气浓度由静止的空气层向焰面逐步降低；燃烧产物在焰面上浓度 C_{cp} 最大，由焰面向内、外两侧逐步降低。

由喷口平面到火焰锥尖的距离称为火焰高度，它是表示燃烧状况的一个重要参数。图 1-8 所示为气流速度增加时扩散火焰高度和燃烧工况的变化。

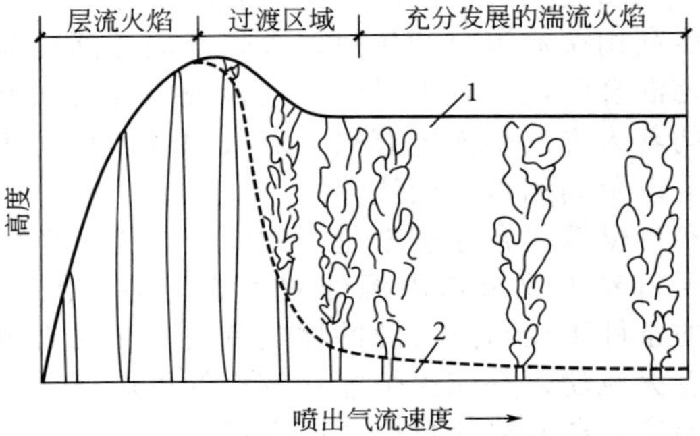

图 1-8　气流速度增加时扩散火焰高度和燃烧工况的变化

1—火焰长度终端曲线；2—层流火焰终端曲线

理论和试验分析的结果表明，当喷口尺寸及形状一定时，层流扩散火焰高度随管口喷出气流速度增加而增长，即

$$L=\frac{K'_c q_V}{D}=\frac{K_c uR^2}{D} \tag{1-3}$$

式中　q_V——可燃气体的体积流量，m^3/s；

D——气体的扩散系数，m^2/s；

u——可燃气体的平均流速，m/s；

R——喷口的当量半径，m；

K_c，K'_c——修正系数。

随着可燃气体气流速度的增大，火焰逐渐由层流转变为湍流。通过实验表明，当喷口处的雷诺数约为 2000 时，进入由层流向湍流的转变区。当雷诺数达到某一临界值（通常小于 10000）时，整个火焰焰面几乎完全发展为湍流燃烧。

试验表明，湍流扩散火焰的高度大致和喷口的半径成正比，和绝热火焰温度、环境初始温度及空气和燃料气的化学当量比有关，和燃料气的流速无关。喷口气相射流火焰的特性主要取决于燃料气喷出的动量，文献中通常称为动量射流火焰。工程计算中，湍流火焰高度还常用式(1-4) 估算。

$$L_{\mathrm{T}}=\frac{R}{a}[0.7(1+n)-0.29] \tag{1-4}$$

式中 R——喷口的当量半径，m；

a——湍流结构系数；

n——燃料气在空气中发生化学当量比燃烧时的燃料/空气比。

人工燃气的层流扩散火焰温度最高可达 900℃，湍流扩散火焰可以达到 1200℃左右。由于火焰部分的温度较高，可以对邻近的物体或建筑造成严重破坏，所以在火灾防治中，需要关注火焰可能达到的高度。

② 预混式燃烧。若由于某种原因致使可燃气体泄漏，在封闭的泄漏点区域，如建筑物室内就会形成大量的可燃混合气。如果同时出现点火源，便可引起爆炸。这种爆炸往往引发火灾，或者使火灾进一步扩大。可燃气体与空气混合的程度一般用一次空气系数 a_1 来表示，即一次空气量与理论空气量的比值。一次空气系数 $a_1=1$ 时，即处于化学当量比燃烧；一次空气系数 $a_1<1$，表明氧气供应不足，燃料过量，称为富燃料预混气，这种状况的燃烧称为部分预混式燃烧；一次空气系数 $a_1>1$ 时，则表明空气过剩，燃料气较少，通常称为贫燃料混气，处于完全预混式燃烧状态。火灾的初期阶段，一般是富燃料预混气燃烧阶段；火灾的通风阶段处于空气过剩阶段。

图 1-9 为部分预混式燃烧形成的本生火焰，由内锥和外锥两层火焰组成。内锥由可燃气体与一次空气混合物的燃烧所形成，其燃烧过程处于动力区内。外锥由尚未燃烧的可燃气体从周围空气中获得氧气燃烧所形成，燃烧过程处在扩散区内。由火势的发展来看，火灾的发展及蔓延实际上是一种处于高温反应区的火焰传播过程。随着气体流动状态的不同，预混火焰传播速度可以分为层流火焰传播速度和湍流火焰传播速度两种。

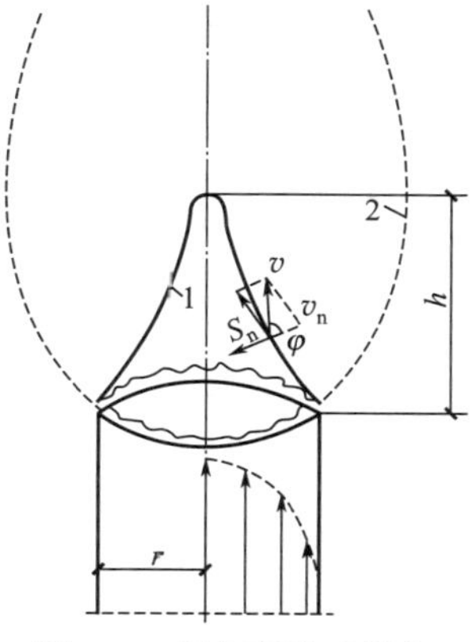

图 1-9 部分预混式燃烧形成的本生火焰

1—内锥面；2—外锥面；h—内锥高度；r—内锥半径；S_n—火焰传播速度；v—气流速度；v_n—法线上的分量；φ—法线上的分量与气流速度间的夹角

层流火焰传播速度定义是火焰面向层流可燃混合气中传播的法向速度。一定温度及压力下，可燃混合气的法向火焰传播速度 S_n 为反映可燃气体燃烧特性的一个物理常数，由可燃混合气的物理化学特性所决定。随着初始温度的升高，S_n 显著增大。对于烃类化合物而言，炔族火焰传播速度最快，其次就是烯族，最小是烷族。法向火焰传播速度的最大值出现在空气与可燃气体按化学计量比混合时。法向火焰传播速度相应的最大和最小值时可燃物的含量就是可燃混合气的着火下限和上限。表 1-5 所示为常温常压下，若干燃料气体与空气混合时的法向火焰传播速度的最大值，以及在该速度时燃料气在预混气中的比例。

表 1-5　若干燃料气体与空气混合时的法向火焰传播速度的最大值（常温常压）

燃料气	法向火焰传播速度的最大值/(m/s)	此时的燃料浓度与当量浓度之比/%	燃料气	法向火焰传播速度的最大值/(m/s)	此时的燃料浓度与当量浓度之比/%
氢气	2.912	170	正丁烷	0.416	113
一氧化碳	0.429	170	乙烯	0.476	116
甲烷	0.373	106	丙烯	0.480	114
乙烷	0.422	112	苯	0.446	108
丙烷	0.429	114	甲苯	0.386	105

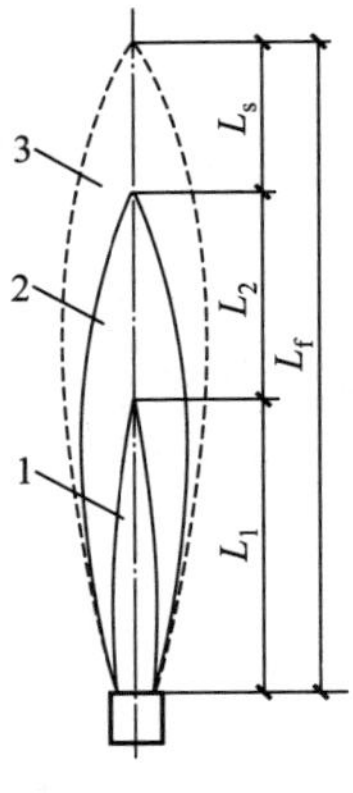

图 1-10　部分预混燃烧湍流火焰结构

1—焰核；2—焰面；3—燃尽区；L_1—焰核长度；L_2—焰面长度；L_3—燃尽区长度；L_f—火焰中长度

当部分预混火焰内锥表面各点上的气流速度 v 在锥体母线的法线上的分量 v_n 与该点的法向火焰传播速度 S_n 相等时，则内锥形状十分稳定，轮廓清晰，呈明亮的蓝色锥体。又由于一次空气量小于燃烧所需的空气量，所以在蓝色锥体上仅仅进行一部分燃烧过程。所生成的中间产物将穿过内锥焰面，在其外部按扩散方式和空气混合而燃烧：且一次空气系数越小，则外锥焰就越大。$a_1=1$ 时，燃烧温度最高，内锥高度最短；$a_1<1$ 或者 $a_1>1$ 时，内锥高度均增长。

因为预混湍流火焰比层流火焰明显缩短，焰面由光滑变为皱曲，火焰厚度增加，火焰总表面积也相应增加。当湍流尺度很大时，焰面将强烈扰动，焰面变为由许多燃烧中心所组成的一个燃烧层，燃烧得到强化。如图 1-10 所示为其火焰结构。

预混火焰可向任何有可燃混合气的地方传播。当可燃混合气的气流速度的法向分速度小于火焰传播速度时，火焰缩回喷口，叫作回火。回火可能造成混合室与其相连的管道内的温度和压力急剧升高，甚至造成爆炸，其破坏性极大，所以对于预混燃烧应当格外注意防止回火。

部分预混式燃烧由于预混了部分空气，因此燃烧温度和燃烧的完全程度有所提高，火焰温度相对扩散式燃烧较高。当选取适宜的一次空气系数时，燃烧过程仍属稳定，并且一次空气系数越大，燃烧的稳定范围就越小。

1.1.2.2 可燃液体的火灾燃烧特性

(1) 液体的燃烧过程。如图 1-11 所示为可燃液体的着火过程。液体燃烧主要包括蒸发和气相燃烧两大阶段。在外界点火源所释放热能的作用下，可燃液体蒸发生成可燃蒸气，可燃蒸气与氧气或者氧化剂混合生成的可燃混合气，在点火源释放的热能作用下，达到着火条件而起火。所以，液体蒸发是液体燃烧的先决条件。在常温条件下，不同液体的蒸发速率是不同的，因而在液面上方，可燃蒸气和空气形成的可燃混合气的着火能力也有所区别。蒸发快的比蒸发慢的要危险。饱和蒸气压及沸点是表征液体蒸发特性的重要参数。

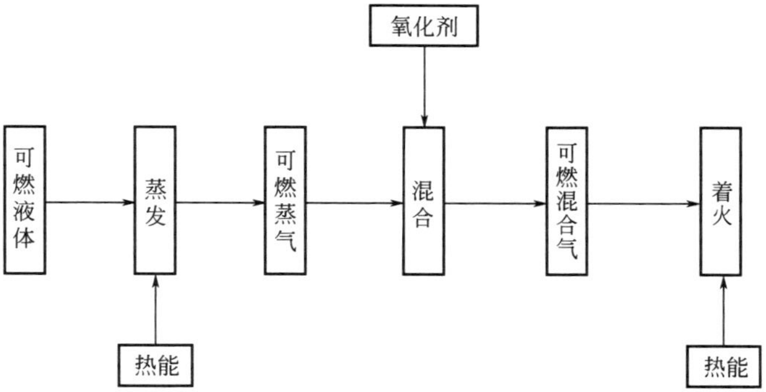

图 1-11　可燃液体的着火过程

(2) 液体的闪燃与点燃。在低温条件下易燃、可燃液体蒸气以及空气混合到达一定的浓度，遇到明火点燃即发生蓝色火焰且一闪即灭，不再继续燃烧的现象，叫作闪燃。出现闪燃的最低温度叫闪点。由于当时液体蒸发的速率尚不能达到燃烧的需要，所以闪燃出现的时间不长。随着温度的升高，液体的蒸发加快，达到着火浓度的时间缩短，此时便有起火甚至爆炸的危险。实际应用中常用闪点来衡量液体的火灾安全特性。液体的闪点越低，蒸发性越好，其火灾危险性越大。因此，闪点是易燃、可燃液体即将起火燃烧的前兆。对于防火而言，闪点具有重要的意义。测定闪点有开口杯法和闭口杯法，通常前者用于测定高闪点液体，后者用于测定低闪点液体。

表 1-6 列出了常见可燃液体的闪点。从表中能够看出，许多液体的闪点低于常温。为了便于防火安全管理，通常把闪点低于 45℃ 的液体称为易燃液体，闪点高于 45℃ 的叫作可燃液体。在建筑防火设计中，常以 28℃与 60℃为界，把易燃和可燃液体分为甲、乙、丙三类火险物质。闪点小于 28℃ 的可燃液体属甲类火险物质，比如汽油；闪点大于等于 28℃、小于 60℃的可燃液体属乙类火险物质，例如煤油；大于等于 60℃的可燃液体属丙类火险物质，比如柴油、植物油。

表 1-6　常见可燃液体的闪点

液体名称	闪点/℃	液体名称	闪点/℃
汽油	−58～10	乙醚	−45
煤油	28～45	丙酮	−20
乙醇	11	乙酸	40
苯	−14	松节油	35
甲苯	5.5	柴油	60～90
二甲苯	2.5	乙二醇	110
二硫化碳	−45	菜籽油	163

随着液体温度的升高，其蒸气浓度会进一步增大，到一定温度再遇到明火时，便可发生持续燃烧，这一温度叫作该液体的燃点。与燃料气的可燃极限类似，可燃液体的着火温度也有下限与上限之分。着火温度下限指的是液体在该温度下蒸发生成的蒸气浓度等于其可燃极限下限，着火温度下限也就是该液体的燃点。着火温度上限指的是该液体在该温度下蒸发出的蒸气浓度等于其可燃极限上限。表 1-7 列出了一些液体的着火温度极限。

表 1-7　一些液体的着火温度极限

液体名称	着火温度极限/℃		液体名称	着火温度极限/℃	
	下限(燃点)	上限		下限(燃点)	上限
车用汽油	−38	−8	乙醚	−15	13
灯用煤油	40	86	丙酮	−20	6

续表

液体名称	着火温度极限/℃		液体名称	着火温度极限/℃	
	下限(燃点)	上限		下限(燃点)	上限
松节油	33.5	53	甲醇	7	39
苯	−14	19	丁醇	36	52
甲苯	5.5	31	二硫化碳	−45	26
二甲苯	25	50	丙醇	23.5	53

(3) 池火及流淌火灾。在表面张力的作用下，当可燃液体由容器或者管道中流淌出来，受到了某种固体壁面阻挡，就极易积聚起来形成不规则的大面积液池。在火灾中，可燃液体燃烧的主要形式是液面燃烧，即火焰直接在液池表面上生成，通常称为池火。盛放在敞口容器中的液体为一种典型的池火。液池的大小可以通过它的当量直径来度量，是决定池火特性的一个重要参数。伯利诺夫与卡迪亚罗夫对直径从3.7～22.9mm的烃类可燃物池火的研究结果表明，池火的液面下降速率及火焰高度随池火直径的变化可以分为三个区域：当直径$D<0.03$m时，火焰为层流火焰，液面下降速率随池火直径的增加而下降；直径$D>1.0$m时，火焰为充分湍流状态，液面下降速率和池火直径无关；直径处在$0.03\text{m}\leqslant D\leqslant 1.0$m范围时，火焰处于过渡区状态。如图1-12所示为常见几种油类池火中液面下降速度和火焰高度随池径的变化。

池火中液面的下降速率可由式(1-5)给出。

$$R=\frac{1}{\rho L_{\mathrm{v}}}(\dot{Q}''_{\mathrm{F}}+\dot{Q}''_{\mathrm{E}}-\dot{Q}''_{\mathrm{L}}) \tag{1-5}$$

式中 R——液面下降速率，m/s；

ρ——液体的密度，kg/m^3；

L_{v}——液体蒸发热，kJ/kg；

$\dot{Q}''_{\mathrm{F}}$——火焰供给液面的面积热流量，kW/m^2；

$\dot{Q}''_{\mathrm{E}}$——其他热源供给液面的面积热流量，kW/m^2；

$\dot{Q}''_{\mathrm{L}}$——通过燃料表面的热损失速率，kW/m^2。

在自燃燃烧情况下，由火焰供给液面的面积热流量$\dot{Q}''_{\mathrm{F}}$为液体所得到的热量的主要来源，包括通过容器边缘对液面的导热$\dot{Q}''_{\mathrm{cd}}$、对液面的直接对流传热$\dot{Q}''_{\mathrm{cv}}$和辐射换热$\dot{Q}''_{\mathrm{rd}}$三项之和。

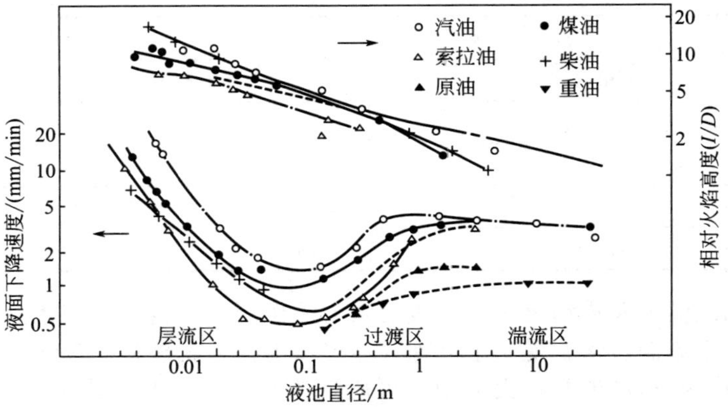

图 1-12　常见几种油类池火中液面下降速度和火焰高度随池径的变化

$$\dot{Q}''_{cd}=K_1\pi D(T_F-T_L) \tag{1-6}$$

$$\dot{Q}''_{cv}=K_2\pi\frac{D^2}{4}(T_F-T_L) \tag{1-7}$$

$$\dot{Q}''_{rd}=K_3\pi\frac{D^2}{4}\{(T_F^4-T_L^4)[1-\exp(-K_4D)]\} \tag{1-8}$$

式中　D——液面的直径，m；

T_F——火焰的温度，K；

T_L——液体的温度，K；

K_1——综合考虑各种导热项而引入的系数，kW/(m^3·K)；

K_2——对流传热系数，kW/(m^4·K)；

K_3——包括斯忒藩-玻耳兹曼常量和由火焰对液面传热的形状因子；

K_4——不仅包括关联平均光程与液池直径的比例因子，而且包括火焰中辐射组分的浓度和辐射系数。

$1-\exp(-K_4D)$ 是火焰辐射项。假设 K_4 足够大，则当 D 很小时，导热项决定着燃烧速率；而当 D 比较大时，辐射项对燃烧速率起控制作用。

一些试验还证实，液池表面不同径向位置的燃烧速率也并不相同。对于直径比较小的池火，靠近池边的蒸发速率比中心处大，其中甲醇池火十分明显。而对于大直径的燃烧池及辐射强的火焰来说，情况正相反。

近年来，因为人为纵火或生产事故，汽油、柴油等可燃液体引发的火灾时有发生。当由于某种原因可燃液体由容器中泄漏出来以后，遇到火源而着火，可燃液体就会边流动边燃烧，称为流淌火灾。流淌火与固定面积的池火有很大的差别，主要体现在流淌火燃烧表面积不断扩大，释热速率极高，而且其扩展方向不确定，会造成对建筑和设备极大的破坏。在液体火灾的防治中，将液体限制在一定的区域内，防止其流淌是一个十分有效的消防措施。

1.1.2.3 可燃固体的火灾燃烧特性

图 1-13 所示为可燃固体的燃烧过程。可燃固体的燃烧过程大体为：在一定的外部热量作用之下，固体物质发生热分解，生成可燃挥发分和固定碳。如果挥发分达到燃点或受到点火源的作用，即发生明火燃烧。稳定的明火向固体燃烧面反馈热量，使固体燃料的热分解加强，即使撤掉点火源，燃烧仍能持续进行。当固体本身的温度达到较高后，固定碳也开始燃烧。由火灾防治角度出发，主要关心可燃固体的前期气相燃烧。

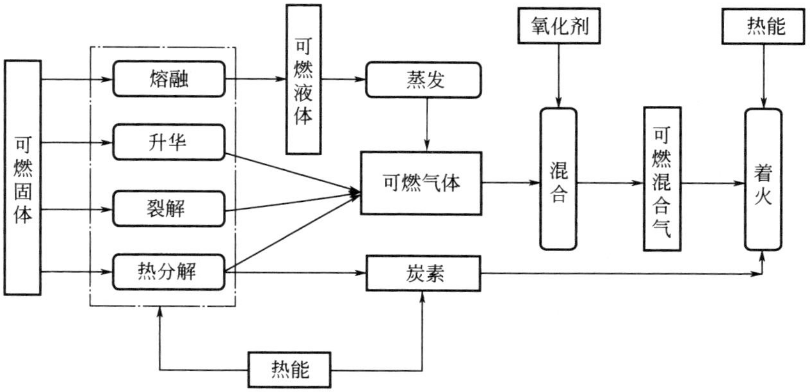

图 1-13 可燃固体的燃烧过程

有一些可燃固体受热之后，先熔化为液体，由液体蒸发生成可燃蒸气，再以燃料气的形式发生气相燃烧。因为这些固体的分子量较大，总会或多或少地产生固定碳，所以其燃烧后期也存在固定碳的燃烧阶段。

通常固体燃料是由外部火源点燃的。当固体燃料在明火点燃下刚刚可发生持续燃烧时，其表面的最低温度叫作该物质的燃点。因为固体的挥发性差，而且其性质不够稳定，所以其燃点不易准确测定。表 1-8 列出了一些可燃固体的燃点，供参考。

表 1-8　一些可燃固体的燃点

物质名称	燃点/℃	物质名称	燃点/℃
蜡烛	190	烟叶	222
橡胶	120	布匹	200
纸张	130	松木	250
棉花	210	樟脑	70
麻绒毛	150	赛璐珞	100

有些固体除了可由明火点燃外，还可发生自燃。所谓自燃，是指没有外部点火源的情况下，可燃固体受热或者自然发热，热量在其周围积蓄起来，导致可燃物达到一定的温度而发生的燃烧。在规定条件下，可燃物发生自燃的最低温度叫作该物质的自燃点。可燃气体和液体也都有自燃点。物质的自燃点越低，发生火灾的危险性越大。表 1-9 为部分可燃物的自燃点。

表 1-9　部分可燃物的自燃点

物质名称	燃点/℃	物质名称	燃点/℃
赛璐珞	150～180	汽油	255～530
赤磷	200～250	煤油	210～290
松香	240	轻柴油	350～380
棉花	210	豆油	400
涤纶	440	氨	651

不少建筑物火灾是由可燃物自燃造成的。当可燃物堆放在通风散热较差的地方，如靠近炉灶或烟囱的木柴垛，可能因为受热达到自燃点而导致火灾。另外，某些可燃物如柴草垛等，受到雨淋，可燃物由于菌化分解作用产生热量而达到自燃点，并且有可能最终导致火灾。还有一些固体可燃物在常温下可自行分解产生可燃气体，或者在空气中氧化导致迅速自燃或爆炸，如硝化棉、赛璐珞以及黄磷等。有的在常温下受到水或空气中水蒸气的作用，能产生可燃气体，并引起燃烧或爆炸，如金属钾、钠、电石以及氢化钠等。有的在受到撞击、摩擦，或与氧化剂、酸、碱等有机物接触时能导致燃烧或爆炸，如赤磷、五硫化二磷等；还有一些强氧化剂，如氯酸钠、氯酸钾、过氧化钾、过氧化钠等，遇酸、

受热、受撞击、受摩擦，以及遇有机物或硫黄等易燃的无机物，极易引起燃烧或爆炸。实际储存这些物质时，特别是对于堆放着的固体或需要加热、烘烤、熬炼的固体来说，一定要采取适当的措施避免其接近自燃点。

可燃固体的种类繁多，一般可分为天然物质（木材、草、棉花、煤等）和人工合成物质（橡胶、塑料、纺织品等）两大类。在工程燃烧中一般以煤为固体燃料的代表。但是在建筑火灾中，建筑物中的装饰材料、家具、衣物以及室内存放的各种物品等，都是经常遇到的可燃物和初始火源，它们大都是由木材和人工聚合物制成或构成的。以下主要讨论这两类物质的火灾燃烧特点。

（1）木材的火灾燃烧特性。木材受热，在100℃以下时主要是蒸发水分，当温度超过100℃开始发生热解、气化反应，析出可燃气体，同时将少量的热放出。当温度达到大约260℃时，可燃气体的析出量迅速增加，此时明火可将其点燃，但是并不能维持稳定燃烧。这表明可燃气体的量还不够大，因此260℃相当于液体可燃物的闪点，这里称为木材的闪火温度。大量的试验结果证实，尽管木材种类很多，但是木材热解、气化的规律相差不大；热解、气化产物的主要成分包括CO、H_2、CH_4等。木材的闪火温度均在260℃附近。环境温度达到424～455℃时，即可着火燃烧。某些树种的闪火温度和着火温度见表1-10。

表1-10　某些树种的闪火温度和着火温度

项目	杨树	红松	夷松	榉木	桂树
闪火温度/℃	253	263	262	264	270
着火温度/℃	445	430	437	426	455

因为木材结构的各向异性，导致顺木纹方向透气性好、热导率大；垂直木纹方向透气性差、热导率小，如果受热则不易散掉，容易形成局部高温，对热解、气化反而有利，因此垂直木纹方向较顺木纹方向容易着火。这在森林火灾和建筑火灾中的木制品烧损情况中均有表现，即沿垂直木纹方向烧损严重，而烧痕常常不连续，呈一个一个的深洞。

（2）高分子化合物的火灾燃烧特性。研究结果证实：高分子材料受热之后，也发生热解、气化反应，高分子化合物的着火燃烧过程见图1-14。某些高分子化合物受热后，首先释放出可燃性气体，因此着火仍发生在气相中。比如，高分子材料用激光加热时，试件放在激光器的焦点，调节电流控制激光器的功率。随着加热的开始，试件温度不断升高，热解及气化反应逐渐强化，热解及气化生成物在试件上方形成一束垂直于试件表面的白烟。随着时间的延续，白烟底部变粗，而且更接近试件表面，同试件表面的距离只有3～4mm，以后便着火形成预混火焰，并沿着白烟传播，最后形成扩散火焰。若在空气中添加5%的四氯化碳，则火焰呈蓝色，但是燃烧速率变慢。大量的试验结果证实，有机玻璃着火时的表面温度为580～610℃，添加少量的四氯化碳相当于添加了阻燃剂，从而推迟了着火，减慢了燃烧速率。所以常在人工合成材料中添加少量的CCl_4阻燃剂，进行难燃化处理。

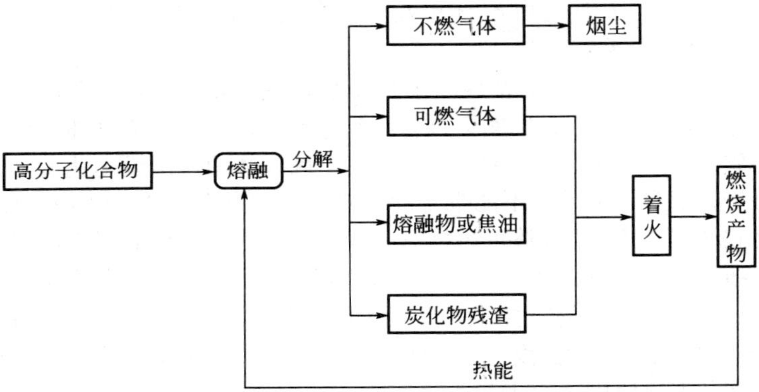

图 1-14　高分子化合物的着火燃烧过程

某些聚合物受热先液化再蒸发，因此着火特性类似液体可燃物的着火。控制着火特性的主要参数是蒸发速率，因为此时的环境温度很高，可以用高温环境下的蒸发规律处理这个问题。受热的聚合物液化之后也要流动，流动方向总是受重力控制从上向下流动。因此受热部位对着火性能的影响不同于受热气化的可燃物，受热部位在上，液化的流体向下流动对着火燃烧有利，导致火灾蔓延的危险性加大。

1.1.3　建筑物火灾的发展和蔓延

火灾过程中火灾建筑物室内环境的温度随着产生热量的增多而升高，在达到并且超过逃生人员所能承受的极限时，便会危及生命安全。温度继续升高到一定程度后，建筑构件和金属将会丧失其强度，导致建筑结构受到损害。

一般用室内平均温度随时间的变化曲线表示建筑物室内火灾的发展过程，如图 1-15 所示。

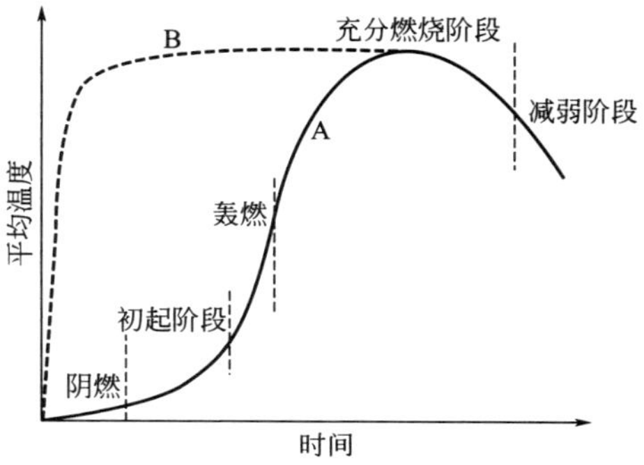

图 1-15 建筑物室内火灾的发展过程
A—可燃固体火灾室内的平均温度上升曲线；
B—可燃液体火灾室内的平均温度上升曲线

由图 1-15 中两曲线的对比可见，可燃液体火灾初期的温度上升速率很快，在相当短的时间内，温度可达 1000℃左右。如果火区的面积不变，即形成了固定面积的池火，则火灾基本上呈定常速率燃烧。如果形成流淌火，燃烧强度将迅速增大。这种火灾几乎没有多少探测时间，供初期灭火准备的时间也很有限，极易对人和建筑物造成严重危害，防止及扑救这类火灾应当采取一些特别的措施。

根据建筑物常见的可燃固体火灾室内的温度上升曲线 A，以及建筑物火灾发生、发展的时间顺序，建筑物火灾大体可分为三个主要阶段，也就是初起阶段、充分发展阶段以及减弱阶段。其中充分发展阶段进一步可分为成长阶段与旺盛阶段。各阶段的特点简述如下。

1.1.3.1 火灾初起阶段

通常将可燃物质（气体、液体和固体）在一定条件下，形成非控制的火焰称为起火，失去控制的火焰叫作起火灾。建筑物火灾中，初始起火源大多数是固体可燃物。固体可燃物起火的点火源有多种，如烟头、可燃物附近异常发热的电器及炉灶的余火等。在某种点火源的作用下，固体可燃物的某个局部被引燃起火，并失去控制，叫作处于火灾初起阶段。根据起火源的燃烧特性、起火源周围可燃物的分布和燃烧特性及通风情况等差异，火灾初起阶段的持续时间不同。例如，焚烧废纸而引燃家具所需时间比较短，如果烟头使被褥着火则常要一两个小时以上。由于以上原因，火灾初起阶段着火区的扩大呈现不同的规律性，通常呈现以下两种情况。

（1）火灾初起即熄灭。初始可燃物全部烧完而未能延及其他可燃物，火灾早期就受到控制或自行熄灭。这种情况一般发生在初始可燃物不多且距离其他可燃物较远的情况下，或者是火灾早期探测系统起作用，刚发烟就受到有效的控制。

（2）阴燃。火灾增大到一定的规模，但是温度和通风不足使燃烧强度受到限制，火灾以较小的规模持续燃烧。此时可燃物呈现显著的不完全燃烧状态，大量地发烟但是不出现明火，这样的燃烧过程常叫作阴燃，如图 1-16 所示。

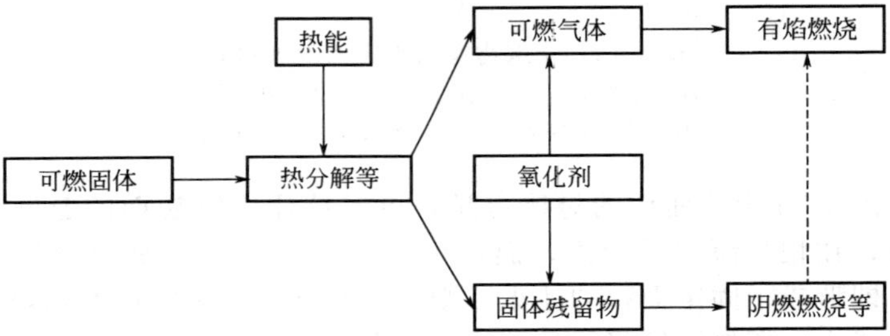

图 1-16　阴燃阶段

阴燃为固体物质特有的燃烧形式。所谓阴燃是一种在气固界面处的燃烧反应，是一种没有气相火焰的缓慢燃烧。易发生阴燃的材料大都质地松软，多孔或者呈纤维状。当它们堆积起来时，更易发生阴燃，如纸张、木屑、烟草、锯末、纤维织物以及一些多孔性塑料等。假设某柱状纤维的右端首先被加热导致纤维素分解析出气体，剩下的固定碳发生阴燃，并向左传播（图 1-17）。图 1-17 所示为阴燃沿柱状纤维传播示意。由图 1-17 可以看出，发生阴燃的柱状纤维可分为四个不同的区域。

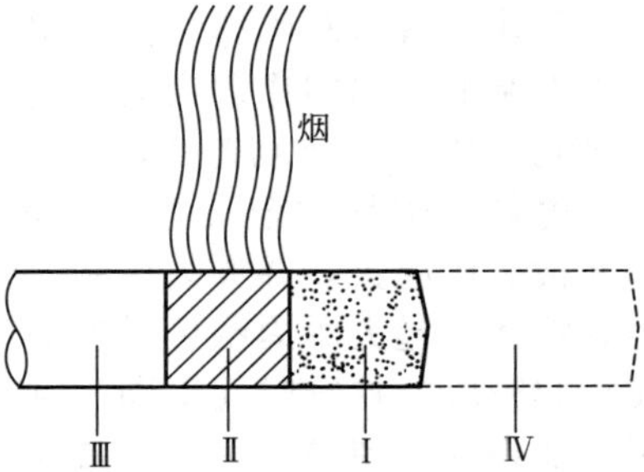

图 1-17　阴燃沿柱状纤维传播示意

区域Ⅰ（灼热燃烧区）。在该区纤维素中大部分气体已挥发掉，剩下的固定碳进行表面燃烧，温度在四个区域中最高，可达到600～750℃。

区域Ⅱ（热解炭化区）。区域Ⅰ中燃烧热传导至区域Ⅱ后，使该区域温度升高，当温度达到250～300℃时，纤维素发生热解，析出气体。但是此时气体析出速度较慢，可燃气体浓度不高，未达到燃烧条件。在该区上方会有烟逸出，烟气中含有可燃气体。

区域Ⅲ（原始材料区）。在该区温度比较低，纤维素不发生热解，保持原始状态。

区域Ⅳ（灰烬区）。纤维素热解剩下的固定碳经一段时间的燃烧之后，只剩下十分松散的灰烬。该区的温度逐渐下降。

阴燃阶段火区体积不大，室内平均温度、温升速率以及释热速率都较低。如果通风条件相当差，阴燃持续一段时间后火灾会自行熄灭。但阴燃过程产生的烟雾中含有可燃气体，有发生爆炸的危险性；阴燃火灾常常发生在堆积物的内部，较难彻底扑灭，并且易发生复燃。

若能在阴燃阶段采取有效的灭火措施，将大大减少火灾损失。否则，若可燃物充足且通风良好，随着室内温度的逐渐上升，当火焰在原先起火的可燃物上扩展开，阴燃转变为明火燃烧，引燃起火点附近的其他可燃物，将致使火灾进一步迅速蔓延。

1.1.3.2 火灾的充分发展阶段

（1）成长阶段

① 浮力羽流。由阴燃转变为明火燃烧后，燃烧速率及释热率大大增加，可燃物上方的火焰及流动的烟气统称为羽流。羽流的火焰大多数为自然扩散火焰，温度很高，一般可达到1000℃左右，可以烧坏与其接触的物品和建筑构件。所以需要采取有效的措施控制羽流火焰的高度。当可燃液体或固体燃烧时，蒸发或者热分解产生的可燃气体从燃烧表面升起的速度很低，可以忽略不计，所以这种火焰中的气体流动是由浮力控制的，又称浮力羽流。

在羽流的上升流动过程中，将会把其周围的大量空气卷吸进来。所以，随着上升高度的增加，羽流的质量流率逐渐增大，造成烟气的温度和浓度降低，流速减慢。

在不受限的或者很高的空间内，羽流将一直向上扩展，直到其浮力变得相当微弱以致无法克服黏性阻力的高度。越到上方，羽流的速度越低。而且随着烟气温度的降低，那些不再上升的烟气将发生弥漫性沉降。在比较高的中庭内生成的烟气就很容易发生这种现象。

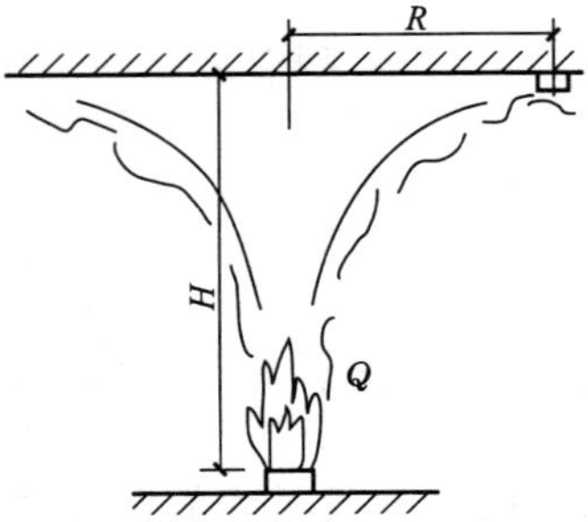

图 1-18　无限大顶棚以下的顶棚射流示意

H—棚顶高度；R—以羽流中心撞击点为中心的径向半径；Q—火源热释放速率

② 顶棚射流。羽流上升过程中受到房间顶棚的阻挡，于顶棚下方向四方扩散，形成沿顶棚表面平行流动的热烟气层，叫作顶棚射流，如图 1-18 所示。其中 H 为顶棚高度，定义为顶棚距可燃物表面的距离。

多数情况下顶棚射流的厚度是顶棚高度的 5%～12%，顶棚射流内最大温度和速度出现在顶棚以下顶棚高度的 1%处。顶棚射流的温度分布及速度分布特点，对于火灾自动探测报警及自动喷水灭火装置的设计、选型与安装具有科学的指导意义，有利于提高这些系统工作的可靠性，减少误报、漏报。

顶棚射流发展过程中受到墙壁的阻挡，沿墙壁转向下流。因为烟气温度较高，沿墙壁下流的顶棚射流下降不长的距离后，便转向上浮，这叫作反浮力壁面射流。重新上升的热烟气先在墙壁附近积聚起来，达到了一定厚度后向室内中部扩展，并且在顶棚下方形成逐渐增厚的热烟气层。若房间有通向外部的开口，在热风压的作用下，当烟气层的厚度超过开口的拱腹高度时，如图 1-19 所示，烟气便可蔓延到室外。建筑物的开口不仅可以造成火焰、热烟气向火源房间以外建筑空间或者建筑物外部空间的蔓延，而且火源房间以外温度比较低的新鲜空气在热风压的作用下从开口下部进入室内，其通风效果对于火灾的发展进一步起到了推波助澜的作用。

③ 轰燃。建筑物火灾中室内受限空间内火焰、羽流、顶棚射流、热烟气、反浮力壁面射流以及建筑物开口的相互作用，进一步加剧了可燃物的热分解及燃烧，使得室内温度不断升高，辐射传热效应增强。辐射传热效应可以使距离起火物比较远的可燃物被引燃，火势将进一步增强。

当起火房间温度达到一定值时，建筑物的通风状况对火灾的继续发展占据主导作用，这时室内所有可燃物的表面都将开始燃烧，火焰基本上充满全室，这叫作轰燃。轰燃的出现标志着火灾充分发展阶段的开始。另外，需要指出的是，轰燃的定义是有限制的，它主要适用于接近于正方体且不太大的房间内的火灾，显然在非常高或非常长的受限空间内，所有可燃物被同时点燃是不可能的。

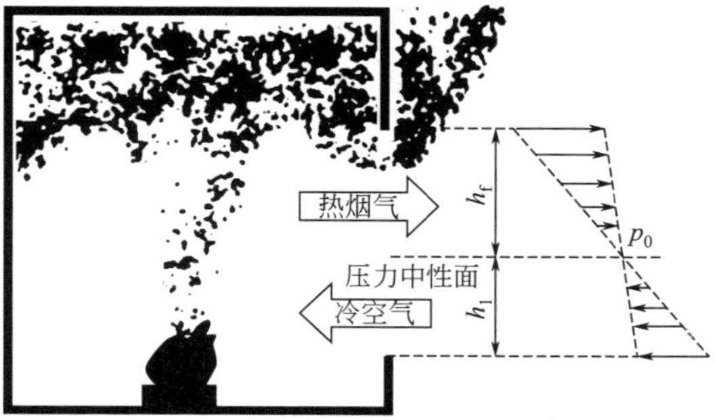

图 1-19 火灾充分发展阶段的通风口流动

h_f—热空气流过通口的高度；h_1—冷空气流过通口的高度；

p_0—中性面处的大气压力

轰燃的出现为燃烧释放的热量在室内逐渐积累与对外散热共同作用的结果，是一种热力不稳定现象。假设着火初期热释放速率 R 随温度 T 的升高而呈指数关系升高，但是到达一定程度，因为受到空气供应速率限制，R 便不再升高了。与此同时，受到房间壁面传热性质的影响，起火房间还会向其周围散发热量，如图 1-20 所示，热损失速率 L 与温度呈线性关系。

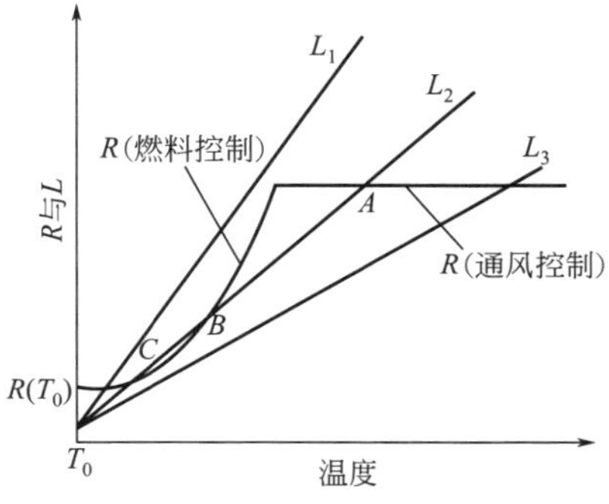

图 1-20 轰燃的热力不稳定模型

图 1-20 中的三条热损失曲线 L_1、L_2 以及 L_3 分别相应于三种不同传热性质壁面房间火灾时的散热情况，热释放速率 R 和热损失速率曲线 L 有三个交点，分别为 A、B 以及 C。其中，A 点相应于稳定状态的通风控制燃烧，C 点相应于火灾初期阶段，B 点则相应于轰燃发生时的不稳定状态。在 B 点，温度升高可造成燃烧强化，使热释放速率增大；温度降低则使燃烧减弱到小火状态。对于可持续燃烧的室内火灾

来说，常常燃烧速率的微小增加，就会造成热释放速率急剧地由 B 点跳跃至 A 点，即导致火势的急剧扩大。

轰燃阶段时间较短，室内温度陡升，温升曲线梯度很大。此时室内温度经常会升到 800℃以上，最高可达 1100℃。火灾进入这一阶段之后，燃烧强度仍在增加，释热速率逐渐达到某一最大值，可以引起室内设施和建筑物结构的严重损坏、毁坏以致全部倒塌。高温火焰和烟气从起火室的开口向邻近房间或相邻建筑物蔓延，导致火势的进一步恶化。此时，室内尚未逃出的人员是很难生还的。

确定发生轰燃的临界条件对火灾防治具有十分重要的意义。目前，定量描述轰燃临界条件主要有两种方式。一种以到达地面的面积热流量达到一定值为条件。一般认为，处于室内地面上可燃物所接收到的面积热流量达到 $20kW/m^2$ 即可发生轰燃。然而，试验表明，这一数值对于引燃纸张之类的可燃物是足够的，而对其他可燃固体来说就显得太小了。在普通建筑物中发生轰燃时地面处的临界面积热辐射流量在 $15\sim35kW/m^2$ 范围内变化。

另一种以烟气温度达到一定值为条件。因为温度测量较为方便，火灾试验中，人们经常采用测量烟气温度来判定轰燃是否发生。这种观点强调了烟气层的影响，实际上是间接体现面积热辐射流量的作用。依据高度为 3m 左右的普通房间火灾试验结果，顶棚下的烟气温度接近于 600℃为发生轰燃的临界条件。对于层高比较高的房间，发生轰燃的临界烟气温度值很高，反之则亦然。例如，在 1.0m 高的小型试验模型内，试验测得发生轰燃时的顶棚温度仅是 450℃。

其他影响轰燃发生的因素包括室内装修后的顶棚高度及装修材料的可燃性和厚度、火源大小、开口率等。因为内装修造成建筑物空间高度较矮，火焰甚至可以直接撞击在顶棚上，在顶棚下面不仅有烟气的流动，且有火焰的传播，助长了火灾的蔓延，轰燃的危险性增大。可燃物及内部装修使用易燃材料多，天棚保温性能好，房间密封严，室内热量蓄积加快而温度增高显著时，热分解产生的可燃气体也增多，轰燃的出现即会提前，而且也激烈。相对顶棚而言，可燃墙面对轰燃激烈程度的影响次之，可燃地面的影响最小。

（2）旺盛阶段。轰燃（图 1-20 中的 B 点）发生后，室内火焰成漩涡状，温度急剧上升到 A 点，在此时间内，房间上下几乎无温差，整个房间接近于等温状态，室温达到 1000℃左右，室内处于全面而猛烈的燃烧状态，热辐射及热对流也剧烈增强，结构的强度受到破坏，可能产生严重变形乃至塌落。根据可燃物数量、建筑物构造、开口部位的大小及围护结构的热工性质等不同，从 B 点至 A 点的时间通常为 20～30min 到 1h，从 B 点到 A 点称为旺盛阶段。

火灾旺盛阶段持续时间可用式(1-9) 计算。

$$m=\frac{WA_{\mathrm{F}}}{R} \tag{1-9}$$

式中 m——火灾旺盛阶段持续时间，min；

W——火灾荷载，kg/m^2；

A_{F}——室内的地板面积，m^2；

R——燃烧速度，kg/min。

1.1.3.3 火灾减弱阶段

约 80%的可燃物被烧掉后，火势即到达衰减期。这时室内可燃物的挥发分大量消耗致使燃烧速率减小，室内平均温度降至其峰值的 80%左右。最后明火燃烧无法维持，火焰熄灭，可燃固体变为赤热的焦炭。这些焦炭按照固定碳燃烧的形式继续燃烧，燃烧速率十分缓慢。因为燃烧放出的热量不会很快消失，室内平均温度仍然较高，并且在焦炭附近还存在相当高的局部温度，这叫作火灾逐渐熄灭的阶段。该阶段室温逐渐降低，其下降速度是 7～10℃/min，但是在较长时间内室温还会保持 200～300℃。

应该指出，易燃结构和耐火结构的室内火灾发展情况有所不同：通常木结构建筑由于可燃物多而会迅速出现轰燃，最盛期由于结构倒塌引起空气流通，火势非常炽烈但较短暂，最高温度可达 1100℃。对于耐火结构，由于可燃物较少且结构及开口部分基本不变（其通风条件已定），其火灾持续时间比较长，最高温度稍低（900℃）而烟量较多。现代高层建筑往往窗大而可燃装修材料多，因此常呈现木结构火灾特征，在建筑防火设计中需引起足够的重视。

以上所述火灾发展过程指的是火灾的自然发展过程，没有涉及人的灭火行动。如果在火灾初起阶段就能采取有效的消防措施，如启动自动喷水灭火系统，就可有效地控制室内温度的升高，防止火灾轰燃的发生，有效地保护人员的生命安全和最大限度地减少财产损失。当火灾进入充分发展阶段之后，灭火的难度大大增加，但有效的消防措施仍然可以抑制过高温度的出现、控制火灾的蔓延，从而减少火灾导致的损失。图 1-21 所示为启动喷水灭火系统对火灾过程的影响。

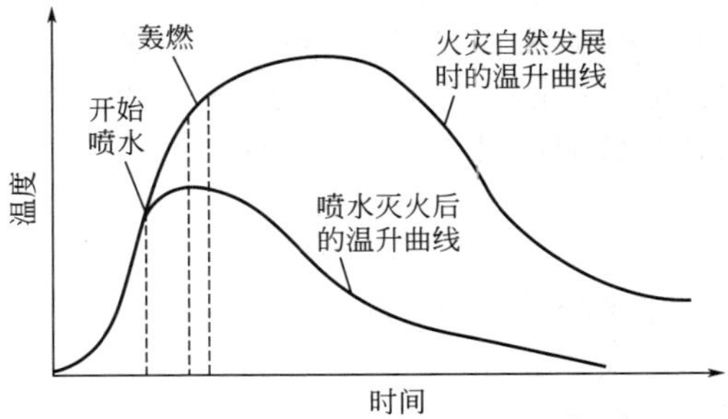

图 1-21　启动喷水灭火系统对火灾过程的影响

1.1.4　烟气的产生

火灾烟气是燃烧过程的产物，为一种混合物，主要包括：①可燃物热解或燃烧产生的气相产物，如未燃气体、水蒸气、CO、CO_2、多种低分子量的烃类化合物及少量的硫化物、氯化物、氰化物等；②因为卷吸而进入的空气；③多种微小的固体颗粒和液滴。

可燃物的组成和化学性质以及燃烧条件对烟气的产生都具有重要的影响。少数纯燃料（如 CO、甲醛、甲醇、乙醚、甲酸等）燃烧的火焰不发光，且基本上不产生烟。而在相同的条件下，高分子燃料燃烧时的发烟量却较为显著。在自由燃烧情况下，固体可燃物（如木材）及经过部分氧化的燃料（如乙醇、丙酮等）的发烟量较生成这些物质的烃类化合物（如聚乙烯和聚苯乙烯）的发烟量少得多。

建筑物中大量建筑材料、家具、衣服以及纸张等可燃物，火灾时受热分解，然后和空气中的氧气发生氧化反应，燃烧并且产生各种生成物。完全燃烧所产生的烟气的成分中，主要为 CO_2、水、NO_2、P_2O_5 或者卤化氢等，有毒有害物质相对较少。但是，无毒气体同样可能降低空气中的氧浓度，妨碍人的呼吸，导致人员逃生能力的下降，也可能直接造成人员缺氧致死。

依据火灾的产生过程和燃烧特点，除了处于通风控制下的充分发展阶段以及可燃物几近消耗殆尽的减弱阶段，火灾初起阶段往往处于燃料控制的不完全燃烧阶段。不完全燃烧所产生的烟气的成分中，除了以上生成物外，还可以产生 CO、有机磷、多环芳香烃、烃类、焦油以及炭屑等固体颗粒。固体颗粒生成的模式及颗粒的性质因可燃物的性质不同存在很大的差异。多环芳香烃化合物和聚乙烯可认为是火焰中炭烟颗粒的前身，并使得扩散火焰发出黄光。这些小颗粒的直径是10～100μm，在温度和氧浓度足够高的前提下，这些炭烟颗粒可以在火焰中进一步氧化，否则，直接通过炭烟的形式离开火焰区。火灾初起阶段有焰燃烧产生的烟气颗粒则几乎全部由固体颗粒组成。其中一小部分颗粒为在高热通量作用下脱离固体的灰分，大部分颗粒是在氧浓度较低的情况下，因为不完全燃烧和高温分解而在气相中形成的炭颗粒。这两种类型的烟气均是可燃的，如果被点燃，在通风不畅的受限空间内甚至可能引起爆炸。

油污的产生与碳素材料的阴燃有关。碳素材料阴燃生成的烟气与该材料加热到热分解温度所得到的挥发分产物相似。这种产物与冷空气混合时可浓缩成比较重的高分子组分，形成含有炭粒和高沸点液体的薄雾。静止空气环境下，颗粒的中间直径 D_{50}（反映颗粒大小的参数）约是1μm，并可缓慢沉积在物体表面，形成油污。

各种建筑材料在不同的温度条件下，其单位质量所产生的烟量是不同的，几种建筑材料在不同温度下燃烧，当达到相同的减光程度时的发烟量见表1-11，其中 K_c 是烟气的减光系数。

表1-11　几种建筑材料在不同温度下的发烟量（K_c=0.5m^{-1}）

材料名称	发烟量/(m^3/g)		
	300℃	400℃	500℃
松木	4.0	1.8	0.4
杉木	3.6	2.1	0.4
普通胶合板	4.0	1.0	0.4
难燃胶合板	3.4	2.0	0.6
硬质纤维板	1.4	2.1	0.6
锯木屑板	2.8	2.0	0.4
玻璃纤维增强塑板	—	6.2	4.1
聚氯乙烯	—	4.0	10.4
聚苯乙烯	—	12.6	10.0
聚氨酯	—	14.0	4.0

随着我国经济水平不断提高，高层民用建筑特别是高层公共建筑（如宾馆、饭店、写字楼、综合楼等）大量出现，高分子材料大量应用于建筑装修、家具、管道及其保温、电缆绝缘等方面。如果发生火灾，

建筑物内着火区域的空气中会充满大量的有毒的浓烟，毒性气体可直接导致人体受到伤害，甚至致人死亡，其危害远远超过一般可燃材料。以我国新建高层宾馆标准客房（双人间）为例，平均火灾荷载为 30～40kg/m^2。通常木材在 300℃时，其发烟量为 3000～4000m^3/kg，比如典型客房面积按 18m^2 进行计算，室内火灾温度达到 300℃时，一个客房内的发烟量是 35kg/m^2 ×18m^2 ×3500m^3/kg＝2205000m^3。若发烟量不损失，一个标准客房火灾产生的烟气可充满 24 座像北京长富宫饭店主楼（高 90m，标准层面积 960m^2）那样的高层建筑。

1.1.5 烟气的特征参数

表示烟气基本状态的特征参数常用的有压力、温度、减光性、光密度以及烟尘颗粒大小等。

1.1.5.1 压力

在火灾发生、发展以及熄灭的不同阶段，建筑物内烟气的压力分布是各不相同的。以着火房间为例，在火灾初起阶段，烟气的压力较低，随着着火房间内烟气量的增加，温度上升，压力相应升高。当发生火灾轰燃时，烟气的压力在瞬间上升至峰值，门窗玻璃均存在被震破的危险。当烟气和火焰冲出门窗空洞之后，室内烟气的压力就很快降低下来，接近室外大气压力。据测定，通常着火房间内烟气的平均相对压力为 10～15Pa，在短时可能达到的峰值为 35～40Pa。

1.1.5.2 温度

在火灾发生、发展以及熄灭的不同阶段，建筑物内烟气的温度分布是各不相同的。以着火房间为例，在火灾发生初期，着火房间内烟气温度不高。随着火灾发展，温度将会逐渐上升，当发生轰燃时，室内烟气的温度相应急剧上升，很快达到最高水平。实验证实，由于建筑物内部可燃材料的种类不同，门窗空洞的开口尺寸不同，建筑结构形式不同，着火房间烟气的最高温度各不相同。小尺寸着火房间烟气的温度通常可达 500～600℃，高则可达到 800～1000℃。地下建筑火灾中烟气温度可以高达 1000℃以上。

1.1.5.3 烟气的减光性

因为烟气中含有固体和液体颗粒，对光有散射和吸收作用，使得只有一部分光能通过烟气，导致火场能见度大大降低，这就是烟气的减光性。烟气浓度越大，其减光作用越强烈，火区能见度越低，不利于火场人员的安全疏散及应急救援。

烟气的减光性是通过测量光束穿过烟场后光强度的衰减确定的，图 1-22 所示为其测量原理。

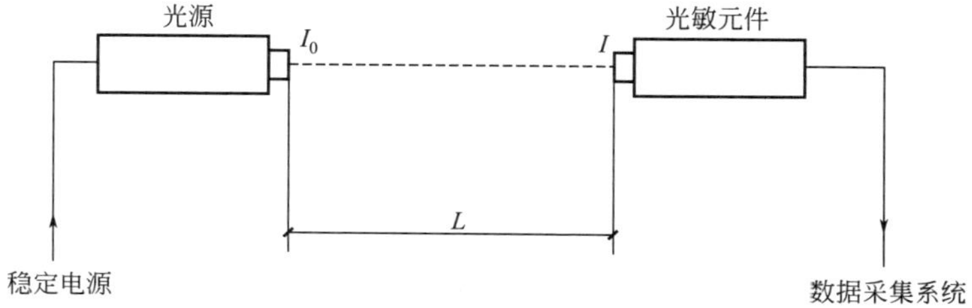

图 1-22　烟气减光性的测量原理

设由光源射入某一空间的光束强度是 I_0，该光束由该空间射出后的强度为 I。若该空间没有烟尘，则射入与射出的光强度几乎不变。光束通过的距离越长，射出光束强度衰减的程度越大。根据比尔-兰勃定律，在有烟气的条件下，光束穿过一定距离 L 后的光强度 I 可表示为

$$I=I_0\exp(-K_cL) \tag{1-10}$$

式中　K_c——烟气的减光系数，m^{-1}，它表征烟气减光能力，其大小与烟气浓度、烟尘颗粒的直径及分布有关；

I_0——光源的光束强度，cd；

I——光源穿过一定距离 L 以后的光束强度，cd；

L——光束穿过的距离，m。

可进一步表示为

$$K_c=K_mM_s \tag{1-11}$$

式中　K_m——比消光系数，即单位质量浓度烟气的减光系数，m^2/kg；

M_s——烟气质量浓度，即单位体积内烟气的质量，kg/m^3。

烟气的减光性还可用百分减光度来描述，即

$$B=\frac{I_0-I}{I_0}\times 100\% \tag{1-12}$$

式中　B——百分减光度，%；

I_0-I——光强度的衰减值，cd。

测量烟气减光性的方法较适用于火灾研究，它可以直接与所考虑场合下人的能见度建立联系，并且为火灾探测提供了一种方法。

1.1.5.4 烟气的光密度

将给定空间中烟气对可见光的减光作用定义为光学密度 D，即

$$D=\lg\frac{I}{I_0} \tag{1-13}$$

将式(1-10)、式(1-11) 代入式(1-13)，得到

$$D=\frac{K_cL}{2.3}=\frac{K_mM_sL}{2.3} \tag{1-14}$$

这证明烟气的光密度与烟气质量浓度、平均光线行程长度和比消光系数成正比。为了比较烟气浓度，一般将单位平均光路长度上的光密度 D_L 作为描述烟气浓度的基本参数，单位为 m^{-1}，即

$$D_L=\frac{D}{L}=\frac{K_mM_s}{2.3}=\frac{K_c}{2.3} \tag{1-15}$$

此外，在研究和测试固体材料的发烟特性时，把烟收集在已知容积的容器内，确定它的减光性，通常表示为比光学密度 D_L，此法只适用于小尺寸及中等尺寸的试验（ASTM，1979），称为烟箱法。

所谓比光学密度 D_s，是指由单位面积的试样表面所产生的烟气扩散在单位体积的烟箱内，单位光路长度的光密度。比光学密度 D_s 可以用式(1-16) 表示。

$$D_s=\frac{VD}{AL}=\frac{VD_L}{A} \tag{1-16}$$

式中 V——烟箱体积，m^3；

A——发烟试件的表面积，m^2；

D_s——比光学密度，m^{-1}。

比光学密度 D_s 越大，则烟气浓度就越大。表 1-12 给出了部分可燃物发烟的比光学密度。

表 1-12 部分可燃物发烟的比光学密度

可燃物	最大 D_s/m^{-1}	燃烧状况	试件厚度[①]/cm
硬纸板	67	明火燃烧	0.6
	600	热解	0.6
胶合板	110	明火燃烧	0.6
	290	热解	0.6

续表

可燃物	最大 D_s/m^{-1}	燃烧状况	试件厚度①/cm
聚苯乙烯(PS)	>660	明火燃烧	0.6
	370	热解	0.6
聚氯乙烯(PVC)	>660	明火燃烧	0.6
	300	热解	0.6
聚氨酯泡沫塑料(PUF)	20	明火燃烧	1.3
	16	热解	1.3
有机玻璃(PMMA)	720	热解	0.6
聚丙烯(PP)	400	明火燃烧(水平放置)	0.4
聚乙烯(PE)	290	明火燃烧(水平放置)	0.4

①试件面积为 $0.055m^2$，垂直放置。

1.1.5.5 烟尘颗粒大小及粒径分布

烟气中颗粒的大小可用颗粒平均直径表示，一般采用几何平均直径 d_{gn} 表示，其定义为

$$\lg d_{gn}=\sqrt{\sum_{i=1}^{n}\frac{N_i \lg d_i}{N}} \tag{1-17}$$

式中 N——总的颗粒数目，个；

N_i——第 i 个颗粒直径间隔范围内颗粒的数目，个；

d_i——颗粒直径，μm。

$$\lg\sigma_g=\sqrt{\sum_{i=1}^{n}\frac{(\lg d_i-\lg d_{gn})^2 N_i}{N}}$$

若所有颗粒直径都相同，则 $\sigma_g=1$。若颗粒直径分布为对数正态分布，则占总颗粒数 68.8% 的颗粒，其直径处于 $\lg d_{gn}\pm\lg\sigma_g$ 之间的范围内。σ_g 越大，则表示颗粒直径的分布范围越大。一些木材和塑料在不同燃烧状态下烟气中的颗粒直径和标准差见表 1-13。

表 1-13 一些木材和塑料在不同燃烧状态下烟气中的颗粒直径和标准差

可燃物	$d_{gn}/\mu m$	σ_g	燃烧状态
杉木	0.5～0.9	2.0	热解
	0.43	2.4	明火燃烧

续表

可燃物	$d_{gn}/\mu m$	σ_g	燃烧状态
聚氯乙烯(PVC)	0.9～1.4	1.8	热解
	0.4	2.2	明火燃烧
软质聚氨酯塑料(PU)	0.8～1.8	1.8	热解
	0.3～1.2	2.3	热解
	0.5	1.9	明火燃烧
绝热纤维	2～3	2.4	阴燃

1.1.6 烟气的危害

1.1.6.1 烟气的毒性

火灾中因为燃烧消耗了大量的氧气，使得烟气中的含氧量降低。缺氧是气体毒性的特殊情况。研究数据表明，如果仅仅考虑缺氧而不考虑其他气体影响，当含氧量降至10%时就可对人构成威胁。然而，在火灾中仅仅由含氧量减少导致危害是不大可能出现的，其危害往往伴随着CO、CO_2和其他有毒成分（如HCN、NO_x、SO_2以及H_2S等）的生成，高分子材料燃烧时还会产生HCl、HF、丙烯醛以及异氰酸酯等有害物质。不同材料燃烧时产生的有害气体成分及浓度是不相同的，因而其烟气的毒性也不相同。评价材料烟气毒性大小的方法有：化学分析法、动物试验法以及生理研究法。

此外，高温火灾烟气对人体呼吸系统及皮肤都将产生十分严重的不良影响。研究表明，当人体吸入大量热烟气时，会导致血压急剧下降，毛细血管遭到破坏，从而导致血液循环系统破坏。另外，在高温作用下，人会心跳加速，大量出汗，并由于脱水而死亡。大量的研究表明，烟气温度达到65℃时，人体可短时间忍受；人在温度120℃的烟气中，15min即可产生不可恢复的损伤；在170℃的烟气中，1min人体就可产生不可恢复的损伤。在几百摄氏度的高温烟气环境中，人是一分钟也无法忍受的。

衣服的透气性及隔热程度对温度升高的忍受极限也有重要影响。对于在特殊的可控高温环境下长时间的暴露尚有试验数据参考。然而，短时间暴露在建筑火灾等异常高温环境下却没有相应的资料及数据。目前，在火灾危险性评估中推荐数据是：短时间脸部暴露的安全温度极限范围是 65～100℃。

利用化学分析法可了解燃烧产物中的气体成分及浓度，研究温度对燃烧产物的生成及含量的影响。烟气气体成分分析方法见表 1-14。

表 1-14　烟气气体成分分析方法

方法	气体种类	取样方法	备注
气相色谱	CO、CO_2、O_2、N_2、烃类	间断取样	使用 5Å(1Å=0.1nm)分子筛和 GDX104 柱
红外光谱(不分光型)	CO、CO_2	连续取样	专用仪器
傅里叶红外气体分析仪(FT-IR)	CO、CO_2、HCN、NO_x、SO_2、H_2S、HCl、HF、NH_3、CH_4 等十多种气体	连续取样	一次分析最短时间为 1s
比色法	HCN、丙烯醛	间断取样，水溶液吸收	限于低浓度
离子选择性电极法	卤素离子	间断取样，水溶液吸收	
电化学法	CO	连续	响应较慢
气体分析管	CO、CO_2、HCN、NO_x、H_2S、HCl	间断取样	半定量

化学分析法虽然可分析气态燃烧产物的种类及含量，但不能解释毒性的生理作用，因此还需进行动物试验及生理研究。

动物试验法就是利用观察动物对燃烧产物的综合反应来评价烟气的毒性的过程。动物试验法可分为简单观察法与机械轮法等。美国国家航空航天局（NASA）研制了水平管式加热炉试验法，加热炉加热速度是 40K/min，最高温度可达 780～1100K。在暴露室中放试验小鼠，暴露 30min，测定小鼠停止活动时间与小鼠死亡时间。由这些试验数据可判断不同材料燃烧烟气的相对毒性（表 1-15）。

表 1-15　不同材料燃烧烟气的相对毒性（水平管式加热炉试验法）

材料	死亡时间/min	停止活动时间/min	材料	死亡时间/min	停止活动时间/min
变形聚丙烯腈纤维	4.54±1.00	3.74±0.23	棉	15.10±3.03	9.18±3.61
羊毛	7.64±2.90	5.45±1.77	PMMA(聚甲基丙烯酸甲酯)	15.58±0.23	12.61±0.06
丝	8.94±0.01	5.84±0.12			
皮革	10.22±1.72	8.16±0.69	尼龙-66	16.34±0.85	14.01±0.13
红栎木	11.50±0.71	9.09±10.0	PVC(聚氯乙烯)	16.84±0.93	12.69±2.84
聚丙烯	12.98±0.52	10.75±0.18	酚醛树脂	18.81±4.84	12.92±3.22
聚氨酯(硬泡沫)	15.05±0.60	11.23±0.50	聚乙烯	19.84±0.29	8.86±0.80
ABS	14.48±1.59	10.58±1.32	聚苯乙烯	26.13±0.12	19.04±0.39

生理试验法即为对在火灾中中毒死亡者进行尸体解剖，了解死亡的直接原因，如血液中毒性气体的浓度、气管中的烟尘以及烧伤情况等。研究证实，在死者血液中，CO 和 HCN 是主要的毒性气体。在气管及肺组织中也检出了重金属成分，如铅、锑等，以及吸入肺部的刺激物，如醛、HCl 等。

1.1.6.2　火灾烟气中能见度降低的危害

能见度是指人们在一定环境下刚刚看到某个物体的最远距离，通常以米（m）为单位。能见度主要取决于烟气的浓度，同时还受到烟气的颜色、物体的亮度、背景的亮度及观察者对光线的敏感程度等因素的影响。当发生火灾时，烟气弥漫，因为烟气的减光作用，能见度必然有所下降，这对火区人员的安全疏散造成严重影响。能见度 V（单位为 m）和减光系数 K_c（单位为 m^{-1}）的关系可表示为

$$VK_c=R \tag{1-18}$$

式中，R 为比例系数。试验数据证实，R 反映了特定场合下各种因素对能见度的综合影响。大量火灾案例和试验结果证实，即便设置了事故照明和疏散标志，火灾烟气仍然导致人们辨认目标和疏散能力大大下降。有研究者曾对自发光与反光标志的能见度进行了测试，建议安全疏散标志最好采用自发光形式。巴切尔与帕乃尔也指出，自发光标志的可见距离约是表面反光标志的可见距离的 3.5 倍。图 1-23 给出了自发光物体能见度的一些试验结果。通常来说，对于疏散通道上的反光标志、疏散门等，在有反射光存在的场合下，$R=2\sim4$；对自发光型标志、指示灯等，$R=5\sim10$。

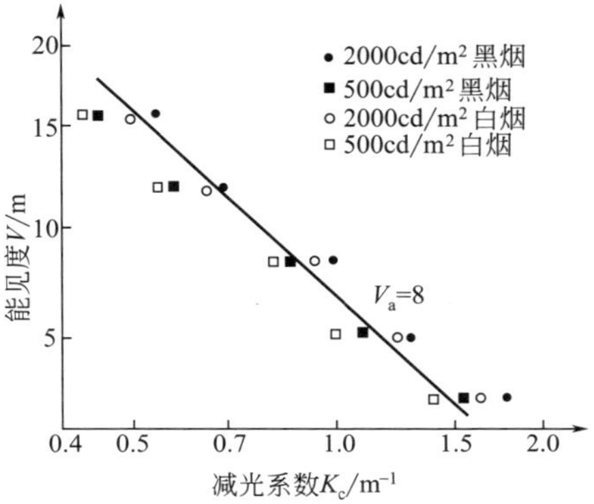

图 1-23 发光标志的能见度与减光系数的关系

然而，上述关于能见度的讨论并没考虑烟气对眼睛的刺激作用。在刺激性烟气中能见度的经验公式为

$$V=(0.1331-1.47\lg K_c)\frac{R}{K_c}\text{（仅适用于}K_c\geqslant 0.25\text{m}^{-1}\text{）}\quad(1\text{-}19)$$

安全疏散时所需的能见度及减光系数的关系见表 1-16。

表 1-16 安全疏散所需的能见度及减光系数的关系

疏散人员对建筑物的熟悉程度	减光系数/m^{-1}	能见度/m
不熟悉	0.15	13
熟悉	0.5	4

确保安全疏散的最小能见距离为极限视程，极限视程随人们对建筑物的熟悉程度不同而不同。对建筑熟悉者，极限视程约是 5m；对建筑不熟悉者，其极限视程约是 30m。为了保证安全疏散，火场能见度（对反光物体而言）必须达到 5～30m，所以减光系数应不超过 0.1～0.6m^{-1}。火灾发生时烟气的减光系数多为 25～30m^{-1}，所以为了确保安全疏散，应将烟气稀释 50～300 倍。

即使是在无刺激性的烟气中，能见度的降低也可以直接导致人员步行速度的下降。日本的一项试验研究表明，即使是对建筑疏散路径相当熟悉的人，当烟气减光系数达到 0.5m^{-1} 时，其疏散也变得困难。刺激性的烟气中，步行速度会陡然降低. 在刺激性与非刺激性烟气中人沿走廊行走速度的部分试验结果如图 1-24 所示。当减光系数是 0.4m^{-1} 时，通过刺激性烟气的表观速度仅是通过非刺激性烟气时的 70%。而当减光系数大于 0.5m^{-1} 时，通过刺激性烟气的表观速度降至约 0.3m/s，相当于蒙上眼睛时的行走速度。行走速度下降是因为受试验者无法睁开眼睛，只能走“之”字形或者沿墙壁一步一步地挪动。

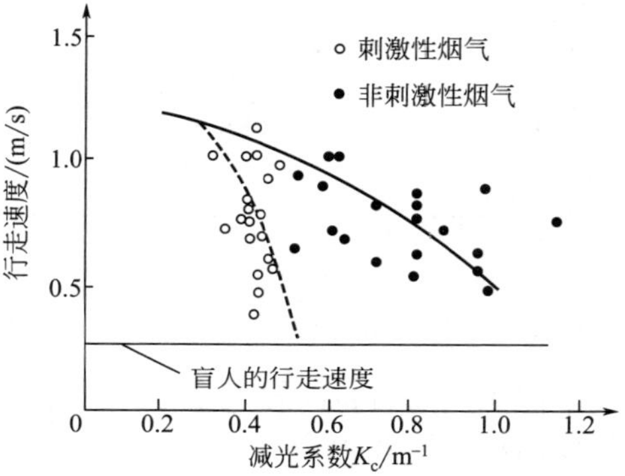

图 1-24 在刺激性与非刺激性烟气中人沿走廊行走速度的部分试验结果

火灾中烟气对于人员生命安全的影响不仅是生理上的，还包括对人员心理方面的副作用。当人们受到浓烟的侵袭时，在能见度十分低的情况下，极易产生恐惧与惊慌，尤其当减光系数在 0.1m^{-1} 时，人们便不能够正确进行疏散决策，甚至会失去理智而采取不顾一切的异常行为。

研究烟气减光性的另一应用背景为火灾探测。大量研究表明，K_c 与颗粒大小的分布有关。随着烟气存在期的增长，较小的颗粒会聚结成较大的集合颗粒，所以单位体积内的颗粒数目将减少，K_c 随着平均颗粒直径的增大而减少。离子型火灾探测器是按照单位体积内的颗粒数目来工作的，所以对生成期较短的烟气反应较好，它可以对直径小于 10nm 的颗粒产生反应。而采用散射或者阴影原理的光学装置只能测定颗粒直径的量级与仪器所用光的波长相当的烟气，通常为 100nm，它们对小颗粒反应不敏感。

1.2 建筑消防设施的基本知识

1.2.1 保障建筑消防安全的重要性

消防工作是国民经济和社会发展的重要组成部分，也是发展社会主义市场经济不可或缺的保障条件。消防工作直接关系到人民生命财产的安全及社会的稳定。近年来我国发生的一些重特大火灾，一次就导致几十人甚至数百人的伤亡，造成上百万甚至上亿元的经济损失，这不仅给许多家庭带来了不幸，而且使大量的社会财产化为灰烬。此外，事故的善后处理常常会消耗政府很多精力，严重影响经济建设的发展和社会的稳定，有些火灾事故还在国外产生不良影响，教训是非常沉痛和深刻的。所以，做好消防工作，预防和减少火灾事故特别是群死群伤的恶性火灾事故的发生，具有非常重要的意义。

消防工作为一项社会性很强的工作，它涉及社会的各个领域，与各个行业和人们的生活都有着非常密切的关系。随着社会的发展，仅就用火、用电以及用气的广泛性而言，消防安全问题所涉及的范围几乎无所不在。全社会每个行业、每个部门、每个单位甚至每个家庭，都面临着随时预防火灾、保证消防安全的问题。总结以往的火灾教训，绝大多数火灾都是由于一些领导、管理者和职工群众思想麻痹，行为放纵，不懂消防规章或有章不循，管理不严，明知故犯，冒险作业造成的。火灾发生之后，有不少人缺乏起码的消防科学知识，遇到火情束手无策，不知如何报警，甚至不会逃生自救，造成严重后果。“隐患险于明火，防患胜于救灾，责任重于泰山”。全社会各部门、各行业、各单位以及每个社会成员，均要高度重视并认真做好消防工作，认真学习并掌握基本的消防安全知识，共同维护公共消防安全，只有这样，才能够从根本上提高一个城市、一个地区乃至全社会预防及抵御火灾的整体能力。

《中华人民共和国消防法》第一章第二条规定，消防工作贯彻以预防为主，防消结合的工作方针。这个方针科学准确地表达了“防和消”的辩证关系，同时也反映了人民同火灾作斗争的客观规律，也体现了我国消防工作的特色。

在消防安全管理工作中要坚持群众性的原则，要求管理者必须树立坚定的群众观点，始终不渝地相信群众的智慧及力量，要采取各种方式方法广泛向群众宣传和普及消防知识，提高广大群众自身的防灾能力；要将各条战线、各行各业，包括机关、团体、企事业单位、街道、村寨以及家庭等各方面的社会力量动员起来，参加义务消防队，实行消防安全责任制，开展群众性的防火和灭火工作。要借助群众的力量，整改火灾隐患，改善消防设施，促进消防安全。

1.2.2 保障建筑消防安全的途径

建筑的消防安全质量与建筑设计、消防设施安装、消防设施的检测、消防设施的维护保养有着直接关系。

建筑设计为建筑物构成的第一步，也是保证该建筑消防安全的第一关，是建筑消防安全的源头，为至关重要的一个环节。对建筑设计的要求，简单地说就是在确保建筑物使用功能的前提下，严格按有关规范、标准及规定进行设计。

建筑消防设施安装，是为达到设计功能和使用功能，确保消防设施完整好用的重要环节。对建筑消防设施安装的主要要求：①选择有从事消防工作施工资格、经验丰富以及施工能力强的施工队伍施工；②严格按经消防部门审批合格后的设计和有关施工验收规范进行施工；③选择经检测合格，实际使用证明运行可靠，并且经久耐用的消防产品。

在建筑设施中，建筑消防设施自动化程度相对比较高，系统相对复杂，无论是投入使用前，还是使用过程中，均需要进行定期和不定期的检测。对建筑消防设施检测的要求：①选择有合格资格的单位进行消防设施检测；②必须按照有关规定按时进行定期的消防设施检测，不得超过时限；③应该选择经培训合格的专业技术人员，做不定期的消防设施检测；④不定期的消防设施检测应经常进行，不应间隔时间过长，至少每周进行一次，最好是每天进行一次简单的检测。

建筑内的消防设施同建筑本身一样，无论投资者是谁，均为社会资产的一部分，只有保证其完整好用，才能够为社会发挥积极作用。建筑消防设施在投入使用以后也会出现一些故障。因为建筑消防设施只是在火灾发生之时或者发生火灾后发挥作用，建筑消防设施的故障，通常不影响建筑其他功能正常发挥，所以人们往往忽视对建筑消防设施的维护保养。系统出现故障后，往往不能得到及时维修，使系统长时间处于故障甚至封闭状态。如果发生火灾，建筑内的消防设施不能发挥其应有的作用，将导致不应有的损失。

要确保建筑消防设施始终保持良好的工作状态，必须做好消防设施的维修保养工作。

（1）建立健全建筑消防设施定期维修保养制度。设有消防设施的建筑，在投入使用之后，应建立消防设施的定期维修保养制度，使消防设施维修保养工作制度化，即使系统未出现明显的故障，也应当在规定的期限内，按照规定对全系统做定期维修保养。在定期的维修保养过程中，可发现系统存在的故障和故障隐患，并及时排除，从而确保系统的正常运行。这种全系统的维修保养工作，至少应该每年进行一次。

（2）选择合格的专业消防设施维修保养机构。对建筑消防设施做全系统的维修保养，工作量比较大，技术性、专业性比较强，通常的建筑使用单位不具有足够的人力和技术力量，这项工作应该选择消防部门培训合格的专门从事消防设施维修保养的消防中介机构进行，并在对系统维修保养后，出具系统合格证明，存档备案。

（3）选择经培训合格的人员负责消防设施的日常维修保养工作。因为对消防设施全系统进行维修保养的时间间隔比较长，系统有可能在某处维修保养之后，下一次维修保养之前出现故障，这就需要对系统做日常性的维修保养。这种日常性的维修保养工作，工作量小，技术性相对较低，可以由建筑使用单位调专人或者由消防设施操作员兼职担任。日常性的消防设施维修保养工作，可随时发现系统存在的故障，对系统正常运行非常重要。每次对系统进行维修保养后，都应该做好记录，存入设备运行档案。

（4）建立健全岗位责任制度。建筑消防设施一般由消防控制室中的控制设备和外围设备组成，有许多单位只在消防控制室安排值班人员负责监管控制室内的设备，而未明确控制室外的消防设施由哪个部门负责，造成外围消防设施出现故障不能及时被发现和排除，火灾发生时，不能发挥其应有的作用。所以，仅仅明确消防控制室工作人员的职责是不够的，还应进一步明确整个消防设施全系统的岗位责任，健全包括全部消防设施在内的消防设施检查、检测以及维修保养岗位责任制，从而确保消防设施始终处于良好运行状态，在火灾发生时，发挥其应有的作用。

社会要发展，经济要繁荣，消防工作也要同步发展，只有严把建筑防火设计质量，建筑消防设施安装、检测以及维修保养质量关，才能确保建筑物的消防安全，才能为经济建设及经济发展创造有利环境。

1.3 火灾自动报警系统

1.3.1 火灾自动报警系统及其要求

火灾自动报警系统应当符合以下要求。

（1）在建筑物内的主要场所适宜选择智能型火灾探测器；在单一型

火灾探测器不能有效探测火灾的场所，可以采用复合型火灾探测器；在一些特殊部位和高大空间场所适宜选用具有预警功能的线型光纤感温探测器或者空气采样烟雾探测器等。

（2）对于重要的建筑物，火灾自动报警系统的主机应设有热备份，当系统的主用主机出现故障时，备份主机可以及时地投入运行，以提高系统的安全性、可靠性。

（3）应当配置带有汉化操作的界面，操作软件的配置应简单并且容易操作。

（4）应当预留和建筑设备管理系统的数据通信接口，接口界面的各项技术指标均应符合相关要求。

（5）宜与安全技术防范系统实现互联，这样一来可实现以安全技术防范系统作为火灾自动报警系统有效的辅助手段。

（6）消防监控中心机房宜单独设置，当与建筑设备管理系统和安全技术防范系统等合用控制室时，应满足《智能建筑设计标准》（GB/T 50314—2015）中的规定要求。

（7）应符合《火灾自动报警系统设计规范》（GB 50116—2013）和《建筑设计防火规范》（GB 50016—2014）（2018 版）等中的有关规定。

1.3.2 火灾自动报警系统发展趋势

以火灾自动报警技术为核心的建筑消防系统，是预防和遏制建筑火灾的重要保障。近些年来，我国火灾自动报警工程的应用技术实现了较快发展，但因为在实际应用中，火灾自动报警系统的通信协议不一致，造成了火灾自动报警工程技术水平还相对落后，并且还存在着一些较为突出的问题。

（1）适用范围过小。因为我国火灾自动报警系统技术较美国、英国等发达国家起步晚，安装范围又主要是在《建筑设计防火规范》（GB 50016—2014）（2018 版）规定的场所及部位，而在易造成群死群伤的中小型公众聚集场所和社区居民家庭甚至部分高层住宅区却均没有规定安装火灾自动报警系统，所以存在着适用范围过小、防范措施不到位的问题。

（2）智能化程度低。我国使用的火灾探测器虽然都已经进行了智能化设计，但因为传感器件探测的参数比较少，支持系统的软件开发不够成熟，各种算法的准确性缺乏足够的验证，火灾现场参数数据库不健全等，火灾自动报警系统很难准确判定粒子（烟气）的浓度、现场温度、光波的强度以及可燃气体的浓度、电磁辐射等指标，造成迟报、误报、漏报情况较多。

（3）网络化程度低。我国应用的火灾“119”自动报警系统形式基本上都是以区域火灾自动报警系统、集中火灾自动报警系统以及控制中心火灾自动报警系统为主，而安装形式主要是集散控制方式，自成体系，自我封闭，尚未形成区域性网络化火灾自动报警系统。

（4）组件连接方式有待改善。火灾自动报警系统以多线制和总线制连接方式为主，探测器与报警器及控制器之间采用两条或多条铜芯绝缘导线或者铜芯电缆进行穿管相接，存在耗材多、成本高以及抗干扰能力差的问题。同时，铜导线耐高温性能差，容易磨损，系统施工维修也比较复杂，从而影响了火灾自动报警系统的可靠性及更广泛的应用。

（5）火灾自动报警系统误报、漏报问题较多。因为火灾探测器的安装环境极其复杂，加之各种传感器在探测火灾方面也存在着一些先天不足，无法准确地感应各种物质在燃烧过程中所特有的声波、光谱、辐射以及气味等诸多方面发生的微妙变化，对火灾发生过程中所产生的不同粒径和颜色的烟存在探测“盲区”，也就造成了误报、漏报现象时有发生。

（6）超早期火灾探测报警技术应用还几乎处于空白。而在国外已开发出适合洁净空间高灵敏度感烟火灾探测报警系统，比如激光式高灵敏度感烟火灾探测器、吸气式高灵敏度感烟火灾探测报警系统与气体火灾探测报警系统，这些和普通火灾探测报警系统相比，其探测灵敏度提高了两个数量级，甚至更多，这些系统采用了激光粒子计数、激光散射等原理来监视被保护空间，以单位体积内粒子增加的多少来判断发生火灾与否，系统可在火灾发生前几小时或者几天内识别潜在的火灾危险性，从而实现超早期火灾报警。

当前，国外火灾自动报警应用技术的发展趋势主要表现为以下七个方面。

（1）网络化。火灾自动报警系统网络化是指用计算机技术将探测器之间、控制器之间、系统内部、各个系统之间以及城市“119”报警中心等借助一定的网络协议进行相互连接，以实现远程数据的调用，并且对火灾自动报警系统实行网络监控管理，使各个独立的系统组成一个大的网络，从而实现网络内部各系统之间的资源和信息共享，使城市“119”报警中心的人员能够及时、准确掌握各单位的有关信息，对各系统进行宏观管理，对各系统出现的问题及时发现并及时责成有关单位进行相应处理，从而弥补现在部分火灾自动报警系统中擅自停用，值班管理人员责任心不强、业务素质低、对出现的问题处置不及时及不果断等方面的不足。

（2）智能化。火灾自动报警系统智能化是使探测系统可以模仿人的思维，主动采集环境温度、湿度、灰尘以及光波等数据模拟量并充分采用模糊逻辑和人工神经网络技术等进行计算处理，对各项环境数据进行对比判断，从而准确地预报及探测火灾，以防止误报和漏报现象。在发生火灾时，可以依据探测到的各种信息对火场的范围、火势的大小、烟的浓度以及火的蔓延方向等给出详细的描述，甚至能够配合电子地图进行形象的提示、对出动力量和扑救方法等给出合理化的建议，以实现各方面快速准确反应联动，最大限度地使人员伤亡和财产损失降低，而且在火灾中探测到的各种数据可作为准确判定起火原因、调查火灾事故责任的科学依据。除此之外，规模庞大的建筑使用全智能型火灾自动报警系统，即所使用的探测器和控制器都是智能型的，它们分别承担不同的职能，可以提高系统巡检的速度、稳定性和可靠性。

（3）多样化

① 火灾探测技术的多样化。我国目前应用的火灾探测器按照其响应和工作的原理基本上可以分为感烟、感温、火焰、可燃气体探测器以及两种或者几种探测器的组合等，其中，感烟探测器虽然一枝独秀，但是光纤线型感温探测技术、火焰自动探测技术、气体探测技术、静电探测技术、燃烧声波探测技术以及复合式探测技术也代表了火灾探测技术发展和开发应用研究的方向。此外，通过纳米粒子化学活性强、化学反应选择性好的特性，将纳米材料制成的气体探测器或离子感烟探测器，用来探测有易燃易爆气体、毒气体、蒸气及烟雾的浓度并进行预警，具有反应快及准确性高的特点，目前这个项目已经列为我国消防科研工作者的重点研究开发课题。

② 设备连接方式的多样化。随着无线通信技术的日益成熟、完善以及新型有线通信材料的研制，设备间、系统间可以依据具体的环境、场所的不同而选择方便可靠的通信方式和技术，设备间也可以通过无线技术进行连接，形成有线、无线互补，同时新型通信材料的研制开发可弥补铜线连接存在的缺陷。而且各探测器之间也能够进行数据信息传递和交流，使探测器的设置从枝状变成网状，探测器不再是各自独立的，使系统间及设备间的信息传递变得更方便、更可靠。

（4）小型化。火灾自动报警系统的小型化指的是探测部分或者是说网络中的“子系统”的小型化。若火灾自动报警系统能够实现网络化，那么系统中的中心控制器等设备就会变得很小，甚至对较小的报警设备安装单位就可以不再去独立进行设置，而是借助网络中的设备、服务资源进行判断、控制以及报警，这样火灾自动报警系统安装、使用、管理就变得更加简洁、省钱、方便。

(5) 社区化。目前我国火灾自动报警系统只是被安装于重要建筑上，而在美国、日本等发达国家中，包括许多居民的家庭中均安装了火灾自动报警系统。随着我国经济的不断发展，人们安全意识的逐步增强，火灾自动报警系统的进一步完善、智能化程度的提高，在社区家庭尤其是在高级住宅中应当积极推广应用防盗、防火联动报警装置或是独立式感烟探测器，这对于预防居民家庭火灾是十分必要和行之有效的措施。

(6) 蓝牙技术无线化。与有线火灾自动报警系统相比，蓝牙技术无线火灾自动报警系统具有施工简单、安装容易、组网方便以及调试省时省力等特点，而且对于建筑结构损坏较小，便于和原有系统集成并且容易扩展，系统设计简单而且可以完全地寻址，便于网络化的设计，能够广泛地应用于医院、文物古建筑、机场、综合建筑和不方便进行联网、建筑物分散、规模较大、干扰相对比较小的建筑。而对正在施工或者正在进行重新装修的场所，在未安装有线火灾自动报警系统之前，这种临时系统可以充分保障建筑物的防火安全，一旦施工结束，蓝牙技术无线系统也能够很容易地转移到别的场所。

(7) 高灵敏化。以早期火灾智能预警系统为代表，此系统除了采用先进的激光探测技术和独特的主动式空气采样技术以外，还采用了人工神经网络的算法，并具有很强的适应能力、学习能力、容错能力以及并行处理能力，近乎人类的神经思维。此外，该系统的子机和主机能够进行双向的智能信息交流，从而使得整个系统的响应速度及运行能力空前提高，误报率几乎接近零，灵敏度要比传统探测器高1000倍以上，还能探测到物质高热分解出的微粒子，并且在火灾发生前的30～20min会进行预警，从而保证了系统的高灵敏性和高可靠性，实现了早期报警。

针对当前火灾自动报警系统所存在的通信协议不一致而产生的系统误报、漏报频繁，网络化程度低，智能化程度低，特殊恶劣环境的火灾探测报警抗干扰能力低等问题比较突出的现象，提出在符合国家消防规范的基础下应当采用统一、标准、开放的通信协议，借助对新技术、新工艺、新材料以及新设备的应用研究，对系统方案、设备选型进行优化组合，改进火灾自动报警系统的工作性能、减少维护费用和维护要求，向着高灵敏性、高可靠性、低误报率、系统网络化以及技术智能化的方向去发展，为更好地预防及遏制建筑火灾提供强而有力的保障，从而能够更好地保护国家和人民的生命、财产安全。这就是火灾自动报警应用技术势不可挡的研究发展趋势。

2 火灾自动报警与消防联动系统

2.1 火灾自动报警系统

2.1.1 系统的组成及要求

（1）火灾自动报警系统的组成。火灾自动报警系统由触发器件（手动报警按钮、探测器）、火灾报警装置（火灾报警控制器）、火灾警报装置（声光报警器）、控制装置（主要包括：自动灭火系统的控制装置；各种控制模块、火灾报警联动一体机；室内消火栓的控制装置；防烟排烟控制系统以及空调通风系统的控制装置；常开防火门及防火卷帘的控制装置；电梯迫降控制装置；以及火灾应急广播、消防通信设备、火灾应急照明以及疏散指示标志的控制装置等）、电源等组成。其各部分的作用介绍如下。

火灾探测器是火灾自动探测系统的传感部分，它可以在现场发出火灾报警信号或是向控制和指示设备发出现场火灾状态信号的装置。它被形象地称为“消防哨兵”，也俗称“电鼻子”。

手动报警按钮的作用是向报警器报告所发生火情的设备，只不过探测器是自动报警，而它则是手动报警，其准确性要比自动报警更高。

当发生火情时，警报器可以发出区别环境声光的声或光报警信号。

火灾报警控制器可向探测器供电，并具有以下功能：接收探测信号并将其转换成声、光报警信号，指示着火部位及记录报警信息；可通过火警发送装置启动火灾报警信号，或者通过自动消防灭火控制装置启动自动灭火设备及消防联动控制设备；自动监视系统的正确运行及对待定故障给出声光报警。

在火灾自动报警系统中，当控制装置接收到来自触发器件的火灾信号或者火灾报警控制器的控制信号后，可以通过模块自动或手动启动相关消防设备并显示其工作状态的装置。

火灾自动报警系统是属于消防用电设备，其主电源应采用消防电源，备用电源通常情况下采用蓄电池组。系统电源除为火灾报警控制器供电之外，还为与系统相关的消防控制设备等供电。

(2) 区域报警系统（地方性的警报系统）。由区域火灾报警控制器与火灾探测器等组成，或是由火灾报警控制器和火灾探测器等组成，为功能简单的火灾自动报警系统。如图 2-1 所示为其构成。

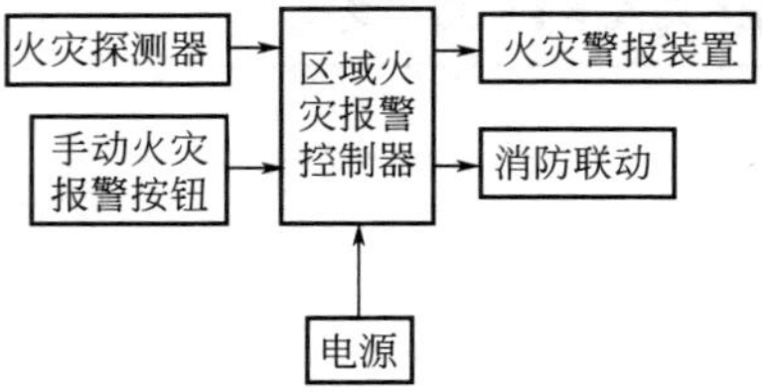

图 2-1　区域报警系统的构成

(3) 集中报警系统。集中报警系统由集中火灾报警控制器、区域火灾报警控制器与火灾探测器等组成，或者是由火灾报警控制器、区域显示器与火灾探测器等所组成的功能比较复杂的火灾自动报警系统。图 2-2 所示为其构成。

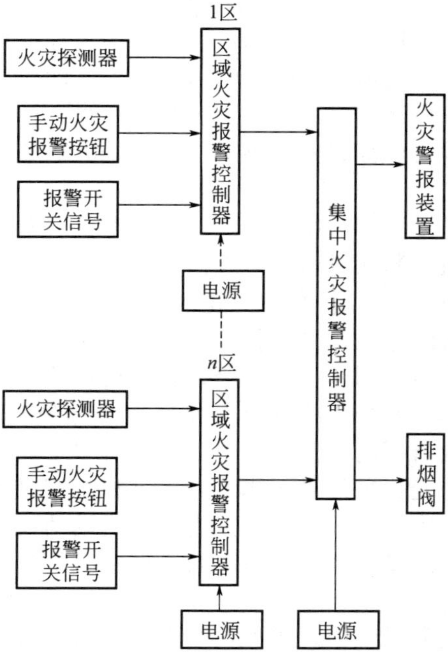

图 2-2　集中报警系统的构成

（4）控制中心报警系统（控制中心警报系统）。控制中心报警系统（控制中心警报系统）由消防控制室的消防设备、集中火灾报警控制器、区域火灾报警控制器以及火灾探测器等组成，或是由消防控制室的消防控制设备、火灾报警控制器、区域显示器以及火灾探测器而组成的功能复杂的火灾自动报警系统。图 2-3 所示为其构成。

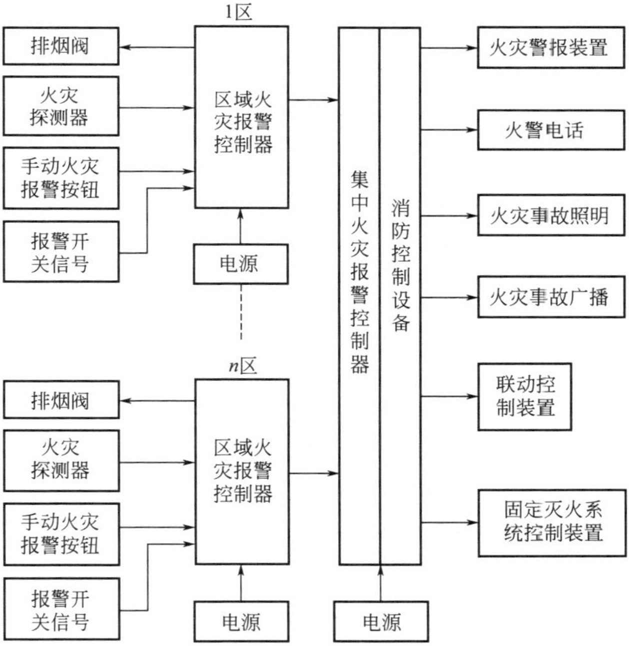

图 2-3　控制中心报警系统的构成

综上所述，火灾自动报警系统的作用就是：可以自动（手动）发现火情并及时报警，并不失时机地控制火情的发展，把火灾的损失减少到最低限度。由此可见火灾自动报警系统是消防系统的核心部分。

2.1.2　火灾报警探测器

2.1.2.1　火灾探测器的分类

火灾探测器是火灾自动报警系统的检测元件，它把火灾初期所产生的烟、热、光转变为电信号，输入火灾自动报警系统，经过火灾自动报警系统处

火灾预警探测器

理之后，发出报警或相应的动作。

众所周知，火灾为一种伴随有光、热的化学反应过程，火灾过程中会产生大量有毒的热烟气和高温火焰。依据火灾的燃烧特性，火灾探测器可分为感烟型、感光型、感温型、可燃气体火灾探测器、复合型以及智能型等类型。根据火灾探测器监控区域的大小，可分为点型和线型火灾探测器。

（1）感烟型火灾探测器。感烟型火灾探测器为目前世界上应用较普遍、数量较多的探测器。据了解，感烟型火灾探测器可以探测70％以上的火灾。依据工作原理，感烟型探测器可以分为离子感烟型火灾探测器与光电感烟型火灾探测器两种。其中以离子感烟型火灾探测器应用比较广泛。

① 离子感烟型火灾探测器。图 2-4 所示为离子感烟型火灾探测器的原理。它由检测电离室、补偿电离室、信号放大回路、开关转换回路、火灾模拟检查回路、故障自动检测回路以及确认灯回路等组成。

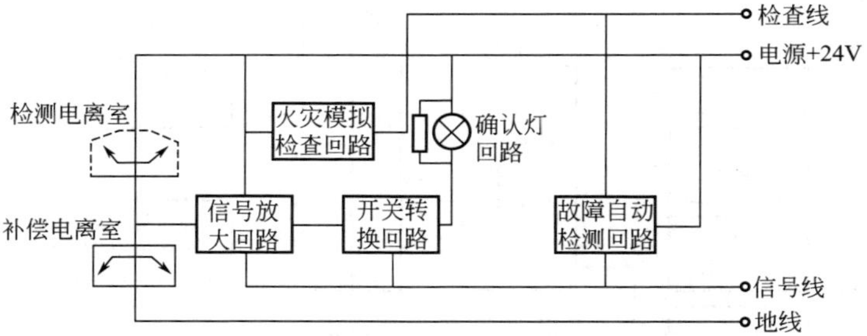

图 2-4　离子感烟型火灾探测器的原理

检测电离室与补偿电离室由两片放射性物质镅（^{241}Am）α 源构成。当有火灾发生时，烟雾粒子进入检测电离室后，被电离的部分正离子与负离子吸附到烟雾离子上，一方面造成离子在电场中运动速度降低，而且在运动中正负离子互相中和的概率增加，导致到达电极的有效离子数减少；另一方面，因为烟雾粒子的作用，射线被阻挡，电离能力降低，电离室内产生的正负离子数减少。两方面的综合作用，如图 2-5 所示，宏观上表现为烟雾粒子进入检测电离室之后，电离电流减少，施加在两个电离室两端电压的增加。

当电压增加至规定值以上时开始动作，通过场效应晶体管（FET）作为阻抗耦合后将电压信号放大，进而通过开关转换回路把放大后的信号触发正反馈开关，把火灾信号传输给报警器，发出声光报警信号。

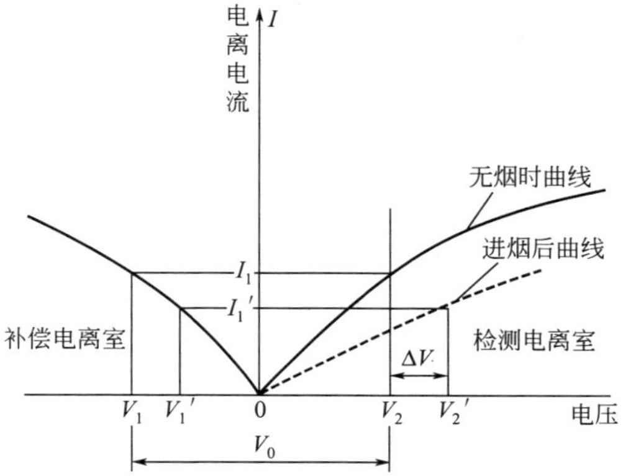

图 2-5 检测电离室和补偿电离室电压-电流特性曲线

V_0—探测器两端的外加电压；V_1—补偿电压；V_1'—变化后的补偿电压；
V_2—检测室电压；V_2'—减少后的检测室电压；I_1—电离电流；
I_1'—减少后的电离电流；ΔV—检测室电压的增量

② 光电感烟型火灾探测器。它是对能影响红外、可见以及紫外电磁波频谱区辐射的吸收或散射的燃烧物质敏感的探测器。光电式感烟型火灾探测器依据其结构和原理分为散射型与遮光型两种。新型的光电感烟型火灾探测器如激光感烟型探测器、红外光束线型感烟探测器也都利用了光散射原理。

a. 散射式光电感烟型火灾探测器。散射式光电感烟型火灾探测器由检测室（由发光元件、受光元件以及遮光体组成）、检测电路、振荡电路、抗干扰电路、信号放大电路、记忆电路、与门开关电路、确认电路、扩展电路、输出（入）电路以及稳压电路等组成。

正常情况下，受光元件接收不到发光元件发出的光，所以不产生光电流。火灾发生时，当烟雾进入探测器的检测室时，因为烟粒子的作用，发光元件发生光散射并被受光元件接收（图 2-6），导致受光元件阻抗发生变化（图 2-7），产生光电流，从而实现了将光信号转化成电信号的功能。此信号与振荡器送来的周期脉冲信号复核之后，开关电路导通，探测器发出火警信号。

图 2-8 所示为散射式光电感烟型火灾探测器的原理方框图。

b. 遮光型光电感烟型火灾探测器。又叫作减光型光电感烟型火灾探测器。正常情况下，光源发出的光通过透射镜聚成光束，照射到光敏元件上，并将其转换成电信号，使整个电路维持正常状态，不发生报

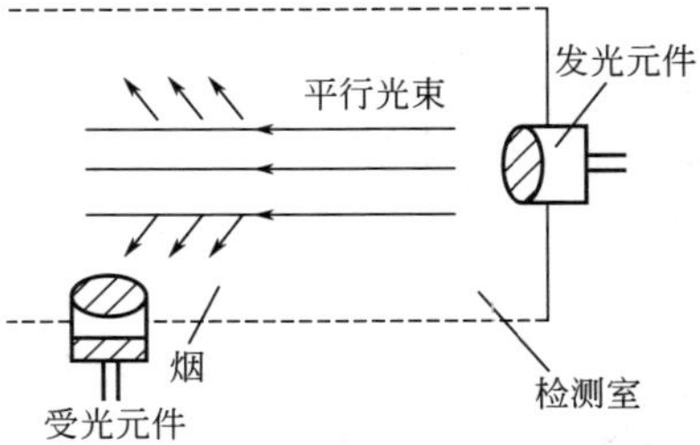

图 2-6　散射式光电感烟型火灾探测器原理

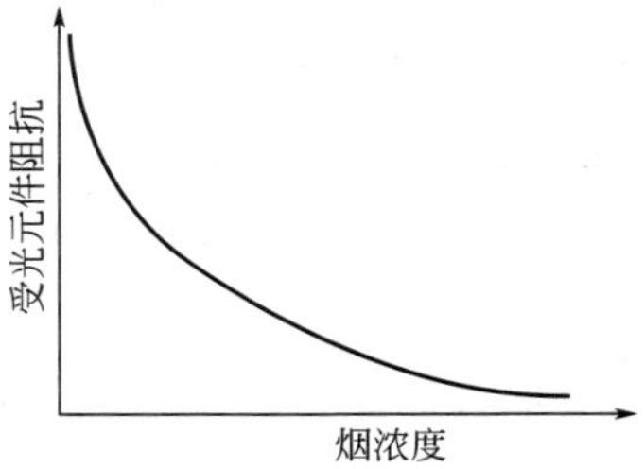

图 2-7　受光元件阻抗随烟气浓度变化曲线

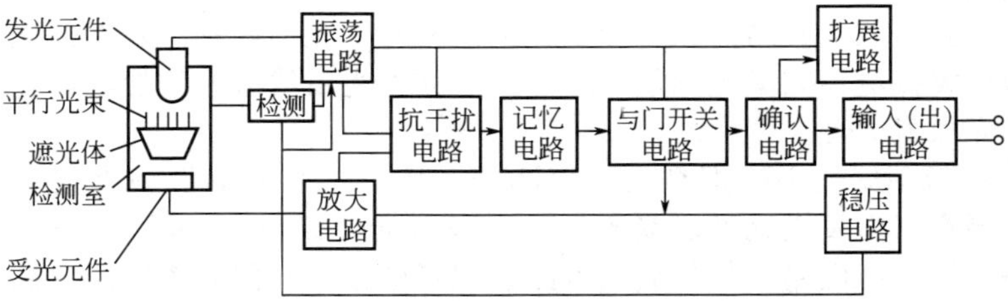

图 2-8　散射式光电感烟型火灾探测器的原理方框图

警。发生火灾有烟雾存在时，光源发出的光线受粒子的散射及吸收作用，导致光的传播特性改变，光敏元件接收的光强明显减弱，电路正常状态被破坏，则发出声光报警。

c. 激光感烟型火灾探测器。点型激光感烟型火灾探测的原理主要借助光散射基本原理，但是又与普通散射光探测有很大区别。激光感烟型火灾探测器的光学探测室的发射激光二极管与组合透镜使光束在光电接收器的附近聚焦成一个很小亮点，然后光线进入光接收光镜被吸收掉。当发生火灾时，烟粒子在窄激光光束中的散射光借助特殊的反光镜被聚至光接收器上，从而探测到烟雾颗粒。在普通的点型光电感烟型火灾探测器中，烟粒子向所有方向散射光线，仅有一小部分散射到光电接收器上，灵敏度比较差。激光探测器采用光学放大器件，将大部分散射光聚集到光电接收器上，使灵敏度大大提高。应用在高灵敏度吸气式感烟火灾报警系统，点型激光感烟型火灾探测器的灵敏浓度高于一般的光电感烟型火灾探测器灵敏度的50倍，误报率也大大降低。

d. 红外光束线型火灾探测器。红外光束线型火灾探测器为响应某一连续线路附近的火灾产生的物理或者化学现象的探测器。红外光束线型火灾探测器的原理是应用烟粒子吸收或者散射现象，引起红外光束强度发生变化，从而实现火灾探测。

在正常条件下，红外光束线型火灾探测器的发射器发送一个不可见的、波长为940mm的脉冲红外光束，它经过保护空间不受阻挡地射至接收器的光敏元件上。当发生火灾时，因为受保护空间的烟雾气溶胶扩散至红外光束内，使到达接收器的红外光束衰减，接收器接收的红外光束辐射通量减弱，当辐射通量减弱至预定的感烟动作阈值时，若保持衰减5s（或10s）时间，探测器立即动作，发出火灾报警信号。

红外光束线型火灾探测器保护面积大，特别适宜保护难以使用点型探测器甚至根本不可能使用点型探测器的场所。

（2）感温型火灾探测器。感温型火灾探测器是响应异常温度、温升速率以及温差等参数的探测器。感温型火灾探测器按原理可分为定温、差温以及差定温组合式三种。

① 点型定温式火灾探测器。当监测点环境温度达到某一温度值时，即动作。图2-9所示为其结构原理。

a. 通过不同膨胀系数双金属片的弯曲变形，达到感温报警的目的，图2-9(a) 所示为其结构。它是借助两种膨胀系数不同的金属片制成的。随着火场温度的升高，金属片受热，膨胀系数大的金属片就要向膨胀系数小的金属片方向弯曲，致使接点闭合，将信号输出。

b. 图2-9(b) 所示的探测器借助双金属的反转使接点闭合，将信号输出。双金属反转后处于虚线所示的位置。

c. 图2-9(c) 所示的点型定温式火灾探测器由膨胀系数大的金属外筒与膨胀系数小的内部金属板组合而成，膨胀系数的不同使得接点闭合。

d. 电子定温火灾探测器。电子定温火灾探测器利用特制半导体热敏电阻作为传感器件。这种热敏电阻在室温下具有比较高的阻值，能够达到1MΩ以上。随着火场温度的升高，热敏电阻的阻值缓慢下降，当

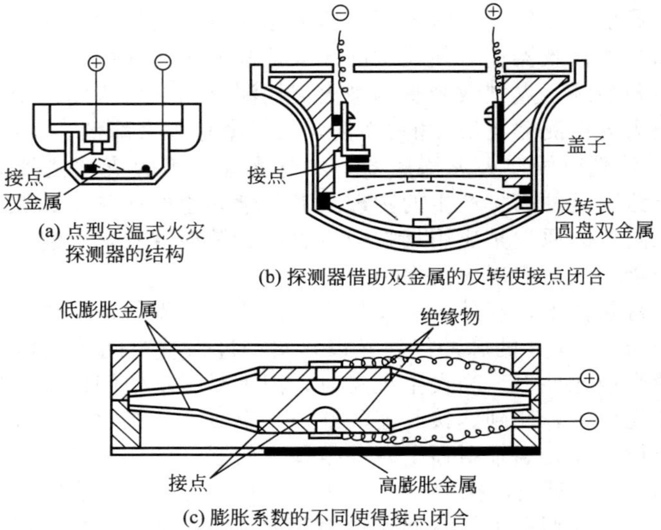

图 2-9　点型定温式火灾探测器的结构原理

达到设定的温度点时，临界电阻值迅速减到几十欧姆，信号交流迅速增大，探测器发出报警信号。常见的 JTW-DZ-262/062 电子定温探测器原理见图 2-10。

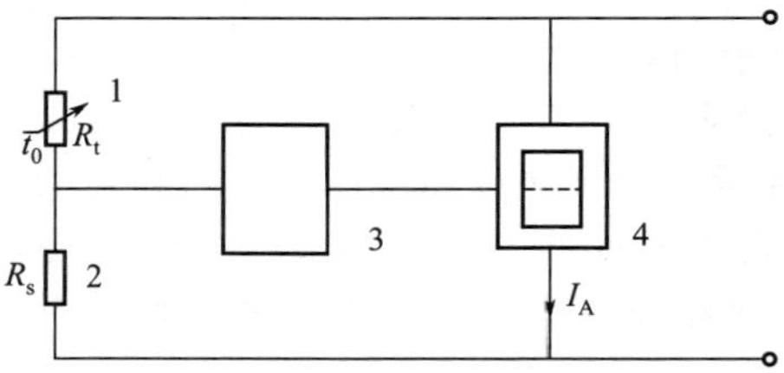

图 2-10　常见的 JTW-DZ-262/062 电子定温探测器原理

1—热敏电阻 CTR；2—采样电阻；3—阈值电路；4—双稳电路

② 缆式线型定温探测器。图 2-11 和图 2-12 所示分别为缆式线型定温探测器构造及原理框图。它主要由智能缆式线型感温探测器编码接口箱、热敏电缆以及终端模块三部分构成一个报警回路。在每一个热敏电缆中有一个十分小的电流流动。当热面电缆线路上任何一点的温度上升达额定动作温度时，其绝缘材料熔化，两根钢丝相互接触，此时报警回路电流骤然增大，报警控制器发出声、光报警的同时，数码管显示火灾

报警的回路号与火警的距离（即热敏电缆动作部分的距离）。报警后，通过人工处理热敏电缆可重复使用。缆式线型定温探测器的动作温度如表 2-1 所列。

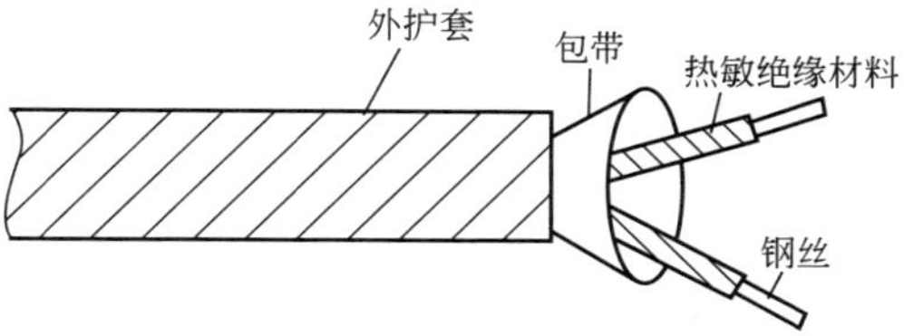

图 2-11　缆式线型定温探测器构造

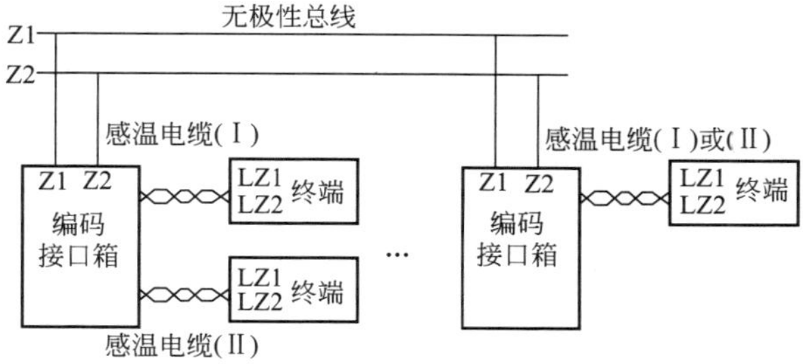

图 2-12　智能线型缆式感温探测器原理框图

表 2-1　缆式线型定温探测器的动作温度

安装地点允许的温度范围/℃	额定动作温度/℃	备注
－30～40	68±10	应用于室内，可架空及靠近安装使用
－30～50	85±10	应用于室内，可架空及靠近安装使用
－40～75	105±10	适用于室内、外
－40～100	138±10	适用于室内、外

③ 点型差温式火灾探测器。一种常用的膜盒式点型差温式探测器结构示意如图 2-13 所示。点型差温式探测器主要由感热室、膜片、泄漏孔及接点构成。当发生火灾时，如果环境温度变化缓慢，泄漏孔的作用造成感热室内的空气泄漏，膜片保持不变，接点不会闭合。随周围火场温度的急剧上升，感热室内的空气迅速膨胀，当满足规定的升温速率以上时，膜片受压使接点闭合，发出火警信号。

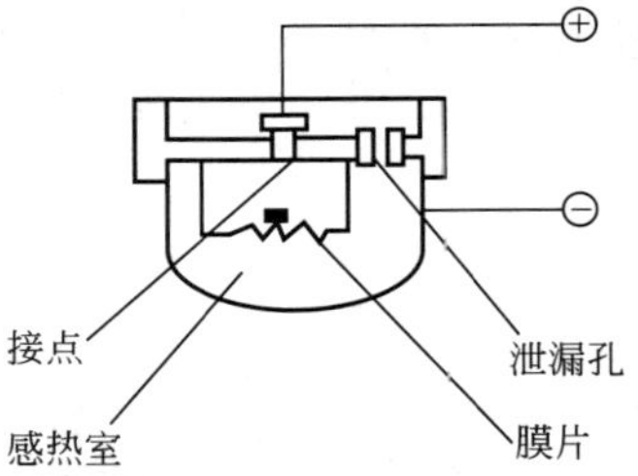

图 2-13　一种常用的膜盒式点型差温式探测器结构示意

④ 空气管线型差温式探测器。它是一种感受温升速率的火灾探测器，由敏感元件空气管——ϕ3mm×0.5mm 的纯铜管、传感元件膜盒以及电路部分组成，如图 2-14 所示。正常状态下，气温正常，受热膨胀的气体能由传感元件泄气孔排出，不推动膜盒片，动、静接点不闭合；当发生火灾时，保护区域温度快速升高，导致空气管感受到温度变化，管内空气受热膨胀，空气无法立即排出，膜盒内压力增加推动膜片，动、静接点闭合，将电路接通，输出报警信号。

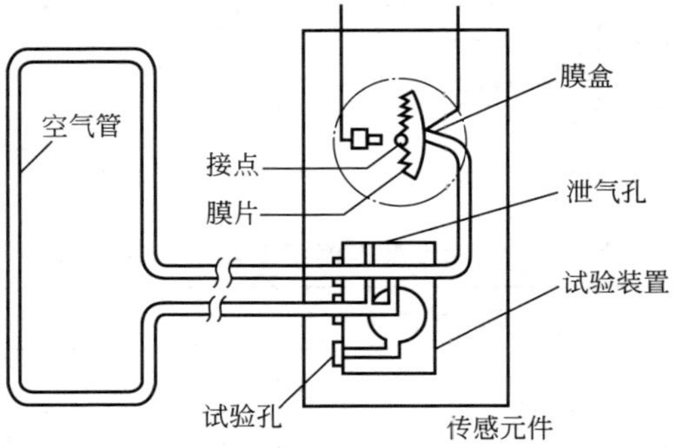

图 2-14　空气管线型差温式探测器

空气管式线型差温式探测器的灵敏度为三级。灵敏度不同，其适用场所也就不同，如表 2-2 所列。

表 2-2　空气管式线型差温式探测器灵敏度分级及使用场所

灵敏度级别	动作温升速率/(℃/min)	不动作温升速率/(℃/min)	使用场合
1	7.5	1℃/min 持续上升 10min	书库、仓库、电缆隧道、地沟等温度变化率较小的场所

续表

灵敏度级别	动作温升速率/(℃/min)	不动作温升速率/(℃/min)	使用场合
2	15	2℃/min 持续上升 10min	暖房设备等温度变化较大的场所
3	30	3℃/min 持续上升 10min	消防设备中要与消防泵自动灭火装置联动的场所

上述的差温和定温感温探测器中，除缆式线型定温式探测器由于其特殊的用途还在使用外，其余都已被下面介绍的差定温组合式探测器所取代。

⑤ 点型差定温式火灾探测器

a. 膜盒式点型差定温式探测器。膜盒式点型差定温式探测器综合了差温式与定温式两种探测器的作用原理，如图 2-15 所示为其结构原理。

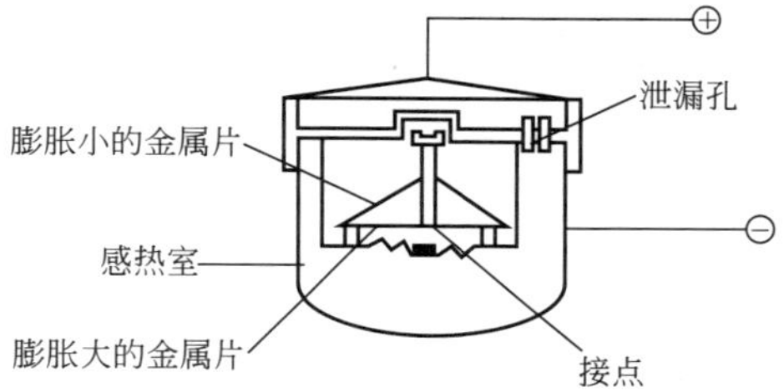

图 2-15 膜盒式点型差定温式探测器的结构原理

b. 电子差定温式探测器。常用的电子差定温式探测器工作原理框图见图 2-16。电子差定温式探测器采用 2 个 NTC 热敏电阻，其中取样电阻 RM 在监视区域的空气环境中，参考电阻 RR 密封在探测器内部。当外界温度缓慢地上升时，RM 与 RR 都有响应，此时，探测器表现为定温特性。当外界温度急剧升高时，RM 阻值则迅速下降，RR 阻值变化缓慢，探测器表现为差温特性，满足预定值时，探测器发出报警信号。电子差定温式探测器与电子定温式探测器均满足《点型感温火灾探测器》(GB 4716—2005) 要求的响应时间，差定温式探测器对快升温响应更为灵敏，因此不宜安装在平时温度变化较大的场合，如锅炉房、厨房等，这种场所应适用定温式探测器。但是对于汽车库、小会议室等场所，两者可等同使用。

(3) 火焰探测器。点型火焰探测器为一种对火焰中特定波段（红

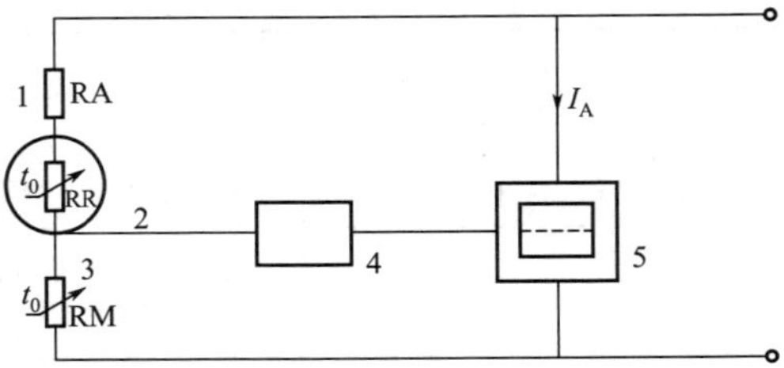

图 2-16　常用的电子差定温式探测器原理工作原理框图

1—调整电阻；2—参考电阻 NTC；3—采样电阻 NTC；4—阈值电路；5—双稳态电路；RA，RM，RR—电阻；I_A—电流

外、可见和紫外谱带）中的电磁辐射敏感的火灾探测器，又称感光探测器。由于电磁辐射的传播速度极快，因此，这种探测器对快速发生的火灾或者爆炸能及时响应，是对易燃、可燃液体火灾探测的理想探测器。响应波长低于 400nm 辐射能通量的探测器叫作紫外火焰探测器，响应波长高于 700nm 辐射能通量的探测器叫作红外火焰探测器。

图 2-17 所示为紫外线火灾探测器结构。紫外线火灾探测器原理见图 2-18。

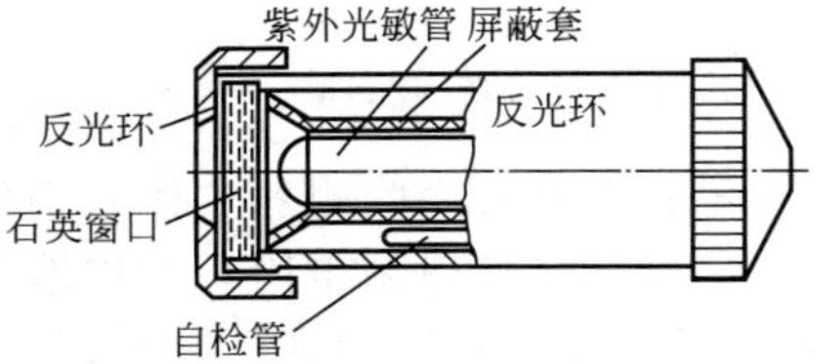

图 2-17　紫外线火灾探测器结构

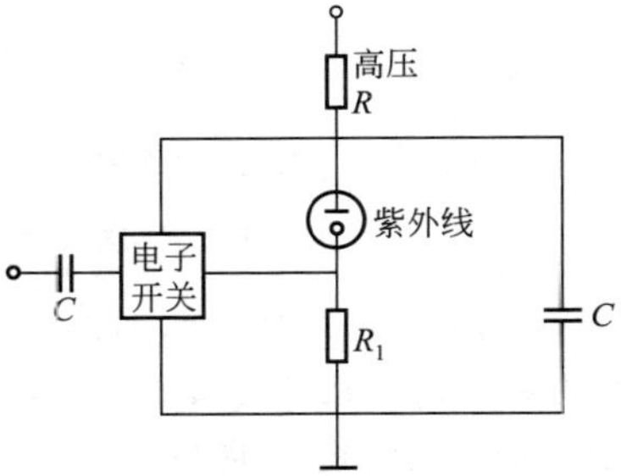

图 2-18　紫外线火灾探测器原理

探测器采用圆柱状紫外光敏元件，在它接收到 1850～2450Å（1Å＝0.1nm，下同）的紫外线时，产生电离作用，紫外光敏管开始放电，导致光敏管的内电阻变小，导电电流增加，使电子开关导通，光敏管工作电压降低。当降低至着火电压以下时，光敏管停止放电，导电电流减少，电子开关断开，此时电源电压通过 RC 电路充电，又使光敏管的工作电压升高至着火电压以上，再重复上述过程。这样就产生了一串脉冲，脉冲的频率和紫外线强度成正比，同时还与电路参数有关。

(4) 可燃气体火灾探测器。对于探测区域内某一点周围的特殊气体参数敏感响应的探测器叫作气体火灾探测器，又称可燃气体火灾探测器。它的工作原理是借助金属氧化物半导体元件以及催化燃烧元件对可燃气体的敏感反应，并将这种氧化催化作用的结果转化为电信号，发出报警信号。火灾过程中完全燃烧与不完全燃烧产生大量的一氧化碳等可燃气体，并且这种可燃气体往往先于火焰或烟出现。所以，可燃气体火灾探测器可能提供最早期的火灾报警，适用于预防具有潜在的爆炸或毒气危害的工业场所及民用建筑，能够起到防爆、防火、检测环境污染的作用。

(5) 复合型火灾探测器。复合型火灾探测器为一种可以响应两种或两种以上火灾参数的探测器，是两种或者两种以上火灾探测器性能的优化组合，集成在每个探测器内的微处理机芯片，对相互关联的每个探测器的探测值做计算，从而使误报率降低。通常有感烟感温型、感温感光型、感烟感光型、红外光束感烟感光型以及感烟感温感光型复合探测器。其中以感烟感温复合型探测器使用最为广泛，其工作原理是只要有一种火灾信号达到相应的阈值时探测器即可报警。一种感温、感烟和CO气体三位一体的复合型火灾探测器构造如图2-19所示。

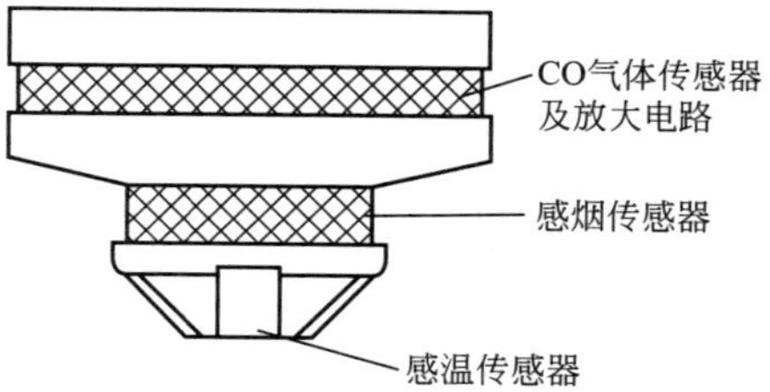

图2-19 一种感温、感烟和CO气体三位一体的复合型火灾探测器构造示意

(6) 智能型火灾探测器。智能型火灾探测器本身带有微处理信息功能，能够处理由环境所收到的信息，并且针对这些信息进行计算处理，统计评估，使误报率大大降低。例如，JTF.GOM-GST601感烟型智能探测器能自动检测和跟踪由灰尘积累而导致的功能工作状态的漂移，当这种漂移超出给定范围时，自动发出故障信号，同时这种探测器还跟踪环境变化，自动调节探测器的工作参数，使由灰尘积累和环境变化所造成的误报及漏报大大降低。还有的智能型探测器借助模糊控制原理，结合火势很弱—弱—适中—强—很强的不同程度，再根据预设的有关规则，将这些不同程度的信息转化为适当的报警动作指标。如“烟不多，

但温度快速上升——发出警报”，又如“烟不多，并且温度没有上升——发出预警报等”。随着科技水平的不断提高，这类智能型探测器现在已经成为主流。

2.1.2.2 火灾探测器常用型号和主要技术性能

（1）火灾探测器的型号。火灾探测器的国际型号都是按汉语拼音字头的大写字母组合而成的，从名称就可看出产品类型及特征。

火灾探测器的型号由三部分组成，①②③④-⑤⑥-⑦，其各部分的意义如下。

①——(警)，火灾报警设备（消防产品中的分类代号)。②——T（探)，火灾探测器代号。③——火灾探测器种类代号，各种类型火灾探测器的具体表示方法为：

Y（烟)——感烟型火灾探测器；

W（温)——感温型火灾探测器；

G（光)——感光型火灾探测器；

Q（气)——可燃气体探测器；

F（复)——复合式火灾探测器。

④——应用范围特征代号，其中：

B（爆)——防爆型（无“B”即为非防爆型，其名称也无须指出“非防爆型”）；

C（船)——船用型。

非防爆或者非船用型可省略，无须注明。

⑤，⑥——探测器特征表示法（敏感元件及敏感方式特征代号)：LZ——离子；GD——光电；MC——膜盒差温；MD——膜盒定温；GW——感光感温；YW——感烟感温；YW-HS——红外光束感烟感温；BD——半导体定温；ZD——热敏电阻定温；BC——半导体差温；ZC——热敏电阻差温；BCD——半导体差定温；ZCD——热敏电阻差定温；HW——红外感光；ZW——紫外感光。

⑦——主参数，定温、差定温用灵敏度级别表示，通常有1、2、3级。例如JTY-LZ-F732表示F732型离子感烟探测器。

（2）基本图形符号。在国家标准中消防产品图形符号不全，目前在设计中图形符号的绘制有两种选择，一种按照国家标准绘制，另一种依据所选厂家产品样本绘制。这里仅给出几种常用火灾探测器的图形符号的国家标准画法供参考，如图2-20所示。

（3）火灾探测器的灵敏度。火灾探测器在火灾条件下响应火灾参数的敏感程度叫作火灾探测器的灵敏度。

① 感温型火灾探测器灵敏度。依据对温度参数的敏感程度，感温型火灾探测器分为Ⅰ、Ⅱ、Ⅲ级灵敏度。常用的点型定温及差定温型火灾探测器灵敏度级别标志如下：

Ⅰ级灵敏度（62℃），绿色；

Ⅱ级灵敏度（70℃），黄色；

Ⅲ级灵敏度（78℃），红色。

② 感烟型火灾探测器灵敏度。按照对烟参数的敏感程度，感烟型火灾探测器分为Ⅰ、Ⅱ、Ⅲ级灵敏度。在烟雾相同的情况下，高灵敏度意味着可对较低的烟粒子浓度做出响应。通常来讲，Ⅰ级灵敏度用于禁烟场所，Ⅱ级灵敏度用于卧室等少烟场所，Ⅲ级灵敏度用于多烟场所。Ⅰ、Ⅱ、Ⅲ级灵敏度的感烟探测器的感烟动作率分别为10%、20%、30%。

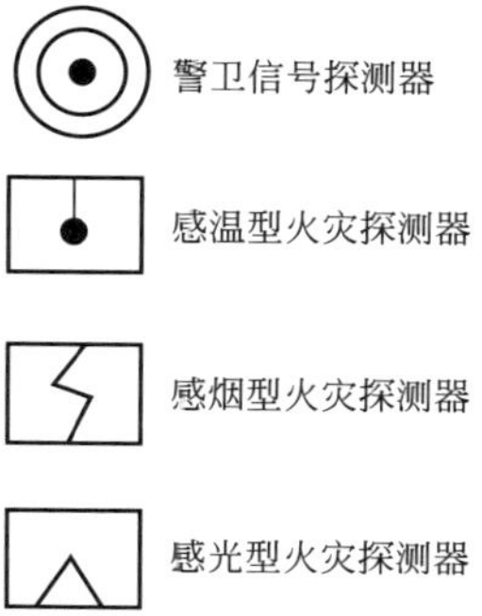

图 2-20　火灾探测器的图形符号

2.1.2.3　火灾探测器的选择

应根据探测区域内可能产生的火灾的特点、环境条件以及安装场所房间高度、房间结构、安装场所的气流状况等，选用适合的火灾探测器或几种探测器的优化组合，才能够及时、准确地探测火情，提高系统的可靠性。

（1）根据火灾特点、环境条件及安装场所选择。由室内火灾发展过程可知，如果火灾探测器的动作取决于温度的上升，那只有在火灾发展到一定规模，才能够发出火警信号，这使得火灾损失已经较大了。值得引起注意的是，若火灾探测器系统能够探测出燃烧气体和发烟，即在燃烧初期和阴燃阶段即能探测出来，就能够大大提高消防安全性。如图 2-21 所示为探测器的选择与时间的曲线。

图 2-21 表明，感烟火灾探测器可以在短时间内做出反应，早期发出火灾报警信号。当火灾发展到一定阶段时，温度急剧升高，差温探测器开始响应；随着燃烧不断扩大，温度也不断升高，只有当环境温度达到某一定值时，定温探测器才可以响应，发出火警信号。

火灾探测器的选择应符合下列规定。

① 对火灾初期有阴燃阶段，产生大量的烟和少量的热，很少或没有火焰辐射的场所，应选择感烟火灾探测器。

② 对火灾发展迅速，可产生大量热、烟和火焰辐射的场所，可选择感温火灾探测器、感烟火灾探测器、火焰探测器或其组合。

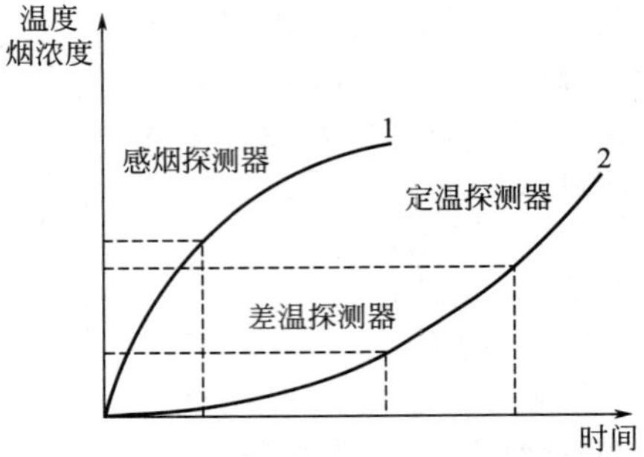

图 2-21　探测器的选择与时间的曲线

1—火灾所产生的烟气浓度随时间的变化规律；2—热烟气温度随时间的变化

③ 对火灾发展迅速，有强烈的火焰辐射和少量烟、热的场所，应选择火焰探测器。

④ 对火灾初期有阴燃阶段，且需要早期探测的场所，宜增设一氧化碳火灾探测器。

⑤ 对使用、生产可燃气体或可燃蒸气的场所，应选择可燃气体探测器。

⑥ 应根据保护场所可能发生火灾的部位和燃烧材料的分析，以及火灾探测器的类型、灵敏度和响应时间等选择相应的火灾探测器，对火灾形成特征不可预料的场所，可根据模拟试验的结果选择火灾探测器。

⑦ 同一探测区域内设置多个火灾探测器时，可选择具有复合判断火灾功能的火灾探测器和火灾报警控制器。

（2）点型火灾探测器的选择

① 对不同高度的房间，可按表 2-3 选择点型火灾探测器。

表 2-3　对不同高度的房间点型火灾探测器的选择

房间高度 h/m	点型感烟火灾探测器	点型感温火灾探测器			火焰探测器
		A1、A2	B	C、D、E、F、G	
$12<h\leqslant 20$	不适合	不适合	不适合	不适合	适合
$8<h\leqslant 12$	适合	不适合	不适合	不适合	适合
$6<h\leqslant 8$	适合	适合	不适合	不适合	适合
$4<h\leqslant 6$	适合	适合	适合	不适合	适合
$h\leqslant 4$	适合	适合	适合	适合	适合

注：A1、A2、B、C、D、E、F、G 为点型感温探测器的不同类别，其具体参数应符合表 2-4 的规定。

表 2-4 点型感温火灾探测器分类

探测器类别	典型应用温度/℃	最高应用温度/℃	动作温度下限值/℃	动作温度上限值/℃
A1	25	50	54	65
A2	25	50	54	70
B	40	65	69	85
C	55	80	84	100
D	70	95	99	115
E	85	110	114	130
F	100	125	129	145
G	115	140	144	160

② 下列场所宜选择点型感烟火灾探测器。

a. 饭店、旅馆、教学楼、办公楼的厅堂、卧室、办公室、商场、列车载客车厢等。

b. 计算机房、通信机房、电影或电视放映室等。

c. 楼梯、走道、电梯机房、车库等。

d. 书库、档案库等。

③ 符合下列条件之一的场所，不宜选择点型离子感烟火灾探测器。

a. 相对湿度经常大于95%。

b. 气流速度大于5m/s。

c. 有大量粉尘、水雾滞留。

d. 可能产生腐蚀性气体。

e. 在正常情况下有烟滞留。

f. 产生醇类、醚类、酮类等有机物质。

④ 符合下列条件之一的场所，不宜选择点型光电感烟火灾探测器。

a. 有大量粉尘、水雾滞留。

b. 可能产生蒸气和油雾。

c. 高海拔地区。

d. 在正常情况下有烟滞留。

⑤ 符合下列条件之一的场所，宜选择点型感温火灾探测器，且应根据使用场所的典型应用温度和最高应用温度选择适当类别的感温火灾探测器。

a. 相对湿度经常大于95%。

b. 可能发生无烟火灾。

c. 有大量粉尘。

d. 吸烟室等在正常情况下有烟或蒸气滞留的场所。

e. 厨房、锅炉房、发电机房、烘干车间等不宜安装感烟火灾探测器的场所。

f. 需要联动熄灭“安全出口”标志灯的安全出口内侧。

g. 其他无人滞留且不适合安装感烟火灾探测器，但发生火灾时需要及时报警的场所。

⑥ 可能产生阴燃火或发生火灾不及时报警将造成重大损失的场所，不宜选择点型感温火灾探测器；温度在0℃以下的场所，不宜选择定温探测器；温度变化较大的场所，不宜选择具有差温特性的探测器。

⑦ 符合下列条件之一的场所，宜选择点型火焰探测器或图像型火焰探测器。

a. 火灾时有强烈的火焰辐射。

b. 可能发生液体燃烧等无阴燃阶段的火灾。

c. 需要对火焰做出快速反应。

⑧ 符合下列条件之一的场所，不宜选择点型火焰探测器和图像型火焰探测器。

a. 在火焰出现前有浓烟扩散。

b. 探测器的镜头易被污染。

c. 探测器的“视线”易被油雾、烟雾、水雾和冰雪遮挡。

d. 探测区域内的可燃物是金属和无机物。

e. 探测器易受阳光、白炽灯等光源直接或间接照射。

⑨ 探测区域内正常情况下有高温物体的场所，不宜选择单波段红外火焰探测器。

⑩ 正常情况下有明火作业，探测器易受X射线、弧光和闪电等影响的场所，不宜选择紫外火焰探测器。

⑪ 下列场所宜选择可燃气体探测器。

a. 使用可燃气体的场所。

b. 燃气站和燃气表房以及存储液化石油气罐的场所。

c. 其他散发可燃气体和可燃蒸气的场所。

⑫ 在火灾初期产生一氧化碳的下列场所可选择点型一氧化碳火灾探测器。

a. 烟不容易对流或顶棚下方有热屏障的场所。

b. 在棚顶上无法安装其他点型火灾探测器的场所。

c. 需要多信号复合报警的场所。

⑬ 污物较多且必须安装感烟火灾探测器的场所，应选择间断吸气的点型采样吸气式感烟火灾探测器或具有过滤网和管路自清洗功能的管路采样吸气式感烟火灾探测器。

（3）线型火灾探测器的选择

① 无遮挡的大空间或有特殊要求的房间，宜选择线型光束感烟火灾探测器。

② 符合下列条件之一的场所，不宜选择线型光束感烟火灾探测器。

a. 有大量粉尘、水雾滞留。

b. 可能产生蒸气和油雾。

c. 在正常情况下有烟滞留。

d. 固定探测器的建筑结构由于振动等原因会产生较大位移的场所。

③ 下列场所或部位，宜选择缆式线型感温火灾探测器。

a. 电缆隧道、电缆竖井、电缆夹层、电缆桥架。

b. 不易安装点型探测器的夹层、闷顶。

c. 各种皮带输送装置。

d. 其他环境恶劣不适合点型探测器安装的场所。

④ 下列场所或部位，宜选择线型光纤感温火灾探测器。

a. 除液化石油气外的石油储罐。

b. 需要设置线型感温火灾探测器的易燃易爆场所。

c. 需要监测环境温度的地下空间等场所宜设置具有实时温度监测功能的线型光纤感温火灾探测器。

d. 公路隧道、敷设动力电缆的铁路隧道和城市地铁隧道等。

⑤ 线型定温火灾探测器的选择，应保证其不动作温度符合设置场所的最高环境温度的要求。

（4）吸气式感烟火灾探测器的选择

① 下列场所宜选择吸气式感烟火灾探测器。

a. 具有高速气流的场所。

b. 点型感烟、感温火灾探测器不适宜的大空间、舞台上方、建筑高度超过 12m 或有特殊要求的场所。

c. 低温场所。

d. 需要进行隐蔽探测的场所。

e. 需要进行火灾早期探测的重要场所。

f. 人员不宜进入的场所。

② 灰尘比较大的场所，不应选择没有过滤网和管路自清洗功能的管路采样式吸气感烟火灾探测器。

2.1.2.4 火灾探测区域的划分

火灾探测区域应按独立房（套）间划分。一个探测区域的面积不宜大于500m^2。从主要出入口能看清其内部，且面积不大于1000m^2的房间，也可划为一个探测区域。红外光束感烟火灾探测器和缆式线型感温火灾探测器的探测区域的长度，不宜超过100m；空气管差温火灾探测器的探测区域长度宜为20～100m。

敞开或者封闭楼梯间、防烟楼梯间前室、消防电梯前室以及消防电梯与防烟楼梯间合用的前室，为发生火灾时建筑物内人员进行疏散的通道，必须确保这些场所发生的火灾能够及早而准确地发现，尽快扑灭，以减少人员伤亡。因此，应分别单独划为一个探测区域。走道、电缆隧道，它们宽窄不同，形状不同，直的、弯曲的以及交叉的都有，也需单独划为一个探测区域。坡道及管道井等纵方向的，不同于平面警戒区域，也要单独划为一个探测区域。

建筑物闷顶或夹层着火，室内探测器往往探测不到，因此要单独划为一个探测区域。

2.1.2.5 火灾探测器的设置和布局

火灾探测器的设置、布局，与探测器的保护面积、建筑的结构以及探测器的类别等因素有关。

（1）火灾探测器的具体设置部位

① 财贸金融楼的办公室、营业厅、票证库。

② 电信楼、邮政楼的机房和办公室。

③ 商业楼、商住楼的营业厅、展览楼的展览厅和办公室。

④ 旅馆的客房和公共活动用房。

⑤ 电力调度楼、防灾指挥调度楼等的微波机房、计算机房、控制机房、动力机房和办公室。

⑥ 广播电视楼的演播室、播音室、录音室、办公室、节目播出技术用房、道具布景房。

⑦ 图书馆的书库、阅览室、办公室。

⑧ 档案楼的档案库、阅览室、办公室。

⑨ 办公楼的办公室、会议室、档案室。

⑩ 医院病房楼的病房、办公室、医疗设备室、病历档案室、药品库。

⑪ 科研楼的办公室、资料室、贵重设备室、可燃物较多的和火灾危险性较大的实验室。

⑫ 教学楼的电化教室、理化演示和实验室、贵重设备和仪器室。

⑬ 公寓（宿舍、住宅）的卧房、书房、起居室（前厅）、厨房。

⑭ 甲、乙类生产厂房及其控制室。

⑮ 甲、乙、丙类物品库房。

⑯ 设在地下室的丙、丁类生产车间和物品库房。

⑰ 堆场、堆垛、油罐等。

⑱ 地下铁道的地铁站厅、行人通道和设备间，列车车厢。

⑲ 体育馆、影剧院、会堂、礼堂的舞台、化妆室、道具室、放映室、观众厅、休息厅及其附设的一切娱乐场所。

⑳ 陈列室、展览室、营业厅、商业餐厅、观众厅等公共活动用房。

㉑ 消防电梯、防烟楼梯的前室及合用前室、走道、门厅、楼梯间。

㉒ 可燃物品库房、空调机房、配电室（间）、变压器室、自备发电机房、电梯机房。

㉓ 净高超过 2.6m 且可燃物较多的技术夹层。

㉔ 敷设具有可延燃绝缘层和外护层电缆的电缆竖井、电缆夹层、电缆隧道、电缆配线桥架。

㉕ 贵重设备间和火灾危险性较大的房间。

㉖ 电子计算机的主机房、控制室、纸库、光或磁记录材料库。

㉗ 经常有人停留或可燃物较多的地下室。

㉘ 歌舞娱乐场所中经常有人滞留的房间和可燃物较多的房间。

㉙ 高层汽车库、Ⅰ类汽车库以及Ⅰ、Ⅱ类地下汽车库、机械立体汽车库、复式汽车库、采用升降梯作汽车疏散出口的汽车库（敞开车库可不设）。

㉚ 污衣道前室、垃圾道前室、净高超过 0.8m 的具有可燃物的闷顶、商业用或公共厨房。

㉛ 以可燃气为燃料的商业和企、事业单位的公共厨房及燃气表房。

㉜ 其他经常有人停留的场所、可燃物较多的场所或燃烧后产生重大污染的场所。

㉝ 需要设置火灾探测器的其他场所。

（2）点型火灾探测器的设置应符合的规定

① 探测区域的每个房间应至少设置一个火灾探测器。

② 感烟火灾探测器和 A1、A2、B 型感温火灾探测器的保护面积和保护半径，应按表 2-5 确定；C、D、E、F、G 型感温火灾探测器的保护面积和保护半径，应根据生产企业设计说明书确定，但不应超过表 2-5 的规定。

表 2-5　感烟火灾探测器和 A1、A2、B 型感温火灾探测器的保护面积及保护半径

火灾探测器的种类	地面面积 S/m^2	房间高度 h/m	一个探测器的保护面积 A 和保护半径 R					
			房顶坡度 θ					
			$\theta\leqslant15°$		$15°<\theta\leqslant30°$		$\theta>30°$	
			A/m^2	R/m	A/m^2	R/m	A/m^2	R/m
感烟型火灾探测器	$S\leqslant80$	$h\leqslant12$	80	6.7	80	7.2	80	8.0
	$S>80$	$6<h\leqslant12$	80	6.7	100	8.0	120	9.9
		$h\leqslant6$	60	5.8	80	7.2	100	9.0
感温型火灾探测器	$S\leqslant30$	$h\leqslant8$	30	4.4	30	4.9	30	5.5
	$S>30$	$h>8$	20	3.6	30	4.9	40	6.3

注：建筑高度不超过 14m 的封闭探测空间，且火灾初期会产生大量的烟时，可设置点型感烟火灾探测器。

③ 感烟火灾探测器、感温火灾探测器的安装间距，应根据探测器的保护面积 A 和保护半径 R 确定，并不应超过如图 2-22 所示探测器安装间距的极限曲线 $D_1\sim D_{11}$（含 D_9'）规定的范围。

④ 一个探测区域内所需设置的探测器数量，不应小于式(2-1) 的计算值。

$$N=\frac{S}{KA} \tag{2-1}$$

式中　N——探测器数量，个，N 应取整数；

S——该探测区域面积，m^2；

K——修正系数，容纳人数超过 10000 人的公共场所宜取 0.7～0.8，容纳人数为 2000～10000 人的公共场所宜取 0.8～0.9，容纳人数为 500～2000 人的公共场所宜取 0.9～1.0，其他场所可取 1.0；

A——探测器的保护面积，m^2。

（3）在有梁的顶棚上设置点型感烟火灾探测器、感温火灾探测器时应符合的规定

① 当梁凸出顶棚的高度小于 200mm 时，可不计梁对探测器保护面积的影响。

② 当梁凸出顶棚的高度为 200～600mm 时，应按图 2-23 和表 2-6 确定梁对探测器保护面积的影响和一个探测器能够保护的梁间区域的数量。

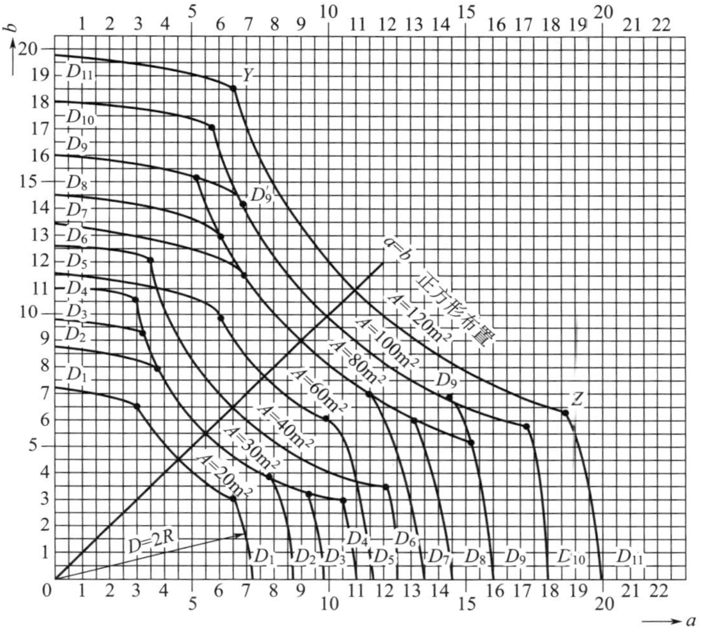

图 2-22 探测器安装间距的极限曲线

A—探测器的保护面积（m^2）；a，b—探测器的安装间距（m）；D_1～D_{11}（含 D_9'）—在不同保护面积 A 和保护半径下确定探测器安装间距 a、b 的极限曲线；Y，Z—极限曲线的端点（在 Y 和 Z 两点间的曲线范围内，保护面积可得到充分利用）

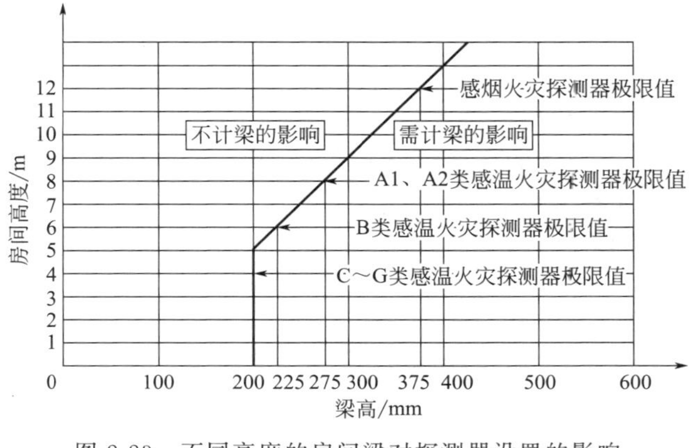

图 2-23 不同高度的房间梁对探测器设置的影响

表 2-6　按梁间区域面积确定一个探测器保护的梁间区域的数量

探测器的保护面积 A/m^2		梁隔断的梁间区域面积 Q/m^2	一个探测器保护的梁间区域的数量/个
感温探测器	20	$Q>12$	1
		$8<Q\leqslant12$	2
		$6<Q\leqslant8$	3
		$4<Q\leqslant6$	4
		$Q\leqslant4$	5
	30	$Q>18$	1
		$12<Q\leqslant18$	2
		$9<Q\leqslant12$	3
		$6<Q\leqslant9$	4
		$Q\leqslant6$	5
感烟探测器	60	$Q>36$	1
		$24<Q\leqslant36$	2
		$18<Q\leqslant24$	3
		$12<Q\leqslant18$	4
		$Q\leqslant12$	5
	80	$Q>48$	1
		$32<Q\leqslant48$	2
		$24<Q\leqslant32$	3
		$16<Q\leqslant24$	4
		$Q\leqslant16$	5

③ 当梁凸出顶棚的高度超过 600mm 时，被梁隔断的每个梁间区域应至少设置一个探测器。

④ 当被梁隔断的区域面积超过一个探测器的保护面积时，被隔断的区域应按第（2）条第④款规定计算探测器的设置数量。

⑤ 当梁间净距小于 1m 时，可不计梁对探测器保护面积的影响。

（4）在宽度小于 3m 的内走道顶棚上设置探测器时宜居中布置。感温探测器的安装间距不应大于 10m，感烟探测器的安装间距不宜大于 15m。探测器到端墙的距离也不应大于探测器安装间距的一半，见图 2-24。

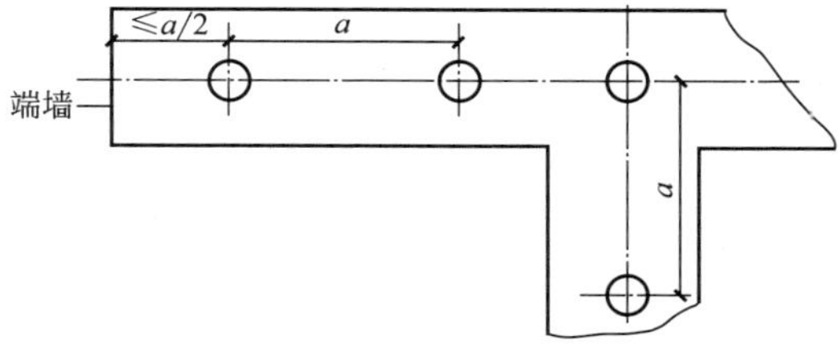

图 2-24 探测器在内走道的布置

a—探测器安装间距

(5) 如图 2-25 所示，点型探测器至墙壁、梁边的水平距离不应小于 0.5m。

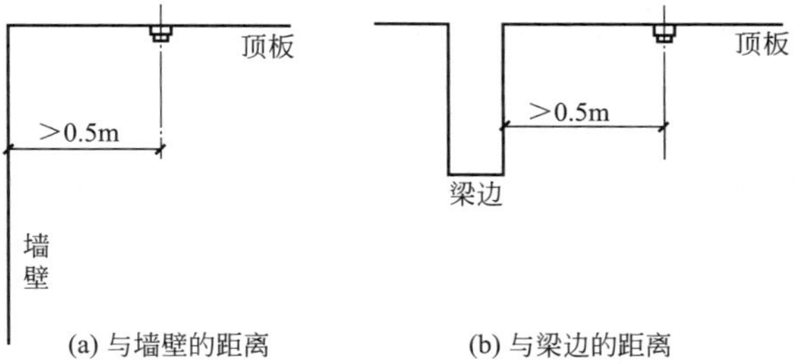

图 2-25 探测器在顶棚上安装时与墙壁或梁边的距离

(6) 探测器周围 0.5m 内不应有遮挡物。

(7) 房间被书架、设备或隔断等分隔，其顶部到顶棚或梁的距离小于房间净高的 5%时，则每个被隔开的部分应当至少安装一个探测器。

(8) 点型探测器至空调送风口边的水平距离不应小于 1.5m，并宜接近回风口安装。探测器至多孔送风顶棚孔口的水平距离不应小于 0.5m。

(9) 当屋顶有热屏障时，点型感烟火灾探测器下表面至顶棚或屋顶的距离，应符合表 2-7 的规定。

(10) 锯齿形屋顶和坡度大于 15°的人字形屋顶，应在每个屋脊处设置一排点型探测器，探测器下表面至屋顶最高处的距离，应符合第 (9) 条的规定。

(11) 点型探测器宜水平安装。当倾斜安装时，倾斜角不应大于 45°。

表 2-7　点型感烟火灾探测器下表面至顶棚或屋顶的距离

探测器的安装高度 h/m	点型感烟探测器下表面至顶棚或屋顶的距离 d/mm					
	顶棚或屋顶坡度 θ					
	$\theta \leqslant 15°$		$15° < \theta \leqslant 30°$		$\theta > 30°$	
	最小	最大	最小	最大	最小	最大
$h \leqslant 6$	30	200	200	300	300	500
$6 < h \leqslant 8$	70	250	250	400	400	600
$8 < h \leqslant 10$	100	300	300	500	500	700
$10 < h \leqslant 12$	150	350	350	600	600	800

（12）在电梯井、升降机井设置点型探测器时，其位置宜在井道上方的机房顶棚上。

（13）一氧化碳火灾探测器可设置在气体能够扩散到的任何部位。

（14）火焰探测器和图像型火灾探测器的设置，应符合下列规定。

① 应计及探测器的探测视角及最大探测距离，可通过选择探测距离长、火灾报警响应时间短的火焰探测器，提高保护面积要求和报警时间要求。

② 探测器的探测视角内不应存在遮挡物。

③ 应避免光源直接照射在探测器的探测窗口。

④ 单波段的火焰探测器不应设置在平时有阳光、白炽灯等光源直接或间接照射的场所。

（15）线型光束感烟火灾探测器的设置应符合下列规定。

① 探测器的光束轴线至顶棚的垂直距离宜为 0.3m～1.0m，距地高度不宜超过 20m。

② 相邻两组探测器的水平距离不应大于 14m，探测器至侧墙水平距离不应大于 7m，且不应小于 0.5m，探测器的发射器和接收器之间的距离不宜超过 100m。

③ 探测器应设置在固定结构上。

④ 探测器的设置应保证其接收端避开日光和人工光源直接照射。

⑤ 选择反射式探测器时，应保证在反射板与探测器间任何部位进行模拟试验时，探测器均能正确响应。

（16）线型感温火灾探测器的设置应符合下列规定。

① 探测器在保护电缆、堆垛等类似保护对象时，应采用接触式布置；在各种皮带输送装置上设置时，宜设置在装置的过热点附近。

② 设置在顶棚下方的线型感温火灾探测器，至顶棚的距离宜为0.1m。探测器的保护半径应符合点型感温火灾探测器的保护半径要求；探测器至墙壁的距离宜为1～1.5m。

③ 光栅光纤感温火灾探测器中每个光栅的保护面积和保护半径，都应符合点型感温火灾探测器的保护面积和保护半径要求。

④ 设置线型感温火灾探测器的场所有联动要求时，宜采用两个不同火灾探测器的报警信号组合。

⑤ 与线型感温火灾探测器连接的模块不宜设置在长期潮湿或温度变化较大的场所。

(17) 管路采样式吸气感烟火灾探测器的设置，应符合下列规定。

① 非高灵敏型探测器的采样管网安装高度不应超过16m；高灵敏型探测器的采样管网安装高度可超过16m；采样管网安装高度超过16m时，灵敏度可调的探测器应设置为高灵敏度，且应减小采样管长度和采样孔数量。

② 探测器的每个采样孔的保护面积、保护半径，都应符合点型感烟火灾探测器的保护面积、保护半径的要求。

③ 一个探测单元的采样管总长不宜超过200m，单管长度不宜超过100m，同一根采样管不应穿越防火分区。采样孔总数不宜超过100个，单管上的采样孔数量不宜超过25个。

④ 当采样管道采用毛细管布置方式时，毛细管长度不宜超过4m。

⑤ 吸气管路和采样孔应有明显的火灾探测器标识。

⑥ 有过梁、空间支架的建筑中，采样管路应固定在过梁、空间支架上。

⑦ 当采样管道布置形式为垂直采样时，每2℃温差间隔或3m间隔(取最小者)应设置一个采样孔，采样孔不应背对气流方向。

⑧ 采样管网应按经过确认的设计软件或方法进行设计。

⑨ 探测器的火灾报警信号、故障信号等信息应传给火灾报警控制器，涉及消防联动控制时，探测器的火灾报警信号还应传给消防联动控制器。

(18) 感烟火灾探测器在格栅吊顶场所的设置，应符合下列规定。

① 镂空面积与总面积的比例不大于15%时，探测器应设置在吊顶下方。

② 镂空面积与总面积的比例大于30%时，探测器应设置在吊顶上方。

③ 镂空面积与总面积的比例为15%～30%时，探测器的设置部位

应根据实际试验结果确定。

④ 探测器设置在吊顶上方且火警确认灯无法观察时，应在吊顶下方设置火警确认灯。

⑤ 地铁站台等有活塞风影响的场所，镂空面积与总面积的比例为30％～70％时，探测器宜同时设置在吊顶上方和下方。

（19）其他火灾探测器应按企业提供的设计手册或使用说明书进行设置，必要时可通过模拟保护对象火灾场景等方式对探测器的设置情况进行验证。

2.1.3 火灾报警系统配套设备

2.1.3.1 手动报警按钮

手动报警按钮

手动报警按钮分成两种，一种为不带电话插孔，另一种为带电话插孔，其编码方式分为微动开关编码（二、三进制）与电子编码器编码（十进制）。下面以某公司电子编码手动报警按钮为例详细进行阐述。手动报警按钮一般都设置在公共场所，如走廊、楼梯口和人员密集的场所。

（1）作用原理。手动报警按钮安装在公共场所，当人工确认火灾发生时，将按钮上的有机玻璃片按下，可向火灾报警控制器发出火灾报警信号，火灾报警控制器接收到报警信号后，显示出报警按钮的编号或位置，并发出报警音响。手动报警按钮应与火灾报警控制器上显示的部位号对应，并且通过不同的显示方式或不同的编码区段，与其他触发装置信号区别开。手动报警按钮和前面介绍的各类编码探测器是一样的，可将其直接接至火灾报警控制器的总线上。

J-SAP-8401 型不带电话插孔智能编码手动报警按钮具有下列特点。

① 当采用无极性信号总线的时候，其地址编码可由手持电子编码器在 1～242 之间任意设定。

② 采用拔插式结构设计，安装既简单又方便。在按下按钮上的有机玻璃片后可用专用的工具复位。

③ 将手动报警按钮玻璃片按下时，由按钮提供额定 60V DC/100mA 无源输出触点信号，可以直接控制其他外部设备。

（2）主要技术指标

① 工作电压。总线 24V。

② 动作电流。要小于 2mA。

③ 监视电流。要小于 0.8mA。

④ 线制。与控制器无极性信号总线连接。

⑤ 外形尺寸。90mm×122mm×44mm。

⑥ 使用环境。温度为−10～50℃；相对湿度≤95%，不结露。

（3）设计要求与布线

① 设计要求为每个防火分区应该至少设置一个手动报警按钮。由一个防火分区内任何位置到最近一个手动报警按钮的距离不大于30m。手动报警按钮最好设置于公共活动场所的出入口处，置于明显的和方便操作的部位。安装在墙上时，其底边距地高度宜为1.3～1.5m，且应该有明显标志。在安装时要牢固，不应倾斜，外接导线应留不小于10cm的余量。

② 布线要求手动报警按钮接线端子如图2-26和图2-27所示。

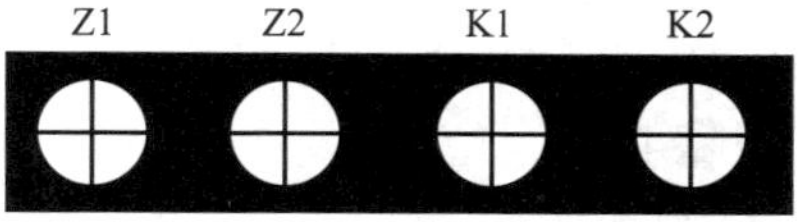

图2-26　手动报警按钮（不带电话插孔）接线端子

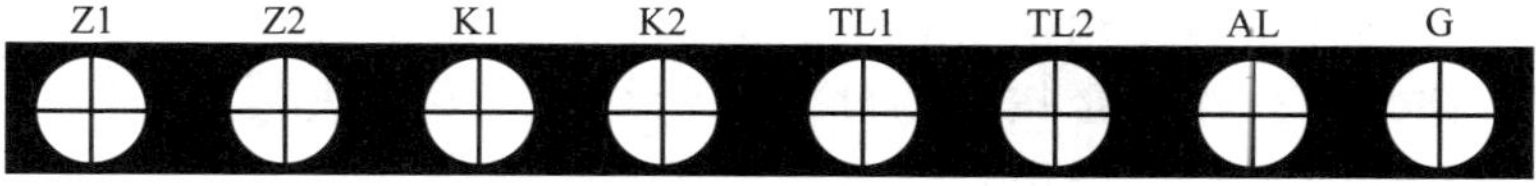

图2-27　手动报警按钮（带消防电话插孔）接线端子

在图2-26中，Z1、Z2是无极性信号两总线端子；K1、K2为无源常开输出端子。布线要求：Z1、Z2采用RVS双绞线，导线截面≥1.0m²。

图2-27中，Z1、Z2为与控制器信号总线连接的端子；K1、K2是24V DC进线端子及控制线输出端子，用于提供24V DC开关信号；TL1、TL2是与总线制编码电话插孔或多线制电话主机连接的音频接线端子；AL、G为与总线制编码电话插孔连接的报警请求线端子。布线要求：信号Z1、Z2采用RVS双绞线，导线截面应≥1.0mm²；报警请求线AL、G采用BV线，导线截面≥1.0mm²；消防电话线TL1、TL2采用RVVP屏蔽线，导线截面≥1.0mm²。

2.1.3.2　总线隔离器

当总线发生故障或短路时，总线隔离器（又称短路隔离器）将发生故障的总线部分与整个系统隔离开，以确保系统的其他部分能正常工作，同时方便确定发出故障的部位。当故障部分的总线得到修复后，总线隔离器自行恢复工作，把被隔离出去的部分重新纳入系统。以某公司 LD-8313 型总线隔离器为例，如下为其主要技术指标。

（1）工作电压。总线 24V。

（2）隔离动作确认灯。红色。

（3）动作电流。170mA（最多可接入 50 个编码设备，含各类探测器或者编码模块）、270mA（最多可接入 100 个编码设备，含各类探测器或者编码模块）。

（4）使用环境。温度是－10～50℃；相对湿度≤95%，不结露。

（5）外形尺寸。120mm×80mm×40mm。

总线隔离器大都安装在总线的分支处，与信号总线连接，不需要其他布线，选用截面积≥$1.0m^2$ 的 RVS 双绞线。

2.1.3.3 消火栓报警按钮

消火栓报警按钮

它可以直接接入控制器总线，占用一个地址编码。消火栓报警按钮安装在消火栓内或者近旁，表面上装有有机玻璃片，当使用消火栓灭火时，将有机玻璃片敲碎，此时消火栓报警按钮的红色指示灯亮，发出火灾信号，同时按钮内继电器吸合，控制消防泵即会启动，并接收消防泵状态反馈信号。按钮的火警灯及消防泵运行反馈灯点亮，报警控制器发出火警声光信号显示报警地址。

消火栓报警按钮、控制器的信号总线及 24V DC 电源总线连接，同消防泵采用三线（一根 24V DC 电源输出线，一根输入线，一根公共地线）制连接，完成设备的启动和监视功能，这种方式能够独立于控制器。消火栓报警按钮直接启泵方式应用接线示意如图 2-28 所示。需要说明的是，手动报警按钮与消火栓报警按钮有区别。

（1）手动报警按钮为人工报警装置；消火栓报警按钮既是人工报警装置，又是启动消防泵的触发装置，虽然两种信号均接到消防控制室，但两者的作用不同。

（2）手动报警按钮按防火分区设置，大部分设于出入口附近；而消火栓报警按钮按消火栓的位置设置，通常放在消火栓箱内。

2.1.3.4 现场模块

现场模块

（1）输入模块（又称监视模块）。该模块的作用为接收现场装置的报警信号，为了实现信号向火灾报警控制器的传输。它被用于现场主动型消防设备，如水流指示

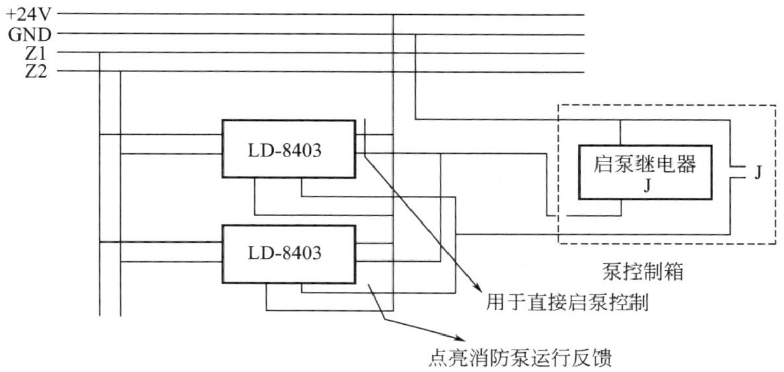

图 2-28 消火栓报警按钮直接启泵方式应用接线示意

器、压力开关、70℃或 280℃防火阀、行程开关以及湿式报警阀等。输入模块可采用电子编码器完成编码设置，是开关量信号输入模块，能够接收任何无源接点动作的信号，如水流指示器水流通过信号、压力开关压力上下限信号等。它的工作原理为：现场设备动作，其开关量信号转换为控制器可接收的编码信号，输入模块通过探测总线把信号传送至控制器，模块上的发光二极管常亮，以便于显示报警状态，再由控制器给出相应的信号去联动其他有关设备。布线要求是：信号两总线采用阻燃 RVS 双绞线，截面积≥1.0mm^2。

（2）单输入输出模块。单输入输出模块被用于将现场各种有动作信号输出的一次动作的被动型设备（如电动脱扣阀、排烟口、防火门、送风口、电梯迫降、切非消防用电、空调以及电防火阀等）接到总线上。单输入输出模块采用电子编码器进行十进制电子编码，模块内有一对常开、常闭触点，容量是 24V DC、5A，具有 24V DC 电压输出，被用于与继电器触点接成有源输出，可以满足现场的不同需求。另外，该模块还设有开关信号输入端，用来和现场设备的开关触点连接，对现场设备动作与否进行确认。操作时应当注意的是，不应将模块触点直接接入交流控制回路，防止强交流干扰信号损坏模块或控制设备。它的布线要求为：信号总线采用阻燃 RVS 双绞线，截面积≥1.0mm^2；两根电源线采用阻燃 BV 线，截面积≥1.5mm^2。

（3）双输入双单输出模块。该模块用于完成对两步降防火卷帘、水泵以及排烟风机等双动作设备的控制，主要用于防火卷帘门的位置控制。双输入双单输出模块也可以作为两个独立的单输入输出模块使用。其布线要求是：两根信号总线采用阻燃 RVS 双绞线，截面积≥1.0mm^2；两根电源线则采用阻燃 BV 线，截面积≥1.5mm²。

（4）编码中继器。为了降低消防系统造价，会采用一些非编码设备，如非编码感烟火灾探测器及非编码感温火灾探测器，但是这些设备本身不带地址，无法直接连于信号总线，为此需要加入编码中继器，便于使非编码设备能正常接入信号总线中。编码中继器实质是一种编码模块，只占用一个编码点，被用于连接非编码火灾探测器等现场设备，当接入编码中继器的输出回路的任何一个现场设备报警后，它均会把报警信息传输给火灾报警控制器，控制器产生报警信号，并显示出编码中继器的地址编号。编码中继器的布线要求为：两根信号总线采用阻燃 RVS 双绞线，无极性，截面积≥1.0mm²；电源线则采用两根阻燃 BV 线，截面积≥1.5mm²。和非编码火灾探测器采用有极性二线制连接。

2.1.3.5　火灾显示盘

火灾显示盘

火灾显示盘是安装于楼层或独立防火分区内的火灾报警显示装置。它借助总线与火灾报警控制器相连，处理并显示控制器传送过来的所有数据。当建筑物内发生火灾之后，消防控制中心的火灾报警控制器产生报警，同时又将报警信号传输到失火区域的火灾显示盘上，它把产生报警的探测器编号和相关信息显示出来，并发出声光报警信号，以能够及时通知失火区域的人员。当用一台火灾报警控制器同时监视数个楼层或者防火分区时，可以在每个楼层或防火分区都设置火灾显示盘，以取代区域火灾报警控制器。如图 2-29 所示为此盘，其中：A、B 是接火灾报警控制器的通信总线端子，采用 RV-VP 屏蔽线，截面积≥1.0mm²。+24V、DGND 为 24V DC 电源线端子，采用阻燃 BV 线，截面积≥2.5mm²。

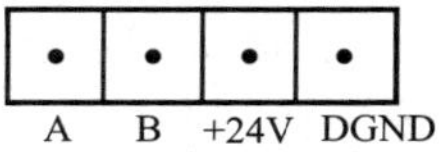

图 2-29　火灾显示盘

2.1.3.6　报警门灯

报警门灯通常安装在巡视、观察方便的地方，如会议室、餐厅以及房间等门口上方，以便于从外部了解内部的火灾探测器报警与否。此灯可与探测器并联使用，并与探测器的编码一致，也可单独使用。当探测器报警时，报警门灯上的指示灯开始闪亮，在不进入室内的情况下就可知道室内的探测器已触发报警。报警门灯布线要求是：两根信号总线采用阻燃 RVS 双绞线，截面积≥1.0mm²。

2.1.3.7　声光讯响器

声光讯响器的作用为：当现场发生火灾并被确认之后，安装在现场的声光讯响器可由消防控制中心的火灾报警控制器启动，从而发出强烈的声光信号，以达到提醒人员注意的目的。

声光讯响器

声光讯响器大部分分为非编码型和编码型两种。编码型能够直接接入火灾报警控制器的信号总线（需由电源系统提供两根 24V DC 电源线），非编码型能够直接由电源 24V 常开触点进行控制，例如手动报警按钮的输出触点控制等。此讯响器安装于现场，采用壁挂式安装，通常情况下安装在距顶棚 0.2m 处。它的布线要求是：两根信号总线采用阻燃 RVS 双绞线，截面积≥1.0mm^2；电源线＋24V、DGND 采用阻燃 BV 线，截面积≥1.5mm^2。

2.1.3.8 CRT 报警显示系统

CRT 报警显示系统

在大型消防系统的控制中必须采用微机显示系统，也就是 CRT 报警显示系统，CRT 报警显示系统包括系统的接口板、计算机、彩色监视器以及打印机，是一种高智能化的显示系统。它采用现代化手段、现代化工具及现代化的科学技术代替以往庞大的模拟显示屏，其先进性对造型复杂的智能建筑群体更显突出。此系统将所有与消防系统有关的建筑物的平面图形、报警区域以及报警点存入计算机内，发生火灾时，CRT 显示屏能自动显示着火部位，例如黄色（预警）和红色（火警）不断闪动，同时又可用不同的声响来反映探测器、报警按钮、消火栓以及水喷淋等各种灭火系统和送风口、排烟口等的具体位置；用汉字和图形来进一步说明发生火灾的部位、时间及报警类型，打印机自动打印，以便于记忆着火时间，进行事故分析及存档，更方便地给消防值班人员提供更直观的火情和消防信息。

2.1.4 火灾自动报警系统

火灾自动报警系统

火灾自动报警系统由触发器件（探测器、手动报警按钮）、火灾警报装置（声光报警器）、火灾报警装置（火灾报警控制器）、控制装置（包括各种控制模块）等构成。火灾自动报警系统，应该能够在火灾发生的初期，自动（或手动）发现火情并及时报警，以不失时机地控制火情的发展，把火灾的损失降低到最低限度。火灾自动报警系统为消防控制系统的核心部分。

2.1.4.1 火灾自动报警系统的分类

火灾自动报警系统应根据建筑的规模大小与重点防火部位的数量多少分别采用区域火灾报警系统、集中火灾报警系统以及控制中心火灾报警系统。

大型建筑物的火灾自动报警系统，可分为三级或四级，也就是“火灾探测器-区域报警器-集中报警器-消防控制中心”。但是在实施过程中应根据不同建筑工程的设计实际做出适当的选择。

（1）区域报警系统的设计，应符合下列规定。

① 系统应由火灾探测器、手动火灾报警按钮、火灾声光警报器及火灾报警控制器等组成，系统中可包括消防控制室图形显示装置和指示楼层的区域显示器。

② 火灾报警控制器应设置在有人值班的场所。

③ 系统设置消防控制室图形显示装置时，该装置应具有传输《火灾自动报警系统设计规范》（GB 50116—2013）附录 A 和附录 B 规定的有关信息的功能；系统未设置消防控制室图形显示装置时，应设置火警传输设备。

（2）集中报警系统的设计，应符合下列规定。

① 系统应由火灾探测器、手动火灾报警按钮、火灾声光警报器、消防应急广播、消防专用电话、消防控制室图形显示装置、火灾报警控制器、消防联动控制器等组成。

② 系统中的火灾报警控制器、消防联动控制器和消防控制室图形显示装置、消防应急广播的控制装置、消防专用电话总机等起集中控制作用的消防设备，应设置在消防控制室内。

③ 系统设置的消防控制室图形显示装置应具有表 2-8 和表 2-9 规定的有关信息的功能。

表 2-8 火灾报警、建筑消防设施运行状态信息

<table>
<tr><th colspan="2">设施名称</th><th>内容</th></tr>
<tr><td colspan="2">火灾探测报警系统</td><td>火灾报警信息、可燃气体探测报警信息、电气火灾监控报警信息、屏蔽信息、故障信息</td></tr>
<tr><td rowspan="2">消防联动控制系统</td><td>消防联动控制器</td><td>动作状态、屏蔽信息、故障信息</td></tr>
<tr><td>消火栓系统</td><td>消防水泵电源的工作状态，消防水泵的启、停状态和故障状态，消防水箱（池）水位、管网压力报警信息及消火栓按钮的报警信息</td></tr>
</table>

续表

设施名称		内容
消防联动控制系统	自动喷水灭火系统、水喷雾(细水雾)灭火系统(泵供水方式)	喷淋泵电源工作状态,喷淋泵的启、停状态和故障状态,水流指示器、信号阀、报警阀、压力开关的正常工作状态和动作状态
	气体灭火系统、细水雾灭火系统(压力容器供水方式)	系统的手动、自动工作状态及故障状态,阀驱动装置的正常工作状态和动作状态,防护区域中的防火门(窗)、防火阀、通风空调等设备的正常工作状态和动作状态,系统的启、停信息,紧急停止信号和管网压力信号
	泡沫灭火系统	消防水泵、泡沫液泵电源的工作状态,系统的手动、自动工作状态及故障状态,消防水泵、泡沫液泵的正常工作状态和动作状态
	干粉灭火系统	系统的手动、自动工作状态及故障状态,阀驱动装置的正常工作状态和动作状态,系统的启、停信息,紧急停止信号和管网压力信号
	防烟排烟系统	系统的手动、自动工作状态,防烟排烟风机电源的工作状态,风机、电动防火阀、电动排烟防火阀、常闭送风口、排烟阀(口)、电动排烟窗、电动挡烟垂壁的正常工作状态和动作状态
	防火门及卷帘系统	防火卷帘控制器、防火门监控器的工作状态和故障状态;卷帘门的工作状态,具有反馈信号的各类防火门、疏散门的工作状态和故障状态等动态信息
	消防电梯	消防电梯的停用和故障状态
	消防应急广播	消防应急广播的启动、停止和故障状态
	消防应急照明和疏散指示系统	消防应急照明和疏散指示系统的故障状态及应急工作状态信息
	消防电源	系统内各消防用电设备的供电电源和备用电源工作状态和欠压报警信息

表 2-9 消防安全管理信息

序号	名称	内容
1	基本情况	单位名称、编号、类别、地址、联系电话、邮政编码、消防控制室电话;单位职工人数、成立时间、上级主管(或管辖)单位名称、占地面积、总建筑面积、单位总平面图(含消防车道、毗邻建筑等);单位法人代表、消防安全责任人、消防安全管理人及专兼职消防管理人的姓名、身份证号码、电话

续表

序号	名称		内容
2	主要建、构筑物等信息	建(构)筑	建筑物名称、编号、使用性质、耐火等级、结构类型、建筑高度、地上层数及建筑面积、地下层数及建筑面积、隧道高度及长度、建造日期、主要储存物名称及数量、建筑物内最大容纳人数、建筑立面图及消防设施平面布置图；消防控制室位置、安全出口的数量、位置及形式（指疏散楼梯）；毗邻建筑的使用性质、结构类型、建筑高度、与本建筑的间距
		堆场	堆场名称、主要堆放物品名称、总储量、最大堆高、堆场平面图（含消防车道、防火间距）
		储罐	储罐区名称、储罐类型（指地上、地下、立式、卧式、浮顶、固定顶等）、总容积、最大单罐容积及高度、储存物名称、性质和形态、储罐区平面图（含消防车道、防火间距）
		装置	装置区名称、占地面积、最大高度、设计日产量、主要原料、主要产品、装置区平面图（含消防车道、防火间距）
3	单位（场所）内消防安全重点部位信息		重点部位名称、所在位置、使用性质、建筑面积、耐火等级、有无消防设施、责任人姓名、身份证号码及电话
4	室内外消防设施信息	火灾自动报警系统	设置部位、系统形式、维保单位名称、联系电话；控制器（含火灾报警、消防联动、可燃气体报警、电气火灾监控等）、探测器（含火灾探测、可燃气体探测、电气火灾探测等）、手动火灾报警按钮、消防电气控制装置等的类型、型号、数量、制造商；火灾自动报警系统图
		消防水源	市政给水管网形式（指环状、支状）及管径、市政管网向建(构)筑物供水的进水管数量及管径、消防水池位置及容量、屋顶水箱位置及容量、其他水源形式及供水量、消防泵房设置位置及水泵数量、消防给水系统平面布置图
		室外消火栓	室外消火栓管网形式（指环状、支状）及管径、消火栓数量、室外消火栓平面布置图
		室内消火栓系统	室内消火栓管网形式（指环状、支状）及管径、消火栓数量、水泵接合器位置及数量、有无与本系统相连的屋顶消防水箱
		自动喷水灭火系统（含雨淋、水幕）	设置部位、系统形式（指湿式、干式、预作用，开式、闭式等）、报警阀位置及数量、水泵接合器位置及数量、有无与本系统相连的屋顶消防水箱、自动喷水灭火系统图

续表

序号	名称		内容
4	室内外消防设施信息	水喷雾（细水雾）灭火系统	设置部位、报警阀位置及数量、水喷雾（细水雾）灭火系统图
		气体灭火系统	系统形式（指有管网、无管网，组合分配、独立式，高压、低压等）、系统保护的防护区数量及位置、手动控制装置的位置、钢瓶间位置、灭火剂类型、气体灭火系统图
		泡沫灭火系统	设置部位、泡沫种类（指低倍、中倍、高倍，抗溶、氟蛋白等）、系统形式（指液上、液下，固定、半固定等）、泡沫灭火系统图
		干粉灭火系统	设置部位、干粉储罐位置、干粉灭火系统图
		防烟排烟系统	设置部位、风机安装位置、风机数量、风机类型、防烟排烟系统图
		防火门及卷帘	设置部位、数量
		消防应急广播	设置部位、数量、消防应急广播系统图
		应急照明及疏散指示系统	设置部位、数量、应急照明及疏散指示系统图
		消防电源	设置部位、消防主电源在配电室是否有独立配电柜供电、备用电源形式（市电、发电机、EPS等）
		灭火器	设置部位、配置类型（指手提式、推车式等）、数量、生产日期、更换药剂日期
5	消防设施定期检查及维护保养信息		检查人姓名、检查日期、检查类别（指日检、月检、季检、年检等）、检查内容（指各类消防设施相关技术规范规定的内容）及处理结果，维护保养日期、内容
6	日常防火巡查记录	基本信息	值班人员姓名、每日巡查次数、巡查时间、巡查部位
		用火用电	用火、用电、用气有无违章情况
		疏散通道	安全出口、疏散通道、疏散楼梯是否畅通，是否堆放可燃物；疏散走道、疏散楼梯、顶棚装修材料是否合格

续表

序号	名称		内容
6	日常防火巡查记录	防火门、防火卷帘	常闭防火门是否处于正常工作状态，是否被锁闭；防火卷帘是否处于正常工作状态，防火卷帘下方是否堆放物品影响使用
		消防设施	疏散指示标志、应急照明是否处于正常完好状态；火灾自动报警系统探测器是否处于正常完好状态；自动喷水灭火系统喷头、末端放（试）水装置、报警阀是否处于正常完好状态；室内、室外消火栓系统是否处于正常完好状态；灭火器是否处于正常完好状态
7	火灾信息		起火时间、起火部位、起火原因、报警方式（指自动、人工等）、灭火方式（指气体、喷水、水喷雾、泡沫、干粉灭火系统、灭火器、消防队等）

（3）控制中心报警系统的设计，应符合下列规定。

① 有两个及以上消防控制室时，应确定一个主消防控制室。

② 主消防控制室应能显示所有火灾报警信号和联动控制状态信号，并应能控制重要的消防设备；各分消防控制室内消防设备之间可互相传输、显示状态信息，但不应互相控制。

③ 系统设置的消防控制室图形显示装置应具有传输本规范附录 A 和附录 B 规定的有关信息的功能。

④ 其他设计应符合第（2）条的规定。

（4）火灾自动报警系统形式的选择，应符合下列规定。

① 仅需要报警，不需要联动自动消防设备的保护对象宜采用区域报警系统。

② 不仅需要报警，同时需要联动自动消防设备，且只设置一台具有集中控制功能的火灾报警控制器和消防联动控制器的保护对象，应采用集中报警系统，并应设置一个消防控制室。

③ 设置两个及以上消防控制室的保护对象，或已设置两个及以上集中报警系统的保护对象，应采用控制中心报警系统。

2.1.4.2 火灾报警控制器型号

火灾报警产品型号是根据国家相关标准编制的。其型号（①～⑥）意义如下。

①——J（警），火灾报警设备（消防产品中的分类代号）。

②——B（报），火灾报警控制器代号。

③——应用范围特征代号：B——防爆型；C——船用型；省略——非防爆、非船用。

④——分类特征代号：D——单路；Q——区域；J——集中；T——通用，既可以作区域报警，又可以作集中报警。

⑤——结构特征代号：G——柜式；T——台式；B——壁挂式。

⑥——主参数，表示各区域报警的最大容量，通常表示报警器的路数，如 40 表示 40 路。

例如：JB-TB-8-2700/063B 为 8 路通用壁挂式火灾报警控制器；JB-JG-60-2700/065 为 60 路柜式集中报警控制器。

2.1.4.3 火灾报警控制器的选择与使用

随着科学技术的发展，火灾自动报警系统逐渐从传统型向总线制、智能化等现代火灾报警系统发展，使得系统误报率及漏报率降低，用线数大大减少，施工和维护非常方便。据报道，日本已研制出由光电感烟、热敏电阻感温以及高分子固体电解质电化学电池感应一氧化碳气体三种传感器为一体的实用型复合探测器组成的现代智能型火灾报警系统。该系统对火灾现象的判别采用模糊专家系统进行，配有人体红外线传感器及电话自动应答系统（或者标准闭路电视摄像机电视监控系统），使系统误报率进一步下降。

无论采用多么先进的火灾报警系统，需遵循下列原则：

① 依据所设计的自动监控消防系统的形式确定报警控制器的基本（功能）规格；

② 在选择及使用火灾报警控制器时，应尽量使用成套产品；

③ 被选用的火灾报警控制器，其容量不得比现场使用容量小；

④ 报警控制器的输出信号（联动、联锁指令信号）回路数应尽量与相关联动、联锁的装置数相等，以利于其控制可靠；

⑤ 需根据现场实际，确定报警控制器的安装方式，从而把是选择壁挂式、台式还是柜式报警控制器确定下来。

2.1.5 现代火灾报警系统

火灾自动报警系统由传统火灾自动报警系统向现代火灾报警系统发展。虽生产厂家较多，其所能监控的范围随不同报警设备各异，但是设备的基本功能日趋统一，并逐渐向总线制、智能化方向发展，使系统误报率、漏报率降低。由于用线数大大减少，使系统的施工和维护非常方便。

2.1.5.1 智能型火灾报警系统

（1）智能型火灾报警系统的组成及特点

① 智能型火灾报警系统的组成。该系统由智能探测器、智能模块、智能手动按钮、探测器并联接口、总线隔离器以及可编程继电器卡等组成。下面简单介绍以上这些编址单元的作用及特点。

智能探测器把所在环境收集的烟雾浓度或温度随时间变化的数据送回报警控制器，报警控制器再根据内置的智能资料库内有关于火警状态资料收集回来的数据做分析比较，决定收回来的资料是否显示有火灾发生，做出报警决定。报警资料库内存有火灾实验数据。智能报警系统将现场收回来的数据变化曲线与图 2-30 所示曲线做比较，如果相符，系统则发出报警信号。若从现场收集回如图 2-31 所示的非火灾信号（由于昆虫进入探测器或探测器内落入粉尘），则不发报警信号。

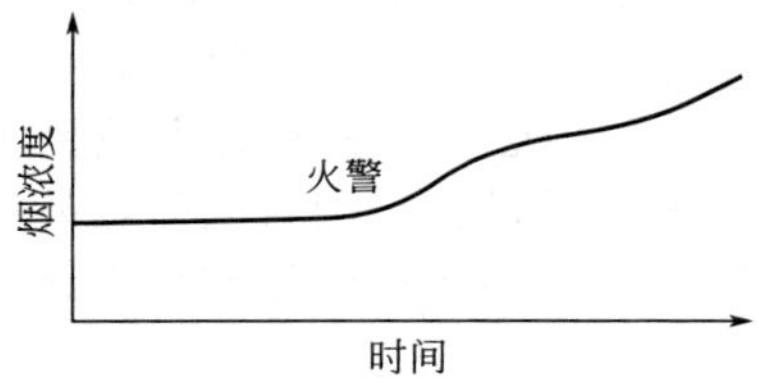

图 2-30 火警状态曲线

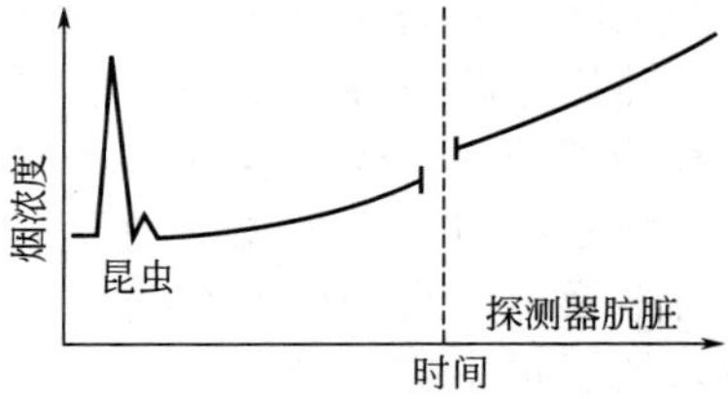

图 2-31 非火警状态曲线

图 2-30 和图 2-31 做比较，图 2-31 中由昆虫和粉尘造成的烟雾浓度超过了火灾发生时的烟雾浓度，若是非智能型报警系统必然要发出误报信号，由此可见智能系统判断火警的方法使误报率大大降低，也减少了因为误报启动各种灭火设备所造成的损失。

智能探测器的种类随着不同厂家的不断开发而逐渐增多，目前较为常用的有智能离子感烟探测器、智能感温探测器以及智能感光探测器等。其他智能型设备的作用相似于非智能型。

② 智能型火灾报警系统的特点

a. 为了能够全面有效地反映被监视环境的各种细微变化，智能系统采用设有专用芯片的模拟量探测器。对温度和灰尘等影响实施自动补偿，对电干扰及分布参数的影响进行自动处理，从而为实现各种智能特性，解决无灾误报及准确报警奠定了技术基础。

b. 智能系统采用大容量的控制矩阵与交叉查寻软件包，以软件编程替代硬件组合，使消防联动的灵活性和可修改性提高。

c. 系统采用主从式网络结构，解决了对不同工程的适应性，又使系统运行的可靠性提高。

d. 系统借助全总线计算机通信技术，既完成了总线报警，又实现了总线联动控制，彻底避免了控制输出和执行机构之间的长距离穿管布线，方便了系统布线设计和现场施工。

e. 系统具有丰富的自动诊断功能，为系统维护和正常运行提供了有利的条件。

（2）智能型火灾报警系统的类型

① 由复合探测器组成的智能火灾报警系统。日本已研制出由光电感烟、热敏电阻感温以及高分子固体电解质电化学电池感应一氧化碳气体三种传感器为一体的实用型复合探测器组成的现代系统。如图 2-19 所示为一种复合探测器的构造。

智能火灾报警系统配有确定火灾现场是否有人的人体红外线传感器与电话自动应答系统（也可以用电视监控系统），使得系统误报率进一步下降。

如图 2-32 所示，判断火灾和非火灾现象用专家系统及模糊技术结合而成的模糊专家系统进行。判断结论用全部成员函数形式表示。判断的依据是根据各种现象（火焰、阴燃、吸烟以及水蒸气）的确信度和持续时间。全部成员函数是用建筑物中收集的现场数据和在实验室取得的火灾及非火灾试验数据编制而成的。

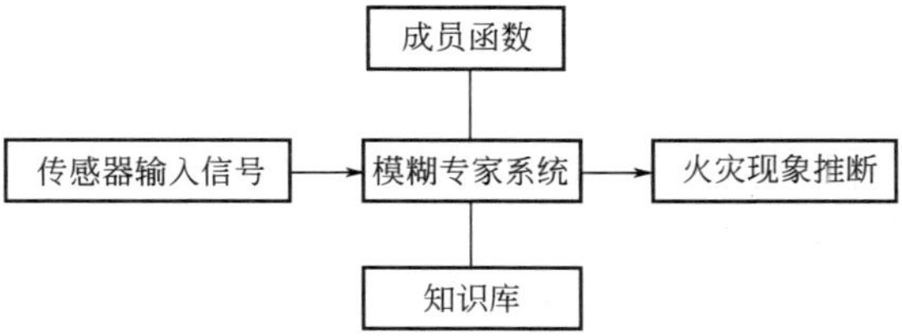

图 2-32 模糊专家系统框图

复合探测器、人体红外线传感器用数字信号传输线与中继器连接在一起。建筑物每层设一个中继器，连接于中央报警控制器。当中继电器判断火灾、非火灾时，把信息输入给中央报警控制器。如果是火灾，则要分析火灾的状况。为了实用及小型化，中央报警控制器采用液晶显示器。在显示器上，中继器送来的熏烟浓度、温度以及 CO 浓度的变化，模糊专家系统推论计算出火灾及非火灾的确信度，通过曲线和圆图分割形式显示，现场是不是有人也一目了然。电话自动应答系统还能够把情况准确地通知到防灾中心。

② Algo Rex 火灾探测系统。1994 年，瑞士新推出了 Algo Rex 火灾探测系统。该系统的技术关键是采用算法、神经网络以及模糊逻辑结合的形式，共同实现决策过程。它在探测器内补偿了污染及温度对散射光传感器的影响，并对信号进行了数字滤波，用神经网络对信号的幅度、动态范围以及持续时间等特点进行了处理后，输出四种级别的报警信号。可以说，Algo Rex 系统代表了当今火灾探测系统的最高水平。

此系统由火灾报警控制器和感温探测器，光电感烟探测器以及光电感温复合的多参数探测器，显示器和操作终端机、手动报警按钮、输入和输出线性模块及其他现代系统所需的辅助装置组成。

火灾报警控制器是系统的中央数据库，负责内外部的通信，借助“拟真试验”确认来自探测器的信号数据，并且在必要时发出报警信号。

Algo Rex 火灾探测系统的一个突出优点为设有公司多年试验及现场试验收集的火灾序列提问档程序库，即中央数据库，可利用这些算法、神经网络以及模糊逻辑的结合识别和解释火灾现象，同时排除环境特性。此系统的其他优点是控制器体积小，控制器超薄、造型美观、小口径、自纠错，减少维修，系统容量大，可扩展，即使在主处理机发生故障时，系统仍能够继续工作等。

（3）智能型火灾自动报警系统的应用实例。智能型火灾报警系统分为两类：主机智能系统与分布式智能系统。

① 主机智能系统。此系统是把探测器阈值比较电路取消，使得探测器成为火灾传感器，无论烟雾影响大小，探测器本身都不是报警，而是把烟雾影响产生的电流、电压变化信号通过编码电路以及总线传给主机，由主机内置软件把探测器传回的信号与火警典型信号比较，依据其速率变化等因素推断出是火灾信号还是干扰信号，并且增加速率变化、连续变化量、时间、阈值幅度等一系列参考量的修正，只有信号特征与计算机内置的典型火灾信号特征相符时才会报警，这样极大减少了误报。

主机智能系统的主要优点有：灵敏度信号特征模型可依据探测器所在环境的特点来设定；能够补偿各类环境中干扰和灰尘积累对探测器灵敏度的影响，并能够实现报脏功能；主机采用微处理机技术，可以实现时钟、存储、密码自检联动以及联网等多种管理功能；可通过软件编程实现图形显示、键盘控制以及翻译高级扩展功能。

尽管主机智能系统比非智能系统优点多，但因为整个系统的监测、判断功能不仅要由控制器完成，而且还要时时刻刻地处理上千个探测器发回的信息，所以系统软件程序复杂、量大，并且探测器巡检的周期长，造成探测点大部分的时间失去监控，系统可靠性降低和使用维护不便。

② 分布式智能系统。此系统是在保留智能模拟探测系统优点的基础之上形成的，它将主机智能系统中对探测信号的处理及判断功能由主机返回到每个探测器，使得探测器真正有智能功能，而主机免去了大量的现场信号处理负担，能够实现多种管理功能，从根本上提高了系统的稳定性及可靠性。

智能防火系统布线可按照其主机线路方式分为多总线制与二总线制等。此系统的特点是软件与硬件具有相同的重要性，并且在早期报警功能、可靠性以及总成本费用方面显示出明显的优势。

2.1.5.2 高灵敏度空气采样报警系统（HSSD）

（1）在提前做出火灾预报中的重要作用。根据火灾统计资料证实，着火之后，发现火灾的时间与死亡率呈明显的倍数关系。若在5min内发现，死亡率是0.31%；如在5～30min内发现，死亡率是0.81%；30min以上发现，死亡率可高达2.65%。所以着火后尽量提前做出准确的预报，对挽救人的生命和减少财产的损失显得十分重要。

HSSD能够提前一个多小时发出三级火警信号（一、二级为预警信号，三级为火警信号），将火灾事故及时消灭在萌芽之中。某杂志曾刊载了该系统使用中的两个火警事故的实例，很能够说明问题。一个是发生在一般的写字楼内，一把靠近暖炉口的塑料软垫椅子，由于塑料面被稍微烤煳（宽约1cm），放出了少量的烟气，被HSSD系统探测到后，发生了第一级火警预报信号，这一预警时间要比塑料面被引燃提前一个多小时，这是现有感烟探测器望尘莫及的。另一个例子涉及一台大型计算机电路板的故障。HSSD管路直接装至机柜顶部面板内，当电路板由于故障刚刚过热时，释放出微量烟气分子后，就被HSSD探测到了，并且发出第一级火警预报信号。此时，夜间值班人员马上电话通知工程技术人员来处理问题。当处理人员赶至机房时，系统又发出了第二级火警预报信号。此时，计算机房内仍未见到有烟雾，仅是微微感到一些焦煳气味。打开机柜，才发现电路板上有三个元件已经炭化。这起事故由于提前一个多小时预报，只烧坏了电路板，及时地挽救了整台计算机。

HSSD在世界范围内已得到了十分广泛的应用，现已成为保护许多重要企业、政府机构以及各种重要场所（如计算机房、电信中心以及电子设备与装置和艺术珍品库等处）的火灾防御系统重要组成部分。澳大利亚政府甚至明文规定所有计算机场所均必须安装这种探测系统。

（2）该系统在限制哈龙使用中的重要作用。1987年24国签署的有关保护臭氧层的《蒙特利尔议定书》，对五种制冷剂及三种哈龙（即卤代烷1211、1301、2402）灭火剂做出了限制使用的规定，其最后使用期限只允许被延至2010年，已引起世界消防工业出现一场重大的变革。一方面，世界各国，特别是发达国家都在相继地采取措施，减少使用量，并大力开发研究哈龙的替代技术和代用品；另一方面，为了使哈龙在储存和维修中的非灭火性排放减少，各国也非常重视哈龙的回收和检测新技术的研究。

近几年来，因为各国的积极努力，在哈龙替代和回收技术的研究方面已取得一些可喜的进展。哈龙具有高度有效的灭火特性、毒性低、破坏性小、长期存放不变质以及灭火不留痕迹等优点。所以任何一个系统或代用品都不大可能迅速地成为其理想的替代物。这也正好说明，关于哈龙的出路目前还不可盲目乐观。

采用HSSD和原有的哈龙灭火系统结合安装的方案，由于HSSD在可燃物质引燃之前就能很好地探测其过热，提供充足的预警时间，能够进行有效的人为干预，而不急于启动哈龙灭火，所以哈龙从第一线火灾防御的重要地位降格为火灾的备用设备，这样就有效地限制及减少哈龙了的使用，充分地发挥了HSSD提前预报的重要作用。

（3）HSSD火灾探测器。空气采样感烟探测报警器于探测方式上，完全突破被动式感知火灾烟气、火焰以及温度等参数特性的局面，跳跃到主动进行空气采样，快速、动态地识别以及判断出可燃物质受热分解或燃烧释放到空气中的各种聚合物分子和烟粒子。它通过管道抽取被保护空间的样本到中心检测室中，借助测试空气样本了解其烟雾的浓度，在火灾预燃阶段报警。空气采样式感烟火灾探测报警器采用了独特的激光技术，为新技术引发的消防技术革命赢得了宝贵的处理时间，最大限度地减少了损失。

其主要技术参数如下。

a. 工作电压：DC21.6V～DC26.4V。

b. 灵敏度范围（%obs/m）：最小25%；最大0.03%（满量程）。

c. 工作电流：≤800mA。

d. 最大灵敏度分辨率：0.0015%obs/m。

e. 报警等级：共分4级，即2级、1级、预警和辅助报警。

f. 粒子灵敏度范围：0.0003～10μm。

g. 最大采样导管长度：总长200m。

h. 采样导管内径：20～22mm。

i. 采样导管入口：4 个。

j. 使用环境：温度为－10～50℃；相对湿度≤90%，不结露。

k. 外形尺寸要求：427mm×374mm×95.5mm。

2.1.5.3 早期可视烟雾探测火灾报警系统（VSD）

在高大空间或者具有高速气流的场合，特别是户外，早期的火灾探测一直是火灾安全专业人士需要面对的一个难题。由于在这些特殊的场所中或是因为空间过高不能把探测器放置在足够靠近火灾发生的区域，或是即使能够放置也会因为高速气流的影响而使其产生的作用大大降低，更有甚者如广场、露天的电站、铁路站台以及森林这样的户外场所根本就没有办法安装传统的探测装置，在这样的情况下早期可视烟雾探测火灾报警系统（VSD）便诞生了。

早期 VSD 的工作原理是通过高性能的计算机对标准闭路电视摄像机（CCTV）提供的图像进行分析。利用高级图像处理技术、复合探测以及已知误报现象自动识别各种烟雾模型的不同特性，系统内构建十分丰富的工业火灾烟雾信号模型，使 VSD 可以快速准确地锁定烟雾信号，系统烟雾判断的准确性甚至可区分水蒸气和烟雾。通过有效的探测烟源，VSD 不必等待烟雾接近探测器即可以进行探测，因而不受距离的限制。无论摄像头是安装在距危险区域 10m 或是 100m，系统都能在相同的时间内探测出烟雾，所以能够在以上所说的特殊场所里迅速发现火情，大大降低损失。

我国古建筑要求火灾自动报警系统可以在火灾早期阶段第一时间报警；探测器等现场设备安装应满足古建筑结构形式，尽量不影响到古建筑外观及风格；火灾报警分区既要灵活简单，又要综合造价低。以下采用某公司生产的吸气式极早期火灾智能预警探测器及 JB-QB-GST500 智能火灾报警控制器（联动型）构成的火灾自动报警系统为例，阐述采用该系统在古建筑中应用的方案。该方案由一台 JB-QB-GST500 智能火灾报警控制器（联动型）、吸气式极早期火灾智能预警探测器系列产品以及少量点型感烟火灾探测器构成。由吸气式极早期火灾智能预警探测器系列产品实现报警分区和烟雾探测。

（1）吸气式极早期火灾智能预警探测器。它主要包括：GST-MICRA 空气采样式感烟火灾探测器、GST-HSSD 极早期吸气式探测器以及 ICOM 极早期吸气式探测器。GST-MICRA 空气采样式感烟火灾探测器适合比较小的空间，单根采样管，具有联网功能。GST-HSSD 极早期吸气式探测器适合保护较大的空间，最大可以连接四根采样管，采样管总距离可达200m，具有液晶显示及联网的功能。ICOM极早期吸气式探测器适合保护各分区空间布局稍微分散的较大空间，最大可连接15根采样管。它们都能够直接接入火灾报警控制器构成火灾自动报警系统。该系列产品采用独特的激光前向散射技术及先进的人工神经网络技术Classi Fire，为新技术引发的消防技术革命。

① 灵敏度高。吸气式极早期火灾智能预警探测器是把空气由管道经过过滤器、吸气泵送入激光探测腔，探测信号传送至显示和输出单元。它一改传统点式感烟探测器需烟雾扩散至探测室再进行探测的方式，主动对空气进行采样探测分析，使保护区内的空气样品被探测器内部的吸气泵吸入采样管道，送至探测器进行分析，如发现烟雾颗粒，即发出报警。由于其主动吸气优于传统产品被动感烟，而有效克服了大空间上空由于烟雾浓度稀释带来的报警延迟的问题，同时又因为采用了激光前向散射技术，散射光信号得到了放大，和普通红外发射管的点型光电感烟探测器相比灵敏度可相对提高。

② 环境适应性强。探测器采用激光散射技术，把各个散射角度的光汇聚到接收器上，能够响应各类烟雾颗粒，软件采用人工神经网络技术Classi Fire，可以监测探测器迷宫和灰尘隔离器是否被污染，按预设的最低误报率计算及调整灵敏度和报警阈值。该系统还可以区别“肮脏”与“洁净”的工作阶段，例如白天和夜晚，自动依据古建筑环境使用合适的灵敏度和报警阈值。因此探测器在燃烧成分较复杂和灰尘较大的古建筑场所也能够很好地运行。

③ 安装灵活简单，与建筑物的结构形式相协调。采样管布置灵活多样，空气采样管网按照需要可水平（多层水平）或者垂直布置在探测区域内，可以按照古建筑结构设计管网走向。灵活的布管方式将极大满足古建筑个性化设计。同时安装维护便利也为其优点之一，既能够保护高大空间又可保护密闭小空间，完全能够代替点型感烟火灾探测器和线型红外光束感烟火灾探测器。管道及采样点可以选位置举例说明，参见图2-33。

④ 隐藏安装采样管道，不影响古建筑外观。吸气式探测器管道安装方式的优点为不同于传统的点型探测器突出于顶棚表面安装。此探测器可借助毛细管，这种采样法将采样点放在远离主采样管道的位置，尤其适合当由于技术或美观的原因，主采样管道不能敷设到保护区域的情况。如图2-34所示。毛细管采样的典型应用就是用于保护遗产及古建筑。

⑤ 满足古建筑中的防火分区要求。针对古建筑地域广阔，殿堂

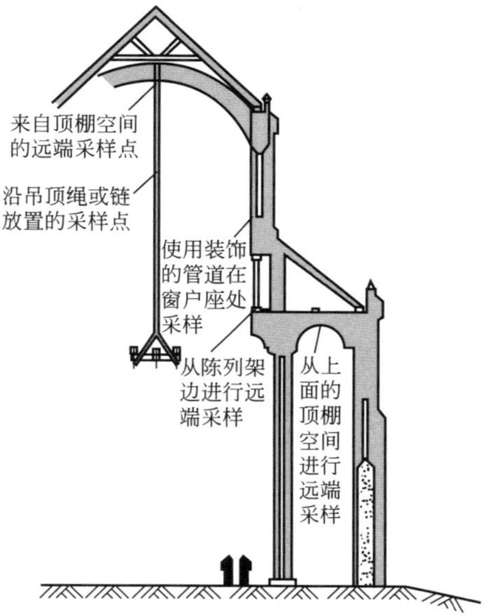

图 2-33　古建筑结构示意

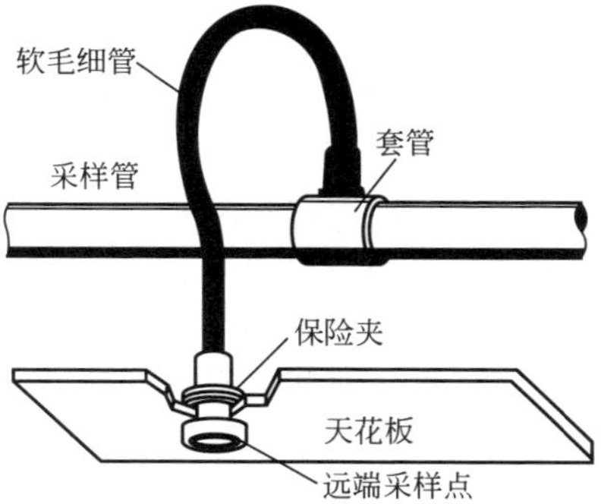

图 2-34　毛细管典型的隐蔽式采样安装示意

分散，建筑布局、形式以及色调等与周围的环境相适应，构成一个大空间的环境特点，可因地制宜地划分防火分区，把不同的吸气式极早期火灾智能预警系统产品应用于各防火分区内以符合《火灾自动报警系统设计规范》（GB 50116—2013）中的要求。

GST-MICRA 空气采样式感烟火灾探测器要连接一根采样管，总长度不大于 50m，一台 GST-MICRA 探测器最大保护面积为 500m^2，适合保护空间比较小的防火分区；GST-HSSD 极早期吸气式探测器最多能够接四根采样管，每根管长度不应超过100m，总长度不超过200m，一台GST-HSSD探测器最大保护面积2000m^2，适合保护空间比较大的防火分区；ICOM极早期吸气式探测器最多能够接15根采样管，每根管长度不应超过50m，适合保护空间分散的防火分区。三种产品都可以与火灾报警控制器相连接。根据现场情况灵活地设计，选用不同的产品，更容易符合《火灾自动报警系统设计规范》（GB 50116—2013）中防火分区的要求。

（2）JB-QB-GST500智能火灾报警控制器（联动型）。此控制器具有下列特点。

① 火灾报警控制器智能化。火灾报警控制器采用了大屏幕汉字液晶显示，既清晰又直观。除可显示各种报警信息外，还能够显示各类图形。报警控制器可直接接收到火灾探测器传送的各类状态信号，利用控制器可将现场火灾探测器设成信号传感器，并对传感器采集到的现场环境参数信号进行数据及曲线分析，为更准确地判断现场是否发生火灾提供了有力的工具。

② 报警及联动控制一体化。控制器采用内部并行的总线设计，积木式结构以及容量扩充简单又方便。系统既可以采用报警联动共线式布线，也可以采用报警和联动分线式布线，适用于目前各种报警系统的布线方式，使变更产品设计带来的原设计图纸改动的问题得到彻底解决。各类控制器全部通过《火灾报警控制器》（GB 4717—2005）和《消防联动控制系统》（GB 16806—2006）双项标准检验。

③ 数字化总线技术。探测器与控制器采用无极性信号二总线的技术，利用数字化总线通信，控制器可方便设置探测器的灵敏度等工作参数，查阅探测器的运行状态。因为采用了二总线，所以整个报警系统的布线极大简化，方便工程安装、线路维修，降低了工程的造价。系统还设置了总线故障报警功能，随时监测总线工作状态，确保系统的可靠工作。

综上所述，此古建筑火灾自动报警方案采用现代新型的火灾报警技术，紧紧贴近古建筑的特点及对消防设备的需求，符合报警早、对古建筑外观影响较小以及单台火灾报警控制器、报警分区设置灵活、设计施工简单、系统运行稳定可靠的要求，为较优化的古建筑技术方案之一。

2.1.5.4 智能消防系统的集成和联网

（1）智能消防系统的集成。消防自动化系统（FAS）为楼宇自动化系统（BAS）的子系统，其中安全运行非常关键，对消防系统进行集成化控制是确保其统一管理、安全运行以及监控的必要手段。

所谓的消防系统集成就是通过中央监控系统，将智能消防系统和供配电、音响广播以及电梯等装置联系在一起实现联动控制，并进一步与整个建筑物的通信、办公和保安系统联网，以实现整个建筑物的综合治理自动化。

目前，智能建筑中FAS大多呈现独立状态，自成体系，并且未纳入BAS中。这种自成体系的消防系统与楼宇、保安等系统相互独立，互联性差，当发生全局事件时，不能与其他系统配合联动，形成集中解决事件的功能。

因为近几年内含FAS的BAS进口产品完整地进入国内市场，且已被采用，故国内智能建筑中已将消防智能自动化系统作为BAS的子系统纳入进去，比如上海金茂大厦的消防系统，包括FAS在内的20个弱电子系统，在设计方案上都实现了一体化集成的功能。

建筑智能化的集成模式有一体化集成模式；以消防自动化（FA）与办公自动化（OA）为主，面向物业管理的集成电路模式；建筑设备管理系统（BMS）集成模式与子系统集成模式四种，此处以BMS集成为例说明。

BMS实现BAS与火灾自动报警系统、安全检查防范系统之间的互相集成。这种集成一般基于BAS的平台，增加了信息通信协议转换、控制管理模块，同时主要实现对FAS和SAS的集中监视与联动。各子系统都以BAS为核心，运行在BAS的中央监控计算机上，满足基本功能。这种系统既简单，造价又低，同时还可实现联动功能。国内的大部分智能建筑采用这种集成模式。如图2-35所示为BMS集成模式示意。

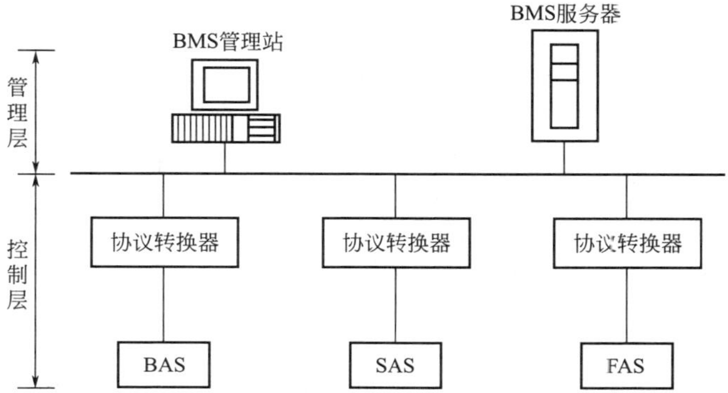

图2-35　BMS集成模式示意

（2）智能消防系统的联网。该系统的联网通常分为两种形式：一种是同一厂家消防报警主机之间内部的联网；另一种是不同厂家消防报警主机之间进行统一联网。第一类由于是同一厂家的内部产品，主机和主机之间的接口形式和协议等都彼此兼容，因此实现起来相对简单一些，联网后能够实现火情的统一管理。第二类因为是在不同厂家消防报警主机之间联网，主机和主机之间的接口形式和协议等彼此均不兼容，因此实现起来比较困难。但是在实际应用中需要在不同厂家报警主机之间进行联网的情况又十分多，比如建立城市火灾报警网络时因在不同建筑物中所用的报警主机种类颇为繁多，自然其联网的技术难度就十分大。以下以某公司研发的GST-119Net城市火灾自动报警监控管理网络系统为例简单地加以介绍。GST-119Net城市火灾自动报警监控管理网络系统是借助公用电话网、GSM网络（短消息、GPRS）/CDMA网络（短信息、CDMA lX）以及以太网等通信方式对城市内部独立的、分散运行的、不同厂家生产的火灾自动报警系统的火警情况、运行情况和值班情况进行实时数据采集及处理的监控管理网络系统。此系统中的用户端传输设备可以快速、准确地把火灾自动报警设备中的火警、运行以及值班等信息，通过通信网络传送到远程监控管理中心。当中心接收到火警信息之后，就会依据详细火警信息或与现场值班人员对讲，判断火情的真伪，确认后自动向119指挥中心传送。此系统可利用短消息的方式提醒现场值班人员或单位领导，并且自动联动相应的摄像机，将现场报警点相应的视频信息切换至大屏幕上。同时系统中显示出相应地区的详细火警信息、地理信息以及灭火预案，为消防部门快速反应提供辅助决策。系统还能够对联网用户的消防设施和值班人员进行管理，实现对联网监控设备的自动巡检。把消防设施故障信息和人员值班情况及时传送到远程监控管理中心，通过消防管理部门督促相关人员的及时处理，达到早期发现火警，及时报警，快速扑灭火灾的目的。

GST-119Net城市火灾自动报警监控管理网络系统是由城市消防网络监控管理中心、远程信息显示终端、119确认火警显示终端、传输介质和用户端传输设备五部分组成的，其中消防网络监控管理中心由数据服务器、通信服务器、监控管理软件、多台接警席计算机、不间断电源（UPS）、光电模拟沙盘控制管理系统以及打印机组成。119确认火警显示终端设置在119指挥中心，通过文字和图形方式同时显示经过确认的火警信息，并且查询火警发生地点的详细资料。远程信息显示终端设置于省市消防总队或消防管理部门，可在远端（异地）显示联网用户的所有报警信息，便于领导部门随时查阅、关注城市火灾报警网络的运行情况。传输介质主要有公用电话网（PSTN）、计算机网络（LAN/WAN）、无线网络（诺特网、GSM/GPRS）、光纤等方式或介质，进行双向数据通信。用户端传输设备即为网络监控器，它通常就近安装在所监控报警控制器旁，并且利用传输介质负责把所监控报警控制器的各种情况传输到消防网络监控管理中心。网络监控器是不同厂家报警控制器和GST-119Net系统进行信息传输的主要桥梁，负责不同协议的翻译和不同接口的转换工作，同时它还要负责信号的调制解调工作，为整个系统运行的关键环节。以下以JK-TX-GST5000消防网络监控器为例简单地加以介绍。

其主要技术参数如下。

① 提供RS232、RS485以及开关量等多种接口方式与火灾自动报警设备连接，并且提供并行接口的扩展方式。

② 通信方式可选择；采用电话线方式和无线（GSM、CDMA以及诺特）网互为备份的工作方式，支持TCP/IP通信方式。

③ 火警具有最高的优先级别，提供多种火警确认方式。

④ 实时传送火灾自动报警设备的运行状态信息，接受中心查询。

⑤ 随机查询值班人员在岗状态，并可接受中心查询。

⑥ 日常操作按钮与编程键盘分开，操作简单。

⑦ 现场语音提示检测到的各种重要事件。

⑧ 实时检测通信线路，线路故障现场报警并记录下来。

⑨ 黑匣子存储各类事件信息，存储报警过程。

⑩ 支持键盘、串口以及远程遥控编程操作。

⑪ 和监控管理中心对讲功能。

⑫ 提供视频联动接口，提供其他联动信号。

⑬ 大屏幕汉字液晶显示各种信息。

⑭ 尺寸（宽×高×厚）：370mm×520mm×140mm。

⑮ 适用已安装火灾自动报警系统的大型重点防火单位。

现代火灾自动报警系统迅速发展还因为复合探测器和多种新型探测器不断涌现，探测性能越来越完善。多传感器、多判据探测器技术发展，多个传感器由火灾不同现象获得信号，并从中寻出多样的报警及诊断判据。高灵敏吸气式激光粒子计数型火灾报警系统、分布式光纤温度探测报警系统、计算机火灾探测与防盗保安实时监控系统、电力线传输火灾自动报警系统等新技术已获得广泛应用。近年来，红外光束感烟探测器、缆式线型定温火灾探测器以及可燃气体探测器等在消防工程中日渐增多，也已有相应的新产品标准和设计规范。

2.2 消防联动控制系统

2.2.1 消防联动控制系统

2.2.1.1 消防联动控制系统的组成

《火灾自动报警系统设计规范》（GB 50116—2013）对于消防联动控制的内容、功能以及方式有明确的规定。消防联动控制系统的组成包括：火灾报警控制器，室内消火栓控制装置，自动灭火控制装置，常开防火门、防火卷帘门控制装置，防烟、排烟及空调通风控制装置，电梯回降控制装置，火灾警报装置控制装置，火灾应急广播控制装置，火灾应急照明与疏散指示标志的控制装置。

图 2-36 所示为火灾报警与消防控制关系。因为建筑的使用性质和功能要求不同，所以选择消防泵联动控制中的哪些内容，也应根据工程的实际情况来决定。但无论选择消防泵联动控制中的哪些内容，其控制装置均应集中在消防控制室内，即使控制设备分散在其他房间，其操作信号也应当反馈至消防控制室。

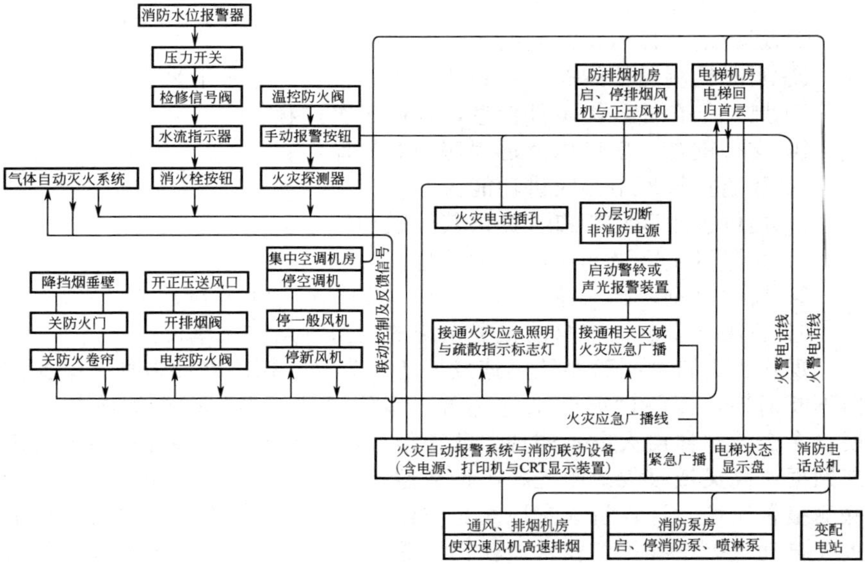

图 2-36　火灾报警与消防控制关系

2.2.1.2 消防联动控制设计的要求

消防控制室对联动控制应具备以下功能：火灾报警后停止有关部位风机，关闭防火阀，接收和显示相应的反馈信号；启动有关部位防烟、排烟风机（包括正压送风机）以及排烟阀，接收并且显示其反馈信号；控制防烟垂壁等防烟设施。火灾确认后，将有关部位的防火门、防火卷帘关闭，接收、显示其反馈信号；强制控制电梯全部停于首层，接收、显示其反馈信号。

将火灾事故照明灯和疏散指示灯接通，切断有关部位的非消防电源，应按照疏散顺序接通火灾（现场）警报装置和火灾事故广播，并应确保设置对内外的消防通信设备良好有效，应能将所有疏散通道上的门禁控制功能解除。

消防控制室对室内消火栓系统，可以控制消防泵的启停，显示启泵按钮的位置，显示消防水池的水位状态、消防水泵的电源状态，显示消防泵的工作状态及故障状态。

对自动喷水灭火系统，可以控制系统的启停，显示报警阀、闸阀及水流指示器的工作状态，显示消防水池的水位状态及消防水泵的电源状态，显示喷淋泵的工作状态及故障状态。

对管网气体灭火系统，显示系统的手动及自动工作状态；在报警、喷射各阶段，控制室应有相应的声、光警报信号，并且可以手动切除声响信号；在延时阶段，应自动关闭防火门、窗，停止通风空调系统，关闭有关部位的防火阀；被保护场所主要进入口处，应设置手动紧急启、停控制按钮；主要出入口上方应设气体灭火剂喷放指示标志灯及相应的声、光警报信号；宜在防护区外的适当部位设置气体灭火控制盘的组合分配系统及单元控制系统；气体灭火系统防护区的报警、喷放和防火门（帘）以及通风空调等设备的状态信号应送到消防控制室。对泡沫以及干粉灭火系统，能控制系统启停，能显示系统工作状态。

对泡沫灭火系统，可以控制泡沫泵及消防泵的启停，控制泡沫灭火系统有关电动阀门的开启或者关闭，显示系统的工作状态。

对于粉末灭火系统，可以控制系统的启停，显示系统的工作状态。

对常开防火门的控制，应符合在门任一侧的火灾探测器报警之后，防火门应自动关闭，防火门关闭信号应送至消防控制室。

对防火卷帘的控制，应满足以下要求：疏散通道上的防火卷帘两侧，应设置感烟、感温火灾探测器组及其警报装置，并且两侧应设手动控制按钮。疏散通道上的防火卷帘，应按照下列程序自动控制下降：感烟探测器动作之后，卷帘下降到距地（楼）面 1.8m；感温探测器动作之后，卷帘下降到底。用作防火分隔的防火卷帘，火灾探测器动作后，卷帘应下降到底。感烟、感温探测器的报警信号和防火卷帘的关闭信号应送至消防控制室。

2.2.1.3 消防控制逻辑关系

消防控制逻辑关系见表 2-10。

表 2-10 消防控制逻辑关系

项目	报警设备种类	受控设备	位置及说明
水消防系统	消火栓泵按钮	启动消火栓泵	
	报警阀压力开关	启动喷淋泵	
	水流指示器	（报警，确定起火层）	
	检修信号阀	（报警，提醒注意）	
	消防水池、水箱水位	（报警，提醒注意）	
	水管压力	（报警，提醒注意）	
	供电电源状态显示	（报警，提醒注意）	
空调系统	感烟火灾探测器或手动按钮	关闭有关系统空调机、新风机、普通送风机	
	防火阀 70℃温控关闭	关闭该系统空调机或新风机、送风机	
防排烟系统	感烟火灾探测器或手动按钮	打开有关排烟风机与正压送风机	
		打开有关排烟口（阀）	
		打开有关正压送风口	$N\pm1$ 层
		两用双速风机转入高速排烟状态	
		两用风管中，关闭正常排风口、开排烟口	
	排烟风机旁防火阀 280℃温控关闭	关闭有关排烟风机	
可燃气体报警		打开有关房间排风机、进风机	厨房、煤气表房、防爆厂房等
防火门	电控常开防火门旁的感烟与感温火灾探测器	释放电磁铁，关闭该防火门	

续表

项目	报警设备种类	受控设备	位置及说明
防火卷帘(用于疏散通道上的)	防火卷帘门旁的感烟火灾探测器	该卷帘或该组卷帘下降至距地面1.8m	
	防火卷帘门旁的感温火灾探测器	该卷帘或该组卷帘下降到底	
		卷帘有水幕保护时,启动水幕 电磁阀和雨淋泵	
防火卷帘(用于防火分割的)	防火卷帘门旁的感烟或感温火灾探测器	该卷帘或该组卷帘下降到地面	
挡烟垂壁	电控挡烟垂壁旁感烟或感温火灾探测器	释放电磁铁,该挡烟垂壁或该组挡烟垂壁下垂	
气体灭火系统	气体灭火区内感烟火灾探测器	声光报警,关闭有关空调机、防火阀、电控门窗	
	气体灭火区内感烟、感温火灾探测器同时报警	延时后启动气体灭火	
	钢瓶压力开关	点亮放气灯	
	紧急启、停按钮	人工紧急启动或终止气体灭火	
火灾应急广播		(手动)	N 层、$N\pm1$ 层
警铃或声光报警装置		(手动/自动,手动为主)	N 层、$N\pm1$ 层
火灾应急照明和疏散标志灯		(手动/自动,手动为主)	
切断非消防电源		(手动/自动,手动为主)	N 层、$N\pm1$ 层
电梯归首、消防梯投入		(手动/自动,手动为主)	
消防电话		(随时报警、联络、指挥灭火)	

注：1. 消防控制关系需根据具体工程和建筑、工艺、给排水、空调、电气等各专业的要求设计，本表仅供参考。

2. 消防控制逻辑关系表应能表达出设计意图和各专业的协调关系，可供分包商作为编制控制程序的依据或参考资料。

3. 根据具体工程情况，必要时可增加受控设备编号和控制箱编号。

4. 消防控制室应能手动强制启停消火栓泵、喷淋泵、排烟风机、正压送风机，能关闭集中空调系统的大型空调机等，并接收其反馈信号，表中从略。

5. 表中“N 层、$N\pm1$ 层”一般为起火层及上、下各一层；当地下任一层起火时，为地下各层及一层；当一层起火时，为地下各层及一层、二层。

2.2.1.4 消防联动控制器的技术性能

（1）消防联动控制器的基本功能。消防联动控制器最基本的功能可以归纳为以下几点。

① 可为自身及所连接的配套中继执行器件供电。

② 能接收并处理来自火灾报警控制器的报警点数据，并对相关的中继执行器件发出控制信号，控制消防外控设备。

③ 有能够自动控制和手动控制及其切换功能。

④ 能检查并发出系统本身的故障信号。

⑤ 受控的消防外控设备的工作状态，应可以反馈给主机并有显示信号。

（2）消防控制设备必需的显示或者控制功能

① 联动灭火设备

a. 室内消火栓设备的启动表示。

b. 水喷雾灭火设备的启动表示。

c. 自动喷水灭火装置的启动表示。

d. 二氧化碳灭火设备的启动表示。

e. 泡沫灭火设备的启动表示。

f. 干粉灭火设备的启动表示。

g. 室外灭火设备的启动表示。

h. 卤代烷灭火设备的启动表示。

② 报警设备

a. 火灾自动报警设备的动作表示。

b. 漏电报警设备的动作表示。

c. 向消防机关通报设备的操作及动作表示。

d. 火灾警铃、警笛等音响设备的操作。

e. 可燃气漏气报警设备的动作表示。

f. 气体灭火放气设备的操作及动作表示。

③ 消防联动设备

a. 排烟口的开启表示及操作。

b. 排烟风机的动作表示及操作。

c. 防火卷帘的动作表示。

d. 防火门的动作表示。

e. 各种空调的停止操作及显示。

f. 消防电梯轿厢的呼回及联动操作。

g. 可燃气体紧急关断设备的动作表示。

（3）消防联动控制器的技术性能。与火灾报警控制器类似，联动控制器主要包括电源部分和主机部分。

联动控制器的直流工作电压应符合国家标准《标准电压》（GB 156—2017）的规定，应优先采用直流 24V。联动控制器的电源部分同样由互补的主电源及备用电源组成，其技术要求与火灾报警控制器的电源部分相同。有些工厂的产品，当联动控制器与火灾报警控制器组装在一起时，就直接用一个一体化的电源，同时为火灾报警控制器和其连接器件、联动控制器和其配套器件提供工作电压。

联动控制器的主机部分承担着接收来自火灾报警控制器的火警数据信号、根据所编辑的控制逻辑关系发出的控制驱动信号、显示消防外控设备的状态反馈信号、系统自检和发出声光的故障信号等作用。其数据通信接口与火灾报警控制器相连，驱动电路、发送电路与有关的配套执行件连接。

同样，衡量联动控制器产品档次及质量高低的技术性能，除了其电气原理、电路设计工艺以及能实现的功能外，还包括联动控制器的最长传输距离（从主机到最远端控制点的距离）、联动控制器的控制点容量、联动控制器的结构和工艺水平（造型、表面处理、内部结构和生产工艺等）、联动控制器的可靠性（长期不间断工作时执行其所有功能的能力）、联动控制器的功耗（静态功率和额定功率）、联动控制器的稳定性（在一个周期时间之内执行其功能的一致性）及联动控制器的可维修性（对产品能够修复的难易程度）等。此外，还有其主要部件的性能是否合乎要求，整机耐受各种环境条件的能力。这种能力包括：耐受各种规定气候的能力（如高温、低温、湿热以及低温储存）；耐受各种机械干扰的能力（如冲击、振动以及碰撞等）；耐受各种电磁干扰的能力（如主电供电电压波动、静电放电干扰、电瞬变干扰、辐射电磁场干扰以及产品的绝缘能力和耐压能力）。

2.2.2 消防灭火系统及其联动控制

2.2.2.1 喷淋系统及联动控制

自动喷水灭火系统从 19 世纪中叶开始使用，至今已有 100 多年的历史。它具有灭火效率高和价格低廉的特点。据统计，自动喷水灭火系统的灭火成功率在 96%以上，有的已达 99%。而在一些发达国家（美国、英国、日本以及德国等）的消防规范中，几乎所有的建筑都要求设置自动喷水灭火系统。有些国家（如美国、日本等）已把其应用在住宅中。我国随着工业及民用建筑的飞速发展，消防法规正逐步完善，自动喷水灭火系统在公寓、宾馆、高层建筑以及石油化工中得到了广泛的应用。

（1）喷淋系统的功能与工作原理

① 基本功能

a. 能够在火灾发生后，自动地喷水灭火。

b. 能够在喷水灭火的同时发出警报。

② 自动喷水灭火系统的分类

a. 湿式喷水灭火系统。

b. 干式喷水灭火系统。

c. 干湿两用灭火系统。

d. 预作用喷水灭火系统。

e. 雨淋灭火系统。

f. 水喷雾灭火系统。

g. 水幕系统。

h. 轻装简易系统。

i. 泡沫雨淋系统。

j. 大水滴（附加化学品）系统。

k. 自动启动系统。

③ 湿式喷水灭火系统的工作原理。湿式喷水灭火系统由喷头、水力警钟、报警止回阀、延迟器以及压力开关（安在干管上）、水流指示器、管道系统、供水设施、报警装置及控制盘等组成，如图 2-37 所示。

正常条件下，喷头处于封闭状态。而在发生火灾时，开启喷水由感温部件（充液玻璃球）控制。当装有热敏液体的玻璃球符合动作温度（57℃、68℃、79℃、93℃、141℃、182℃、227℃、260℃）时，球内液体膨胀，造成内压力增大，玻璃球炸裂，密封垫脱开，喷出压力水。喷水后，因为压力降低，压力开关动作，将水压信号变为电信号向喷淋泵控制装置发出启动喷淋泵信号，保证喷头有水喷出。同时，流动的消防水使主管道分支处的水流指示器电接点动作，接通延时电路（延时20～30s），通过继电器触点，发出声光信号给控制室，以识别火灾区域。

（2）喷淋泵系统联动控制原理。喷淋泵系统联动控制原理如图 2-38 所示。当发生火灾时，温度上升，喷头开启喷水，管网压力下降，报警之后压力下降使阀板开启，接通管网和水源以供水灭火。管网中设置的水流指示器感应到水流动时，发出电信号。管网中压力开关由

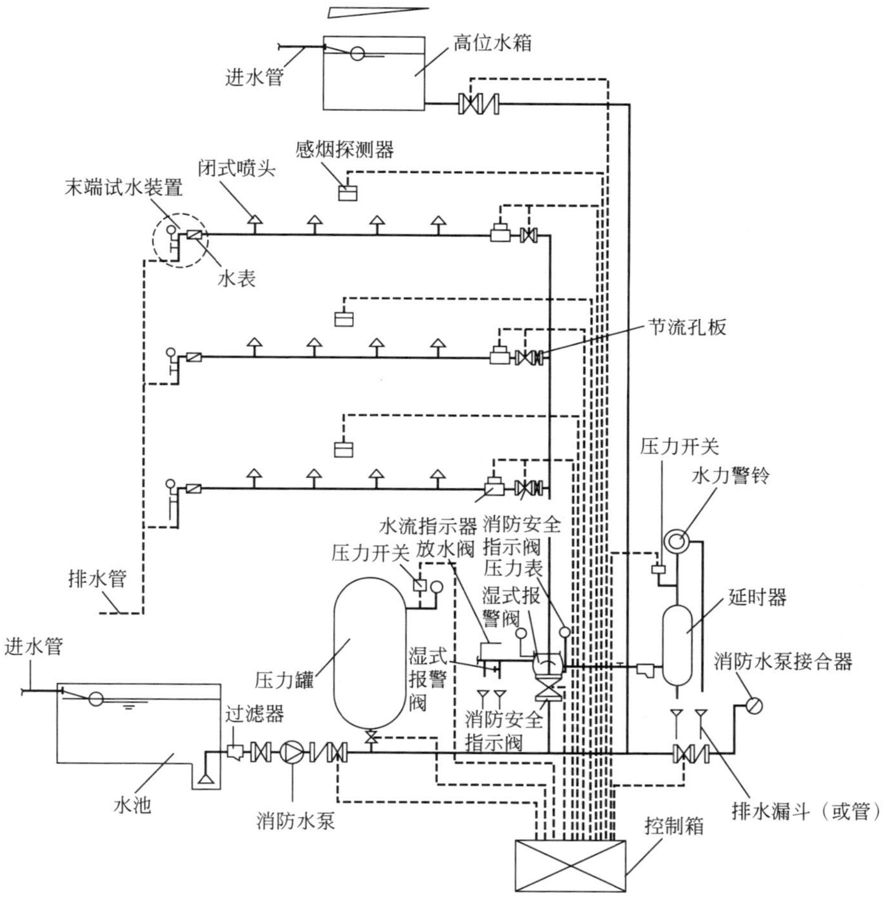

图 2-37　湿式自动喷水灭火系统

于管网压力下降至一定值时，也发出电信号，将水泵供水启动，消防控制室同时接收到信号。

接下来介绍喷淋泵联动控制系统中的电气控制。

① 电气线路的组成。在高层建筑及建筑群体中，每座楼宇的喷水系统所用的泵一般为 2～3 台。采用两台泵时，平时管网中的压力水来自高位水池，当喷头喷水时，管道内有消防水流动时，水流指示器启动消防泵，向管网补充压力水。两台水泵，平时一台工作，一台备用，当一台因为故障停转、接触器触点不动作时，备用泵则立即投入运行，两

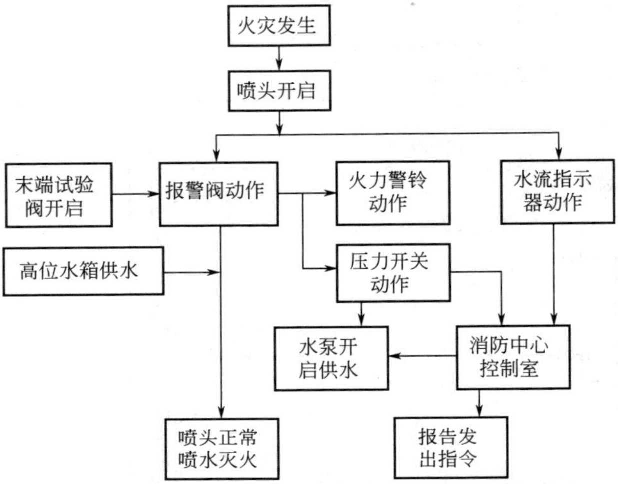

图 2-38　喷淋泵系统联动控制原理

台可互为备用。两台水泵全电压启动的喷淋泵控制电路如图 2-39 所示，图中 B1、B2、Bn 为区域水流指示器。如果分区较多，可有 n 个水流指示器及 n 个继电器与之相配合。

采用三台消防泵的自动喷水系统也比较常见，三台泵中，其中两台为压力泵，一台为恒压泵。恒压泵一般功率很小，在 5kW 左右，其作用是使消防管网中的水压保持在一定范围之内。

此系统的管网不得与自来水或高位水池相连，管网消防用水来自消防储水池，当管网中的渗漏压力降到某一数值时，恒压泵启动补压。当达到一定压力后，所接压力开关断开恒压泵控制回路，恒压泵停止运行。

② 电路的工作情况分析

a. 正常工作（也就是 1 号泵工作，2 号泵备用）时：合上 QS1、QS2、QS3，将转换开关 SA 调至“1 自，2 备”位置，其中 SA 的 2、6、7 号触头闭合，电源信号灯 HL（n+1）亮，并做好火灾下的运行准备。

若二层着火，且火势使灾区现场温度满足热敏玻璃球发热的程度时，二层的喷头爆裂并喷出水流。由于喷水后压力降低，压力开关动作，向消防中心发出信号，同时管网里有消防水流动，水流指示器 B2 闭合，导致中间继电器 KA2 线圈通电，时间继电器 KT2 线圈通电；经延时后，中

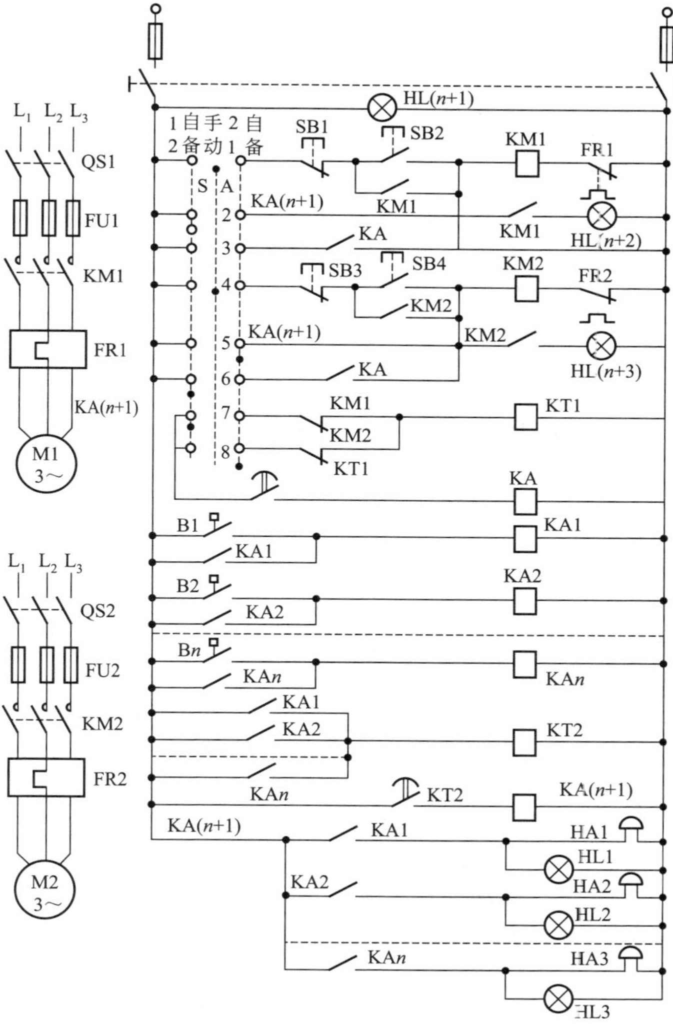

图 2-39 两台水泵全电压启动的喷淋泵控制电路

间继电器 KA（$n+1$）线圈通电，导致接触器 KM1 线圈通电，1 号喷淋消防泵启动运行，向管网补充压力水；信号灯 HL（$n+1$）亮，同时警铃 HA2 响，信号灯 HL2 亮，即会发出声光报警信号。

b. 当 1 号泵发生故障时，2 号泵的自动投入过程（如果 KM1

机械卡住）：如 n 层着火，n 层喷头因为室温满足动作值而爆裂喷水，n 层水流指示器 Bn 闭合，中间继电器 KAn 线圈通电，使时间继电器 KT2 线圈通电；延时后，KA（$n+1$）线圈通电，信号灯 HLn 亮，警铃 HLn 响并且发出声光报警信号；同时 KM1 线圈通电，但因为机械卡住其触头不动作，于是时间继电器 KT1 线圈通电，致使备用中间继电器 KA 线圈通电；接触器 KM2 线圈通电，而 2 号备用泵自动投入运行，向管网补充压力水，与此同时信号灯 HL（$n+3$）亮。

c. 手动强投：如果 KM1 机械卡住，而且 KT1 也损坏时，则应把 SA 调至“手动”位置，其 SA 的 1、4 号触头闭合；按下按钮 SB4，使 KM2 通电，2 号泵启动；停止时按下按钮 SB3，KM2 线圈失电，2 号电动机停止。

那么，如果 2 号为工作泵，1 号为备用泵时，其工作过程请读者自行分析。

在实际工程中，目前喷淋泵控制装置均与集中报警控制器组装为一体，构成控制琴台。

（3）水流指示器及压力开关的联动功能。水流指示器与压力开关为自动喷水灭火系统与火灾报警系统联动的关键部件。

① 水流指示器。水流指示器是自动喷水灭火系统的组成部件，一般安装于系统侧管网的干管或支管的始端。当叶片探测到水流信号时，将水流信号转换成电信号，与电器开关导通，启动报警系统或直接启动消防水泵等电气设备。即水流指示器安装在管网中，是用于自喷系统中把水流信号转换成为电信号的一种报警装置。

a. 水流指示器分类。根据叶片形状分为板式和桨式两种；根据安装基座分为管式、法兰连接式和鞍座式三种。

b. 桨式水流指示器的工作原理。当发生火灾时，报警阀自动开启后，流动的消防水使桨片摆动，带动其电接点动作，通过消防控制室启动水泵供水灭火。

c. 水流指示器的接线。水流指示器在应用时应通过模块与系统总线相连，图 2-40 所示为水流指示器的外形。

② 压力开关。压力开关（图 2-41）安装在湿式报警阀（图 2-42）中，其工作原理是：当开启湿式报警阀阀瓣后，压力开关触点动作，发出电信号至报警控制箱从而启动消防泵。

湿式报警阀主要由报警阀、压力开关以及水力警铃等组成。它主要起两个作用：一为控制管网中的水不倒流；二为在喷头喷水的时候，自动报警和启泵（由水力警铃发出声响报警、压力开关给出启动消防泵指令）。

压力开关的接线：压力开关用在系统中需经模块与报警总线相连。

(a) 法兰式水流指示器

(b) 焊接式水流指示器

(c) 马鞍式水流指示器

(d) 丝口式水流指示器

图 2-40　水流指示器的外形

图 2-41　压力开关的外形

图 2-42　湿式报警阀的外形

2.2.2.2　室内消火栓系统及联动控制

（1）消火栓系统概述。通过消火栓灭火是最常用的灭火方式，如图 2-43 所示，它由生活水池、加压送水装置（水泵）及消火栓等主要设备构成。这些设备的电气控制包括水池的水位控制、消防用水以及加压水泵的启动。水位控制应能够显示出水位的变化情况和高/低水位报警及控制水泵的开/停。室内消火栓系统由水龙带、水枪、消火栓以及消防管道等组成。为保证水枪在灭火时具有足够的水压，需要采用加压设备。较为常用的加压设备有两种：消防水泵和气压给水装置。采用消防水泵时，在每个消火栓内设消防按钮，灭火时用小锤击碎按钮上的玻璃小窗，按钮不受压而复位，从而利用控制电路启动消防水泵；水压增高之后，灭火水管有水，用水枪喷水灭火。采用气压给水装置时，因为采用了气压水罐，并以气水分离器来确保供水压力，所以水泵功率较小，可采用电接点压力表，借助测量供水压力来控制水泵的启动。

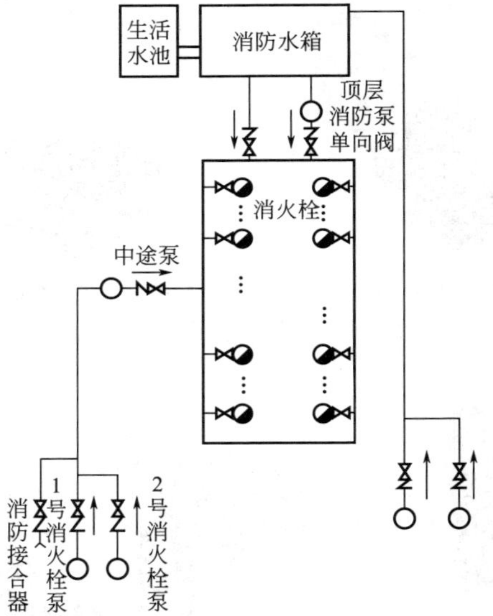

图 2-43　室内消火栓系统

（2）消火栓泵系统联动控制原理。在现场，对消防泵的手动控制有两种方式：一是通过消火栓按钮（打破玻璃按钮）直接启动消防泵；二是通过手动报警按钮，将手动报警信号送入控制室的控制器后，通过手动或自动信号控制消防泵启动，同时接收返回的水位信号。一般消防泵都是通过中控室联动控制的，图 2-44 所示为其联动控制过程。

消火栓箱内打破玻璃按钮直接启动消防泵的控制电路如图 2-45 所示，两台消防泵主电路如图 2-45(a) 所示，图中 ADC 为双电源自动切

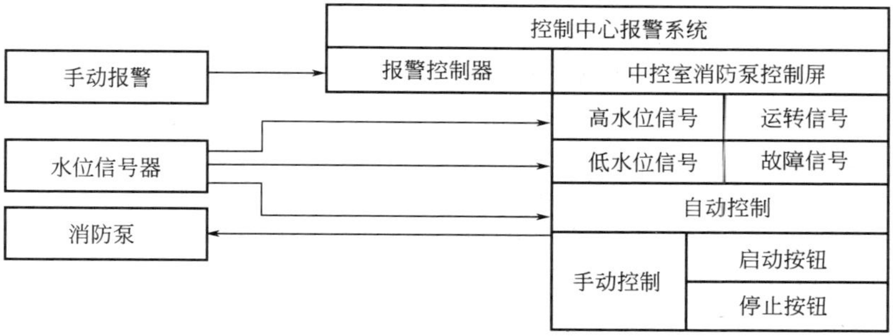

图 2-44　消防泵系统联动控制过程

换箱。消防泵属一级供电负荷，需要双电源供电，末端切换，两台消防泵一用一备。

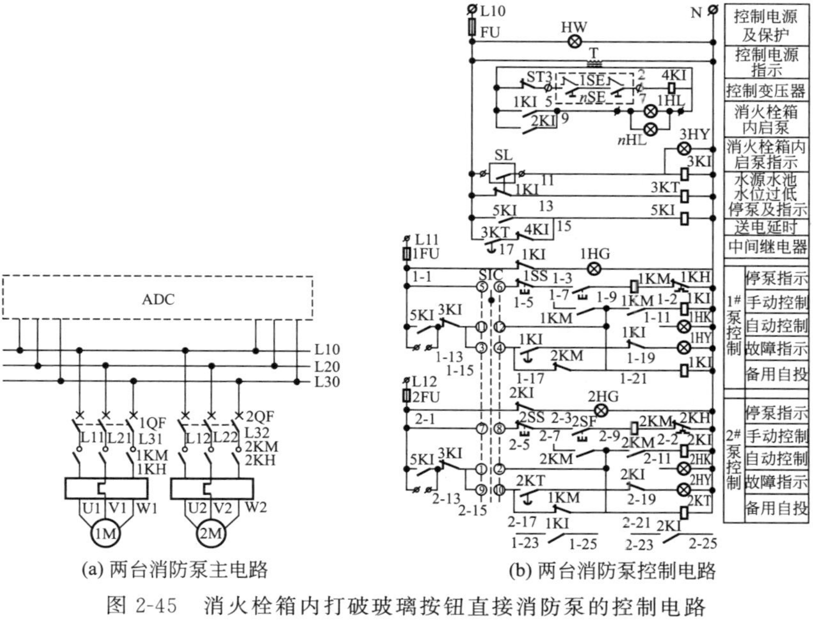

(a) 两台消防泵主电路　　(b) 两台消防泵控制电路

图 2-45　消火栓箱内打破玻璃按钮直接消防泵的控制电路

图 2-45(b) 中 1SE…nSE 是设在消火栓箱内的消防泵专用控制按钮，按钮上带有水泵运行指示灯。SE 按钮平时由玻璃片压着，将其常开触点闭合，使得 4KI 得电；其常闭触点断开，使 3KT 不通电，水泵不运转。这也为消防泵在非火灾时的常态。

当火灾发生时，将消火栓箱内消防专用按钮 SE 的玻璃打碎，该 SE 的常开触点复位至断开位置，使 4KI 断电，而其常闭触点闭合，使 3KT 通电。经延时后，其延时闭合的常开触点闭合，使 5KI 通电吸合。此时，假若选择开关 SAC 置于“1# 用 2# 备”，则 1# 泵的接触器 1KM 通电，1# 泵启动。若 1# 泵发生故障，1KM 跳闸，则 2KT 得电；经延时后，2KT 常开触点闭合，接触器 2KM 通电吸合，作为备用的 2# 泵启动。如果将 SAC 置于“2# 用 1# 备”的位置，则 2# 泵先投入运行，1# 泵处于备用状态，其动作过程与前述过程类似。

图 2-45(b) 中线号 1-1 与 1-13 和 2-1 与 2-13 之间分别接入消防控制系统控制模块的两个常开触点，则两台消防泵均受消防中心集中控制其启/停。

图 2-45(b) 中 4KI 的作用是提高了控制电路的可靠性。如果不设 4KI，按一般习惯，用常开按钮控制水泵，未出现火灾时就不会去敲碎玻璃将启泵按钮按下。如果按钮回路断线或接触不良，就不易被发现，如果发生火灾，将启泵按钮按下，电路仍不通，消防泵不能启动，影响灭火。而采用 4KI 后，因为把与 4KI 线圈串联的消火栓按钮强迫启闭，使 4KI 通电吸合。如果线路锈蚀断线或者按钮接触不良，则 4KI 断电，消防泵启动。这样，故障就被及时发现，提高了控制电路的可靠性。3KT 的延时作用，主要是避免控制电路初通电时，5KI 误动作，致使水泵误启动。5KI 自保持触点的作用：一旦发生火灾，水泵启动之后，便不再受消火栓箱内按钮及其线路的影响，保持运转，直到火灾被扑灭，人为停泵或水源水池无水停泵。

当水源水池无水时，则液位器触点 SL 闭合，3KI 通电，而其常闭触点断开，使得两台水泵的接触器都不能通电，当启动的水泵不能启动时，正在运转的水泵也停止运转。

水源水池的液位器可以采用浮球式或者干簧式，当采用干簧式时，需设下限触头以保证水池无水时可靠停泵。

(3) 消火栓按钮的联动功能。消火栓按钮（如图 2-46 所示）是室内消火栓（如图 2-47 所示）系统与火灾报警系统联动的关键部件。

① 消火栓按钮的种类。为及时启动消防泵，在消火栓内（或附近位置）设置启动消防泵的按钮。

在每个消火栓设备上均设有远距离启动消防泵的按钮和指示灯，并在按钮上配有玻璃壳罩。其按动方式分为玻璃片型和击破玻璃片型两种，其触点方式分为常开触点型和常闭触点型两种。一般按下玻璃片型为常开触点形式，击破玻璃片型为常闭触点形式。

图 2-46　消火栓按钮示意

图 2-47　室内消火栓示意

在具有总线制火灾自动报警系统的建筑中，可选用带地址编码的消火栓按钮，按钮既可以动作报警，又可以直接启动消防水泵。

② 相关消防规范规定

a. 临时高压给水系统的每个消火栓处都应设置直接启动消防水泵的按钮，并且应设置有保护按钮的设施。

b. 消防水泵的控制设备在采用总线编码模块控制时，还应当在消防控制室设置手动直接控制装置。

c. 消防水泵的启、停，除自动控制之外，还应可以手动直接控制。

d. 消防控制设备对室内消火栓系统应有下列控制、显示功能：控制消防水泵的启、停；显示消防泵的工作、故障状态；显示启泵按钮的位置。

2.2.3 防排烟系统

2.2.3.1 设置防排烟系统的必要性

日本、英国对火灾中造成人员伤亡的原因的统计结果表明，由于一氧化碳中毒窒息死亡或被其他有毒烟气熏死者一般占火灾总死亡人数的40％～50％，最高达65％以上，而在被火烧死的人当中，多数是先中毒窒息晕倒后被烧死的。如1972年5月13日日本的千日百货大楼发生火灾，死亡的118人中就有93人是被烟熏死的；而1980年11月21日美国的米高梅饭店发生火灾，死亡的84人有67人是被烟熏死的。

据测定分析，烟气中含有一氧化碳、二氧化碳、氰化氢、氯化氢等多种有毒成分，高温缺氧也会对人体造成危害。同时，烟气有遮光作用，使人的能见距离下降，这给疏散和救援活动造成了很大的障碍。

为了能够及时排除有害烟气，保证高层建筑和地下建筑内人员的安全疏散和消防扑救，在高层建筑和地下建筑设计中设置防烟、排烟设施是十分必要的。

防火的目的是避免火灾的发生与蔓延，以及有利于扑灭火灾。而防烟、排烟的目的是把火灾产生的大量烟气及时予以排除，阻止烟气向防烟分区以外扩散，以确保建筑物内人员的顺利疏散、安全避难和为消防人员创造有利的扑救条件。因此，防烟及排烟是进行安全疏散的必要手段。

防烟及排烟的设计理论就是对烟气控制的理论。就烟气控制的理论分析而言，对于一幢建筑物，当内部某个房间或部位发生火灾时，应迅速采取必要的防烟及排烟措施，对火灾区域实行排烟控制，使火灾产生的烟气和热量可以迅速排除，以利于人员的疏散及扑救；对非火灾区域以及疏散通道等应迅速采用机械加压送风防烟措施，使得该区域的空气压力高于火灾区域的空气压力，阻止烟气的侵入，控制火势的蔓延。比如美国西雅图市的某大楼的防烟及排烟系统采用了计算机控制，当收到烟气或者热感应器发出的信号后，计算机立即命令空调系统进入火警状态，火灾区域的风机立即停止运行，空调系统转而进入排烟动作。同时，非火灾区域的空调系统继续送风，并且将回风与排风停止，使非火灾区处于正压状态，以阻止烟气侵入。这种防烟和排烟系统对减少火灾损失是很有效的。但是这种系统的控制及运行，需要先进的控制设备及技术管理水平，投资比较高。从当前我国国情出发，《建筑设计防火规范》（GB 50016—2014）（2018 版）对设置防烟、排烟设施的范围做出了规定。具体地说，是按以下两个部分考虑的：防烟楼梯间及其前室、消防电梯间及其前室和两者合用前室、封闭式避难层按条件设置防烟设施；走廊、房间及室内中庭等按条件设置机械排烟设施或采用可开启外窗的自然排烟措施。

2.2.3.2 设置防排烟系统的一般规定

（1）防烟、排烟系统应满足控制建设工程内火灾烟气的蔓延、保障人员安全疏散、有利于消防救援的要求。

（2）防烟、排烟系统应具有保证系统正常工作的技术措施，系统中的管道、阀门和组件的性能应满足其在加压送风或排烟过程中正常使用的要求。

（3）机械加压送风管道和机械排烟管道均应采用不燃性材料，且管道的内表面应光滑，管道的密闭性能应满足发生火灾时加压送风或排烟的要求。

（4）加压送风机和排烟风机的公称风量，在计算风压条件下不应小于计算所需风量的1.2倍。

（5）加压送风机、排烟风机、补风机应具有现场手动启动、与火灾自动报警系统联动启动和在消防控制室手动启动的功能。当系统中任意常闭加压送风口开启时，相应的加压风机均应能联动启动；当任意排烟阀或排烟口开启时，相应的排烟风机、补风机均应能联动启动。

2.2.3.3 防烟系统的设置要求

（1）下列建筑的防烟楼梯间及其前室、消防电梯的前室和合用前室应设置机械加压送风系统：

① 建筑高度大于100m的住宅；

② 建筑高度大于50m的公共建筑；

③ 建筑高度大于50m的工业建筑。

（2）机械加压送风系统应符合下列规定。

① 对于采用合用前室的防烟楼梯间，当楼梯间和前室均设置机械加压送风系统时，楼梯间、合用前室的机械加压送风系统应分别独立设置。

② 对于在梯段之间采用防火隔墙隔开的剪刀楼梯间，当楼梯间和前室（包括共用前室和合用前室）均设置机械加压送风系统时，每个楼梯间、共用前室或合用前室的机械加压送风系统均应分别独立设置。

③ 对于建筑高度大于100m的建筑中的防烟楼梯间及其前室，其机械加压送风系统应竖向分段独立设置，且每段的系统服务高度不应大于100m。

（3）采用自然通风方式防烟的防烟楼梯间前室、消防电梯前室应具有面积大于或等于2.0m^2的可开启外窗或开口，共用前室和合用前室应具有面积大于或等于3.0m^2的可开启外窗或开口。

（4）采用自然通风方式防烟的避难层中的避难区，应具有不同朝向的可开启外窗或开口，可开启有效面积应大于或等于避难区地面面积的2%，且每个朝向的面积均应大于或等于2.0m^2。避难间应至少有一侧外墙具有可开启外窗，可开启有效面积应大于或等于该避难间地面面积的2%，并应大于或等于2.0m^2。

（5）机械加压送风系统的送风量应满足不同部位的余压值要求。不同部位的余压值应符合下列规定：

① 前室、合用前室、封闭避难层（间）、封闭楼梯间与疏散走道之间的压差应为25～30Pa；

② 防烟楼梯间与疏散走道之间的压差应为 40～50Pa。

（6）机械加压送风系统应与火灾自动报警系统联动，并应能在防火分区内的火灾信号确认后 15s 内联动，同时开启该防火分区的全部疏散楼梯间、该防火分区所在着火层及其相邻上下各一层疏散楼梯间及其前室或合用前室的常闭加压送风口和加压送风机。

2.2.3.4 排烟系统的设置要求

（1）同一个防烟分区应采用同一种排烟方式。

（2）设置机械排烟系统的场所应结合该场所的空间特性和功能分区划分防烟分区。防烟分区及其分隔应满足有效蓄积烟气和阻止烟气向相邻防烟分区蔓延的要求。

（3）机械排烟系统应符合下列规定：

① 沿水平方向布置时，应按不同防火分区独立设置；

② 建筑高度大于 50m 的公共建筑和工业建筑，建筑高度大于 100m 的住宅建筑，其机械排烟系统应竖向分段独立设置，且公共建筑和工业建筑中每段的系统服务高度应小于或等于 50m，住宅建筑中每段的系统服务高度应小于或等于 100m。

（4）兼作排烟的通风或空气调节系统的性能应满足机械排烟系统的要求。

（5）下列部位应设置排烟防火阀，排烟防火阀应具有在 280℃时自行关闭和联锁关闭相应排烟风机、补风机的功能：

① 垂直主排烟管道与每层水平排烟管道连接处的水平管段上；

② 一个排烟系统负担多个防烟分区的排烟支管上；

③ 排烟风机入口处；

④ 排烟管道穿越防火分区处。

（6）除地上建筑的走道或地上建筑面积小于 $500m^2$ 的房间外，设置排烟系统的场所应能直接从室外引入空气补风，且补风量和补风口的风速应满足排烟系统有效排烟的要求。

2.2.3.5 地下人防工程设置防烟、排烟设施的范围

（1）人防工程的下列部位应设置机械加压送风设施：

① 防烟楼梯间及其前室或合用前室；

② 避难走道的前室。

（2）人防工程的下列部位应设置机械排烟设施：

① 总建筑面积大于 $200m^2$ 的人防工程；

② 建筑面积大于 $50m^2$，且经常有人停留或可燃物较多的房间；

③ 丙、丁生产车间；

④ 长度大于 20m 的疏散走道；

⑤ 歌舞娱乐放映游艺场所；

⑥ 中庭。

(3) 丙、丁、戊类物品库宜采用密闭防烟措施。

(4) 设置自然排烟设施的场所，自然排烟口的底部距室内地面不应小于 2m，并应常开或发生火灾时能自动开启，其自然排烟口的净面积应符合下列规定。

① 中庭的自然排烟口净面积不应小于中庭地面面积的 5%。

② 其他场所的自然排烟口净面积不应小于该防烟分区面积的 2%。

2.2.3.6 防排烟系统联动控制原理

防排烟系统联动控制的设计，是在选定自然排烟、机械排烟以及自然与机械排烟并用或者机械加压送风方式以后进行的。图 2-48 所示为排烟控制的方式，通常有中心控制和模块控制两种方式。其中

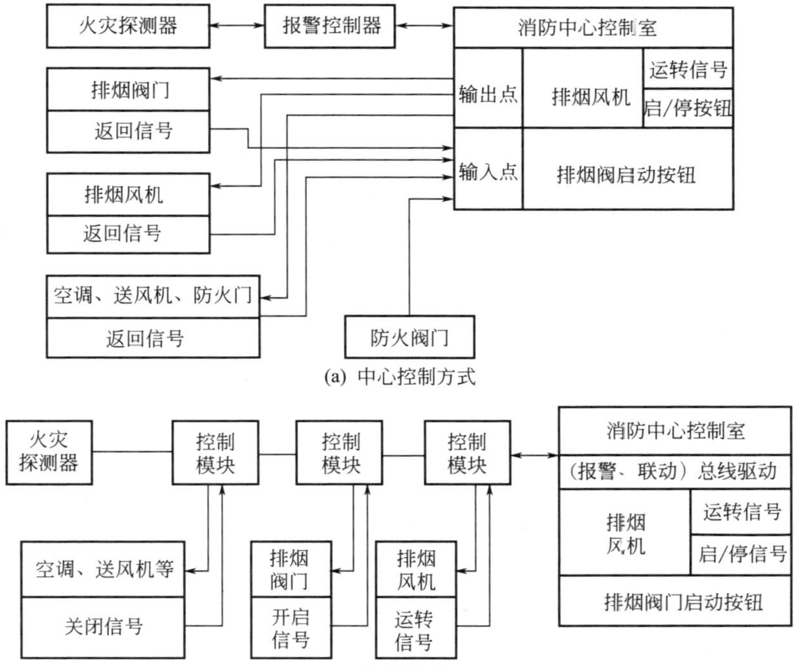

(a) 中心控制方式

(b) 模块控制方式

图 2-48 排烟控制的方式

图 2-48(a) 为中心控制方式：消防中心接到火警信号后，直接产生信号控制排烟阀门开启、排烟风机启动，送风机、空调、防火门等关闭，并接收各设备的返回信号和防火阀动作信号，监测各设备的运行状况。图 2-48(b) 为模块控制方式：消防中心接收到火警信号后，产生排烟风机和排烟阀门等动作信号，利用总线和控制模块驱动各设备动作并接收其返回信号，监测其运行状态。

机械加压送风控制的原理及过程与排烟控制相似，只是控制对象变成正压送风机和正压送风阀门，其控制框图与图 2-48 类似。

2.2.3.7 排烟阀的控制

（1）排烟阀的控制要求

① 排烟阀宜由其排烟分区内设置的感烟探测器组成的控制电路在现场控制开启。

② 排烟阀动作后应启动相关的排烟风机和正压送风机，停止相关范围内的空调风机及其他送、排风机。

③ 同一排烟区内的多个排烟阀，如果需同时动作时，能够采用接力控制方式开启，并由最后动作的排烟阀发送动作信号。

（2）设在排烟风机入口处的防火阀动作后应联动停止排烟风机。排烟风机入口处的防火阀，是指安装在排烟主管道总出口处的防火阀（一般在 280℃时动作）。

（3）设于空调通风管道上的防排烟阀，宜通过定温保护装置直接使阀门关闭；只有必须要求在消防控制室进行远方关闭时，才采取远方控制。设置于风管上的防排烟阀，是指在各个防火分区之间通过的风管内装设的防火阀（通常在 70℃时关闭）。这些阀是为防止火焰经风管串通而设置的。关闭信号要反馈到消防控制室，并停止有关部位风机。

（4）消防控制室应能对防烟、排烟风机（包括正压送风机）进行应急控制，即手动启动应急按钮。

2.2.4 消防通信系统

2.2.4.1 火灾应急广播与警报装置

火灾应急广播与警报装置

消防广播设备作为建筑物的消防指挥系统，在整个消防控制管理系统中起着十分重要的作用。通常火灾应急广播扬声器设置于走道、楼梯间、电梯前室以及大厅等公共场所。

（1）火灾应急广播的技术要求。火灾应急广播扬声器的设置应符合以下要求。

① 火灾应急广播的扬声器宜按照防火分区设置。在民用建筑里，扬声器应设置在走道和大厅等公共场所，每个扬声器的额定功率都不应小于 3W，其间距应保证从一个防火分区的任何部位到最近一个扬声器的步行距离不大 25m，走道末端扬声器距墙不大于 12.5m。

② 在环境噪声大于 60dB 的工业场所，设置的扬声器在其播放范围内最远点的声压级应高于背景噪声 15dB。

③ 客房设置专用扬声器时，其功率一般不小于 1W。

④ 壁挂扬声器的底边距地面高度应大于 2.2m。

(2) 火灾应急广播控制方式。发生火灾时，为了便于疏散和减少不必要的混乱，火灾应急广播发出警报时，不能通过整个建筑物火灾应急广播系统全部启动的方式，而应该仅向着火楼层和与其相关楼层进行广播。当着火层在二层以上时，仅向着火层及其上下各一层发出火灾应急广播；当着火层在首层时，需要向首层、二层以及全部地下层进行应急广播；当着火层在地下的任意层时，需要向全部地下层及首层进行应急广播。如图 2-49 所示为火灾应急广播系统。

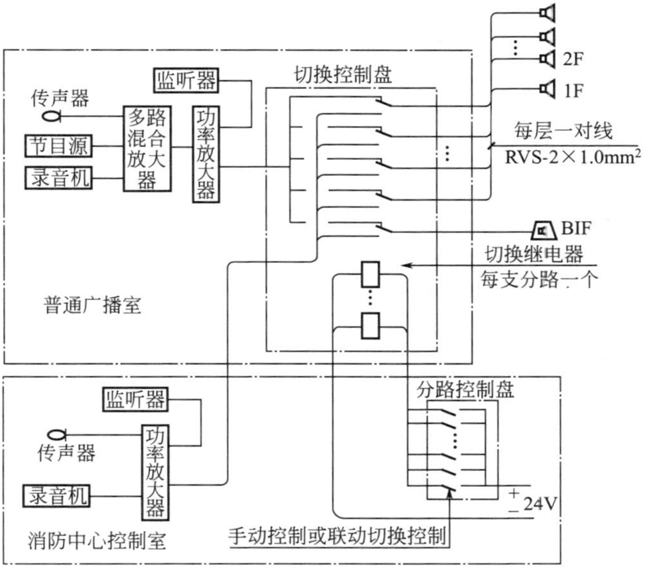

图 2-49 火灾应急广播系统

当火灾应急广播和建筑物内其他广播音响系统合用扬声器时，一旦发生火灾，要求能在消防中心控制室采用手动控制或者联动切换控制两种方式，把火灾疏散层的扬声器和广播音响扩音机强制转入火灾事故广播状态。火灾应急广播系统仅利用广播音响系统的扬声器和传输线路，其扩音机等装置是专用的，当火灾发生时，应由消防中心控制室切换输出线路，使得广播音响系统投入火灾应急广播。火灾应急广播系统利用广播音响系统的扩音机、扬声器以及传输线路等装置时，消防中心控制室应该设有紧急播放盒（内含传声器、放大器、电源、线路输出遥控按键等），用于发生火灾时遥控广播音响系统紧急开启，进行火灾应急广播。使用以上两种控制方式时，均应注意使扬声器无论处于关闭还是播放音乐等状态，都能紧急播放火灾应急广播，尤其是在设有扬声器开关或音量调节器的系统中，火灾应急广播时，应把继电器切换到火灾应急广播线路上。无论采用哪种控制方式，均应能使消防中心控制室采用电话直接广播和遥控扩音机的开闭及输出线路的分区播放，还能显示火灾应急广播扩音机的工作状态。

目前在实际的设计施工中大多采用公共广播系统，也即是平时作为背景音乐和业务广播，火灾发生时紧急切换为消防广播（火灾应急广播）。广播系统通常由下列设备构成：①音源，如录放机卡座、CD机等；②前置放大器；③播音传声器；④功率放大器；⑤现场放音设备，如吸顶音箱及壁挂音箱等。

根据现场实际使用的广播扬声器数量，依据规范规定的计算标准来选择功率放大器的功率。

（3）消防广播系统设计。在实际设计广播系统时，有总线制与多线制两种方案可供选择。总线制消防广播系统由消防中心控制室的广播设备及其配合使用的总线制火灾报警控制器、现场广播扬声器以及消防广播模块组成。消防广播设备可同其他设备一起，也可单独装配在消防控制柜内，各设备的工作电源统一由消防联动控制系统的电源提供。多线制消防广播系统的核心设备是多线制广播切换盘，通过此切换盘，可以手动对各广播分区进行正常或消防广播的切换。显然，多线制消防广播系统最大的缺点是 N 个防火（或广播）分区需敷设 $2N$ 条广播线路。多线制与总线制两者的区别在于总线制系统是利用现场专用消防广播编码切换来实现广播的切换及播音控制的，而多线制系统是借助消防中心控制室的专用多线制消防广播切换盘来完成播音切换控制的。

① GST-LD-8305 型编码消防广播切换模块。如图 2-50 所示为 GST-LD-8305 型编码消防广播切换模块接线端子示意。

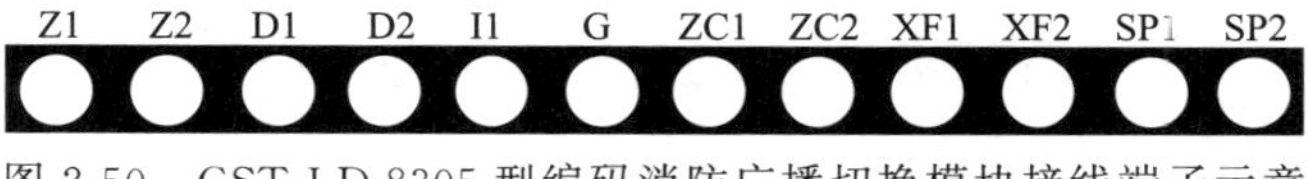

图 2-50　GST-LD-8305 型编码消防广播切换模块接线端子示意

a. 特点。该模块专用于总线制消防广播系统各防火分区内正常广播和消防广播间的现场切换控制。模块设有自回答功能，模块动作后，产生一个报警信号，并送至控制器产生报警，表明切换成功。

b. 布线要求。无极性信号二总线采用阻燃 RVS 双绞线，截面积≥1.0mm^2；24V DC 电源二总线采用阻燃 BV 线，截面积≥1.5mm^2；正常广播线 ZC1、ZC2，消防广播线 XF1、XF2 和放音设备的连接线 SP1、SP2 都采用阻燃 BV 线，截面积≥1.0mm^2。

c. 线制

ⓐ 与控制器的信号二总线及电源二总线连接。

ⓑ 可以接入两根正常广播线、两根消防广播线及两根音响线。

其中：Z1、Z2 接火灾报警控制器信号二总线，无极性；D1、D2 是 24V DC 电源输入端子，无极性；I1、G 为无源输入端；ZC1、ZC2 是正常广播线输入端子；XF1、XF2 是消防广播线输入端子；SP1、SP2 是与放音设备连接的输出端子。

② 总线制消防广播系统。总线制消防广播系统主要由消防中心控制室的广播设备及其配合使用的总线制火灾报警控制器、GST-LD-8305 型编码消防广播切换模块（简称为 GST-LD-8305 模块）及现场放音设备组成。图 2-51 所示为总线制消防广播系统示意，一个广播分区可由一个 GST-LD-8305 模块来控制。有些场合，特别是档次较高的宾馆客房，设有床头广播柜。图 2-52 所示为 GST-LD-8301 型模块与 GST-LD-8302 型模块组合控制多个床头广播柜示意。对床头广播柜实现广播切换控制的电气原理如图 2-53 所示。

2.2.4.2　消防专用电话系统

消防专用电话是重要的消防通信工具之一。为了确保火灾报警系统快速反应及可靠报警，同时保证火灾消防通信指挥，《火灾自动报警系统设计规范》（GB 50116—2013）明确规定，消防专用电话网络应建成独立的消防通信系统（消防专用电话系统）。

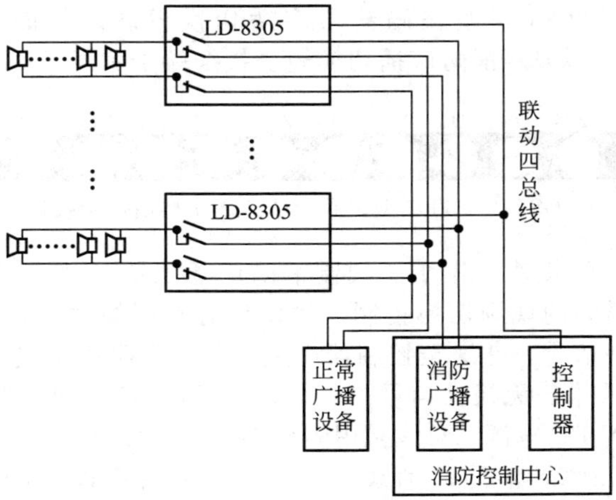

图 2-51　总线制消防广播系统示意

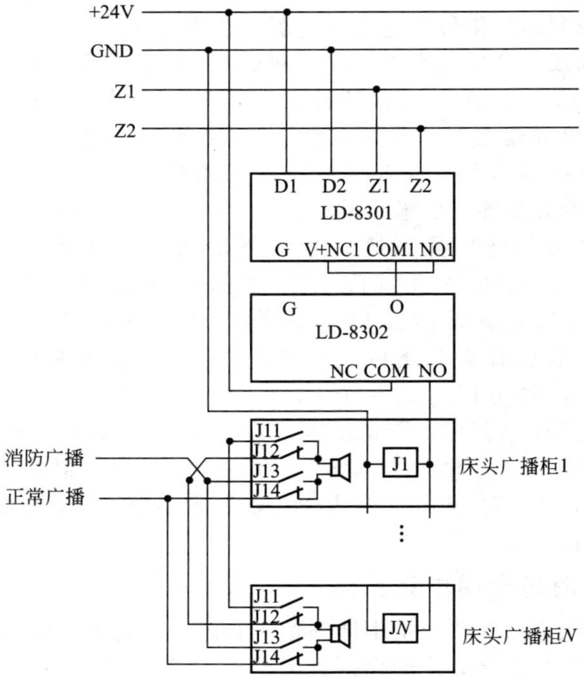

图 2-52　GST-LD-8301 型模块与 GST-LD-8302 型模块组合控制多个床头广播柜示意

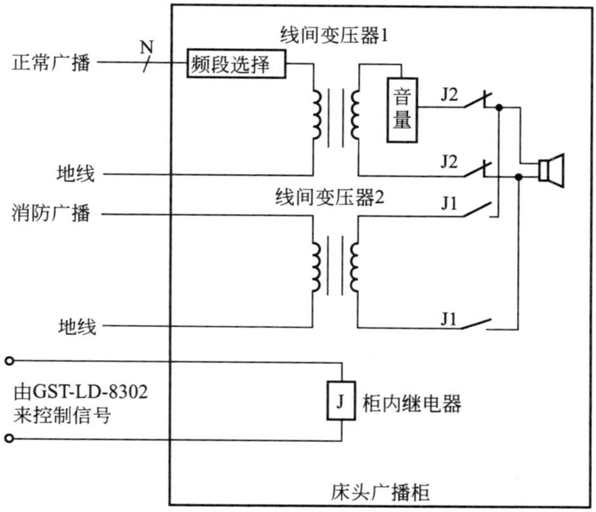

图 2-53　对床头广播柜实现广播切换控制的电气原理

消防控制室内应设置消防专用电话总机和可直接报火警的外线电话，消防专用电话网络应为独立的消防通信系统。多线制消防专用电话系统中的每个电话分机都应与总机单独连接。电话分机或电话插孔的设置，应符合下列规定。

① 消防水泵房、发电机房、配变电室、计算机网络机房、主要通风和空调机房、防排烟机房、灭火控制系统操作装置处或控制室、企业消防站、消防值班室、总调度室、消防电梯机房及其他与消防联动控制有关的且经常有人值班的机房应设置消防专用电话分机。

② 消防专用电话分机，应固定安装在明显且便于使用的部位，并应有区别于普通电话的标识。

③ 设有手动火灾报警按钮或消火栓按钮等处，宜设置电话插孔，并宜选择带有电话插孔的手动火灾报警按钮。

④ 各避难层应每隔 20m 设置一个消防专用电话分机或电话插孔。

⑤ 电话插孔在墙上安装时，其底边距地面高度宜为 1.3～1.5m。按照线制的不同，可采用四种方式的消防通信系统，如图 2-54 所示。目前，国内已有不少厂家生产有四总线制消防专用电话，其分机作为消防专用电话分机使用，使配线大大简化。消防通信系统的接线方式及其设备的容量应依据实际工程的情况确定。

消防专用电话系统的设计方法如下。

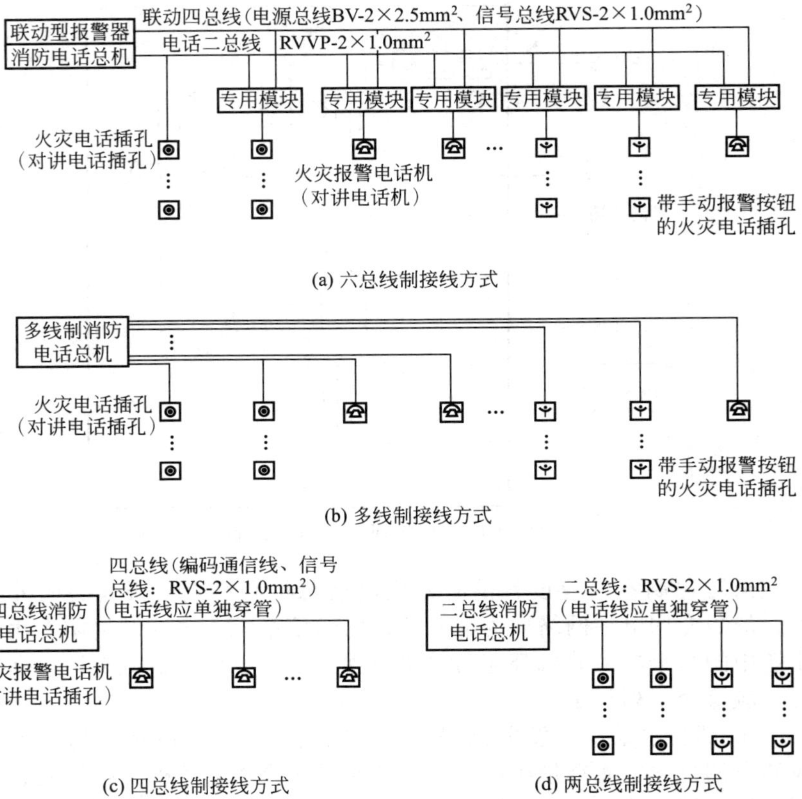

(a) 六总线制接线方式

(b) 多线制接线方式

(c) 四总线制接线方式

(d) 两总线制接线方式

图 2-54　消防通信系统接线图

总线制消防专用电话系统由设置在消防中心控制室的 GST-TS-ZOIA 型总线制消防电话主机、现场的 GST-LD-8304 型消防电话模块、火灾报警控制器、GST-LD-8312 型消防电话插座及 GST-TS-100A/100B 消防电话分机构成。

(1) GST-LD-8304 型消防电话模块。GST-LD-8304 为一种编码模块，直接和火灾报警控制器总线连接，并且需要接上 24V DC 电源总线。为实现电话语音信号的传送，还需要接入两根消防电话线。GST-LD-8304 型消防电话模块上有一个电话插孔，能够直接供总线制电话分机使用。GST-LD-8312 型消防电话插座、J-SAP-8402、J-SAP-GST 9112 型手动报警按钮的电话插孔部分均为非编码的，可直接与消防电话总线连接，构成非编码电话插孔，如果与 GST-LD-8304 型消防电话模块连接使用，可构成编码式电话插孔。根据规范要求，GST-LD-8304 型消防电话模块可安装在水泵房、电梯机房等门口。GST-LD-8304 型消防电话模块接线端子如图 2-55 所示。其布线要求为：Z1、Z2 采用截面积≥1.0mm^2 的阻燃 RVS 双绞线，24V DC 电源线采用截面积≥1.5mm^2 的阻燃 BV 线，TL1、TL2 采用截面积≥1.0mm^2 的阻燃 RVVP 屏蔽线，L1、L2、AL、G 采用截面积≥1.0mm^2 的阻燃 BV 线。

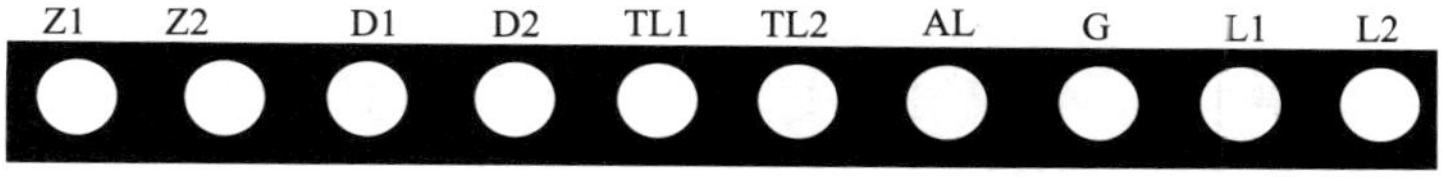

图 2-55　GST-LD-8304 型消防电话模块接线端子示意

Z1，Z2—火灾报警控制器两总线，无极性；D1，D2—接 24V DC 电源，无极性；TL1，TL2，AL，G—与 GST-LD-8312、J-SAP-8402、J-SAP-GST 9112 或 GST-TS-100 连接端子；L1，L2—消防电话总线，无极性

（2）GST-LD-8312 型消防电话插座。GST-LD-8312 型消防电话插座是一种非编码消防电话插座，不可接入火灾报警控制总线，仅能和 GST-LD-8304 型消防电话模块连接，构成编码式电话插座，一般为多个 GST-LD-8312 型消防电话插座并联后和一个 GST-LD-8304 型消防电话模块相连，仅占用整个系统一个编码点。应当注意的是，借助 GST-LD-8304 作为所连接电话插座的编码模块时，GST-LD-8304 型消防电话模块不允许再与电话分机连接。此外，多个 GST-LD-8312 型消防电话插座并联后，也可以直接与总线制消防电话主机或多线制消防电话主机连接，不占用控制器的编码点。

（3）设计方法。在工程应用设计时，只要掌握 GST-LD-8304 型消防电话模块与 GST-LD-8312 型消防电话插座（或者 J-SAP-8402、J-SAP-GST 9112 型手动报警按钮）各自的特点并且灵活运用，就可以符合大多数应用要求。图 2-56 所示为有固定电话分机和电话插孔的系统连接示意。这是在实际中用得最多的系统构成方式，它能符合一座大厦建筑物内不同位置的不同要求。若在电梯机房、水泵房、配电房以及电梯门口等重要的地方安装固定式电话分机，而在每一楼层安装一个或者多个 GST-LD-8304 型消防电话模块作为消防电话插座分区编码模块，在走廊墙壁上隔一定距离设置一个 GST-LD-8312 型消防电话插座或者 J-SAP-8402、J-SAP-GST 9112 型手动报警按钮，并将这些 GST-LD-8312 型消防电话插座或者 J-SAP-8402、J-SAP-GST 9112 型手动报警按钮分组并联在该楼层的 GST-LD-8304 型消防电话模块上，无须编码的电话插座则可以直接接在消防电话主机两根电话线上。

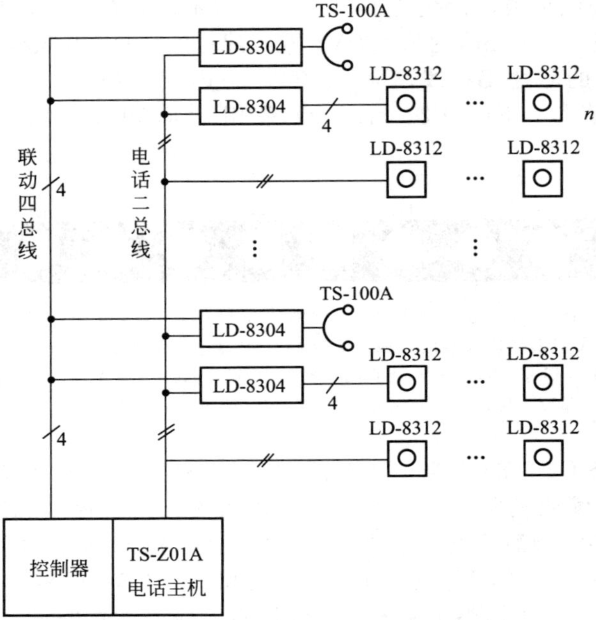

图 2-56　有固定电话分机和电话插孔的系统连接示意

2.2.5　应急照明系统与疏散指示系统

若建筑物发生火灾，在正常电源被切断时，如果没有火灾应急照明和疏散指示标志，受灾的人们往往由于找不到安全出口而发生拥挤、碰撞以及摔倒等；尤其是高层建筑、影剧院、礼堂、歌舞厅等人员集中的场所，火灾发生后，极易导致较大的伤亡事故；同时，也不利于消防队员进行灭火、抢救伤员和疏散物资等。因此，设置符合规定的火灾应急照明和疏散指示标志是十分重要的。

(1) 疏散照明灯具应设置在出口的顶部、墙面的上部或顶棚上；备用照明灯具应设置在墙面的上部或顶棚上。

(2) 公共建筑、建筑高度大于 54m 的住宅建筑、高层厂房（库房）和甲、乙、丙类单、多层厂房，应设置灯光疏散指示标志，并应符合下列规定。

① 应设置在安全出口和人员密集场所的疏散门的正上方。

② 应设置在疏散走道及其转角处距地面高度 1.0m 以下的墙面或地面上。灯光疏散指示标志的间距不应大于 20m，如图 2-57 所示，对于袋形走道，不应大于 10m；在走道转角区，不应大于 1.0m。

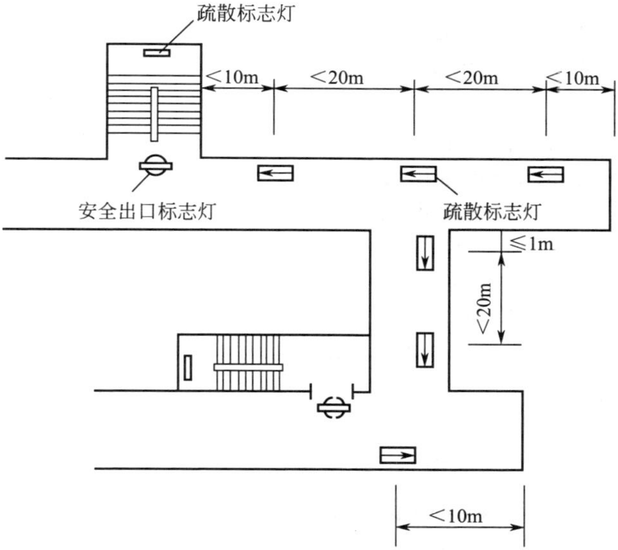

图 2-57　疏散标志灯的设置位置

(3) 下列建筑或场所应在疏散走道和主要疏散路径的地面上增设能保持视觉连续的灯光疏散指示标志或蓄光疏散指示标志：

① 总建筑面积大于 8000m^2 的展览建筑；

② 总建筑面积大于 5000m^2 的地上商店；

③ 总建筑面积大于 500m^2 的地下或半地下商店；

④ 歌舞娱乐放映游艺场所；

⑤ 座位数超过 1500 个的电影院、剧场，座位数超过 3000 个的体育馆、会堂或礼堂；

⑥ 车站、码头建筑和民用机场航站楼中建筑面积大于 3000m^2 的候车、候船厅和航站楼的公共区。

(4) 建筑内设置的消防疏散指示标志和消防应急照明灯具，除应符合本规范的规定外，还应符合国家标准《消防安全标志》(GB 13495.1—2015) 和《消防应急照明和疏散指示系统》(GB 17945—2010) 的规定。

2.2.6 消防电梯

消防电梯及其控制

2.2.6.1 消防电梯及其控制

建筑物中设有电梯和消防电梯时，消防中心控制室应能对电梯，尤其是消防电梯的运行进行管理。这是由于消防电梯是在发生火灾时，供消防人员扑灭火灾及营救人员用的纵向的交通工具，联动控制一定要安全可靠。火灾时，不用一般电梯疏散，由于这时电梯供电系统可能会随时断电或被切断，导致电梯无法正常运行，所以对消防电梯控制一定要保证安全可靠。消防中心控制室在火灾确认后，应可以控制电梯全部停于首层，并且接收其反馈信号。

电梯的控制有两种方式：一种是将电梯的控制显示盘设在消防中心控制室，消防值班人员在必要时可直接操作；另一种是在人工确认真正是火灾后，消防中心控制室向电梯控制室发出火灾信号及强制电梯下降的命令，所有电梯下行停于首层。在对自动化程度要求较高的建筑内，可用消防电梯前室的感烟探测器联动控制电梯。但是必须注意，感烟探测器误报的危险性，最好还是利用消防中心控制室进行控制。

2.2.6.2 消防电梯的设置规定

（1）除城市综合管廊、交通隧道和室内无车道且无人员停留的机械式汽车库可不设置消防电梯外，下列建筑均应设置消防电梯，且每个防火分区可供使用的消防电梯不应少于1部：

① 高度大于33m的住宅建筑；

② 5层及以上且建筑面积大于3000m^2（包括设置在其他建筑内第五层及以上楼层）的老年人照料设施；

③ 一类高层公共建筑，建筑高度大于32m的二类高层公共建筑；

④ 建筑高度大于32m的丙类高层厂房；

⑤ 建筑高度大于32m的封闭或半封闭汽车库；

⑥ 除轨道交通工程外，埋深大于10m且总建筑面积大于3000m^2的地下或半地下建筑（室）。

（2）埋深大于15m的地铁车站公共区应设置消防专用通道。

（3）建筑高度大于32m且设置电梯的高层厂房（仓库），每个防火分区内宜设置1台消防电梯，但符合下列条件的建筑可不设置消防电梯：

① 建筑高度大于32m且设置电梯，任一层工作平台上的人数不超

过 2 人的高层塔架；

② 局部建筑高度大于 32m，且局部高出部分的每层建筑面积不大于 50m^2 的丁、戊类厂房。

(4) 符合消防电梯要求的客梯或货梯可兼作消防电梯。

(5) 除仓库连廊、冷库穿堂和筒仓工作塔内的消防电梯可不设置前室外，其他建筑内的消防电梯均应设置前室。消防电梯的前室应符合下列规定。

① 前室在首层应直通室外或经专用通道通向室外，该通道与相邻区域之间应采取防火分隔措施。

② 前室的使用面积不应小于 6.0m^2，合用前室的使用面积应符合《建筑防火通用规范》(GB 55037—2022) 第 7.1.8 条的规定；前室的短边不应小于 2.4m。

③ 前室或合用前室应采用防火门和耐火极限不低于 2.00h 的防火隔墙与其他部位分隔。除兼作消防电梯的货梯前室无法设置防火门的开口可采用防火卷帘分隔外，不应采用防火卷帘或防火玻璃墙等方式替代防火隔墙。

(6) 消防电梯井和机房应采用耐火极限不低于 2.00h 且无开口的防火隔墙与相邻井道、机房及其他房间分隔。消防电梯的井底应设置排水设施，排水井的容量不应小于 2m^3，排水泵的排水量不应小于 10L/s。

(7) 消防电梯应符合下列规定：

① 应能在所服务区域每层停靠；

② 电梯的承载重量不应小于 800kg；

③ 电梯的动力和控制线缆与控制面板的连接处、控制面板的外壳防水性能等级不应低于 IPX5；

④ 在消防电梯的首层入口处，应设置明显的标识和供消防救援人员专用的操作按钮；

⑤ 电梯轿厢内部装修材料的燃烧性能应为 A 级；

⑥ 电梯轿厢内部应设置专用消防对讲电话和视频监控系统的终端设备。

2.2.7 消防控制室

2.2.7.1 消防控制室设置

消防控制室是火灾自动报警系统的控制中心，也是灭火的信息及指挥中心。它具有接受火灾报警，发出火灾信号以及安全疏散指令，控制各种消防联动控制设备和显示系统运行情况的功能。根据防火要求，凡是设有火灾报警、自动报警、自动灭火系统以及机械防排烟设施的楼宇（例如旅馆、酒店以及其他公共建筑物），均应设有消防控制室（消防中心），负责整座大楼火灾的监控及消防工作的指挥。

一般来说，设置消防值班室还是消防控制室与火灾自动报警系统及消防联动控制系统的规模有直接的关系。

（1）设有火灾自动报警系统及联动控制的单体建筑或群体建筑，应设置消防控制室；消防控制室宜设置在建筑物首层或地下一层，宜选择在便于通向室外的部位。

（2）民用建筑内由于管理需求，设置多个消防控制室时，宜选择靠近消防水泵房的消防控制室作为主消防控制室，其余为分消防控制室。分消防控制室应负责本区域火灾报警、疏散照明、消防应急广播和声光警报装置、防排烟系统、防火卷帘、消火栓泵、喷淋消防泵等联动控制和转输泵的联锁控制。

（3）不具备设置分消防控制室条件的超高层建筑裙房以上部分，有需求的业态可设置值班室。

（4）集中报警系统和控制中心报警系统中的区域火灾报警控制器在满足下列条件时，可设置在值班室或无人值班的场所：

① 本区域的火灾自动报警控制器（联动型）在火灾时不需要人工介入，且所有信息已传至消防控制室；

② 区域火灾报警控制器的所有信息在集中火灾报警控制器上均有显示。

（5）主消防控制室与分消防控制室的集中报警控制器应组成对等式网络。主消防控制室应能自动或手动控制分消防控制室所辖消防设备。设备运行状态及报警信息除在各分消防控制室的图形显示装置上显示外，尚应在主消防控制室图形显示装置上显示。

（6）超高层建筑设置的转输水泵，应由设置在避难层的转输水箱上的液位控制器控制，转输水泵的控制应自成系统，均由主消防控制室控制。各转输水箱上的液位、转输泵的运行信号应在主消防控制室显示。

（7）主控制室火灾报警控制器接到区域报警控制器的报警后，应自动或手动启动消防设备，并向其他未发生火灾的区域发出指令点亮疏散照明、启动应急广播和警报装置。

（8）消防控制室应设有用于火灾报警的外线电话。

（9）消防控制室送、回风管的穿墙处应设防火阀。

（10）消防控制室不应设置在电磁场干扰较强及其他影响消防控制室设备工作的设备用房附近。

2.2.7.2 消防控制室的布置

消防控制室内设备的布置，应符合以下要求。

(1) 设备面盘前的操作距离。单列布置时，不应小于 1.5m；双列(并列)布置时，不应小于 2m。

(2) 在值班人员经常工作的一面，设备面盘至墙的距离不应小于 3m。

(3) 设备面盘后的维修距离不宜小于 1m。

(4) 设备面盘的排列长度为 4m 时，其两端应设置宽度不小于 1m 的通道。

(5) 与建筑其他弱电系统合用的消防控制室内，消防设备应集中设置，并应与其他设备之间有明显间隔。

消防控制设备安装示例分别如图 2-58、图 2-59 所示。

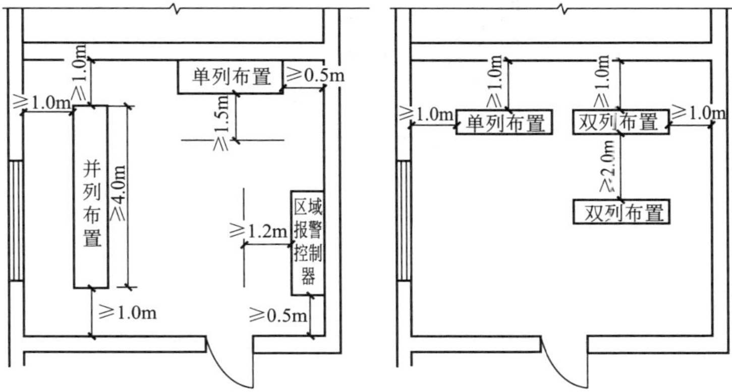

图 2-58 消防控制设备安装示例一

1. 独立设置的消防控制室，其耐火等级不应低于二级。附设在建筑物内的消防控制室应采用耐火极限不低于 3.00h 的隔板和 2.00h 的楼板，与其他部位隔开，并设置直通室外的安全出口

2. 无论是工业厂房，还是高层民用建筑，消防控制室均宜设在建筑物内的首层

3. 消防控制室的面积应能满足消防报警及控制设备的合理布置，但一般不应小于 $20m^2$

4. 消防控制室的门应向疏散方向开启，并应在出入口处设置明显的标志

5. 消防控制室的送、回风管，在其穿墙处应设置防火阀，并严禁与其无关的电气线路及管道穿过

6. 消防控制室应设火灾应急照明装置

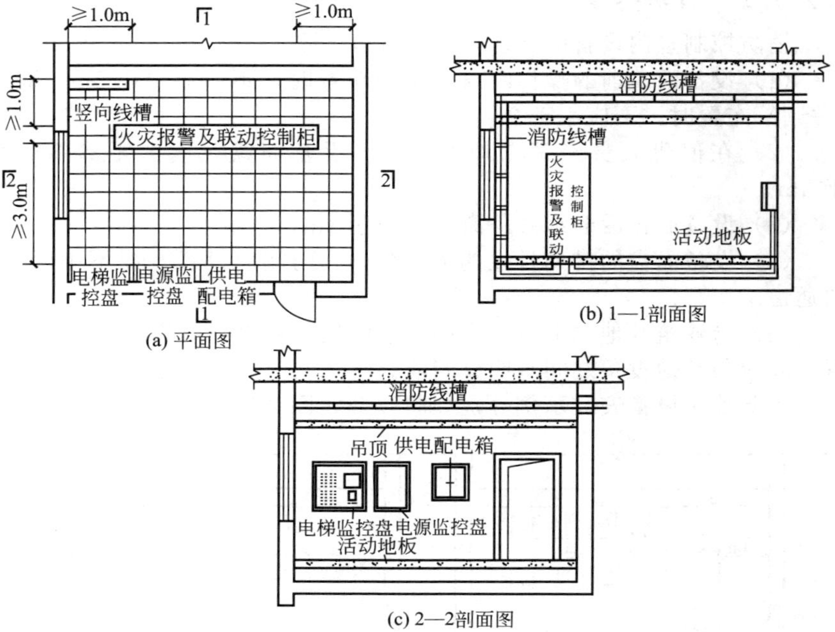

图 2-59　消防控制设备安装示例二

1. 室内架空活动地板下净空 0.24～0.4m，室内吊顶应能提供检修吊顶内电气设施的条件

2. 室内需设置必要的通风和空调设施，以供控制设备的正常运行

3. 室内需设一处机房专用接地端子，经绝缘导线与室外接地装置相连

2.2.8　防火门、防火卷帘门系统及联动控制

2.2.8.1　防火门系统及联动控制

防火门、窗是建筑物防火分隔的措施之一，通常用在防火墙上、楼梯间出入口或管井开口部位，要求能隔烟、火。防火门、窗对避免烟、火的扩散及蔓延及减少火灾损失起重要作用。

防火门根据其耐火极限分甲、乙、丙三级，其最低耐火极限为甲级防火门 1.50h，乙级防火门 1.00h，丙级防火门 0.50h。按其燃烧性能分，可以分为非燃烧体防火门与难燃烧体防火门两类。

（1）防火门的构造及原理。如图 2-60 所示，防火门由防火门锁、手动及自动环节组成。

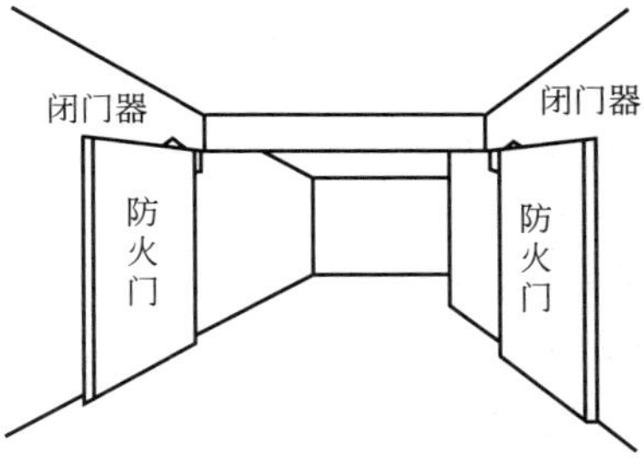

图 2-60　防火门

防火门锁按门的固定方式可分为两种。一种为防火门被永久磁铁吸住处在开启状态，当发生火灾时利用自动控制或手动关闭防火门。自动控制由感烟探测器或者联动控制盘发来指令信号，使 DC 24V、0.6A 电磁线圈的吸力克服永久磁铁的吸着力，从而通过弹簧将门关闭。手动操作的方法是：只要把防火门或永久磁铁的吸着板拉开，门即关闭。另一种为防火门被电磁锁的固定销扣住呈开启状态。火灾发生时，由感烟探测器或联动控制盘发出指令信号使电磁锁动作，或作用于防火门使固定销掉下，门关闭。

（2）电动防火门的控制要求

① 重点保护建筑中的电动防火门应于现场自动关闭，不宜在消防控制室集中控制（包括手动或自动控制）。

② 防火门两侧应设专用感烟探测器组成控制电路。

③ 防火门宜选用平时不耗电的释放器，且宜暗设。

④ 关闭防火门后，应有关闭信号反馈到区控盘或消防中心控制室。

防火门设置如图 2-61 所示。图中 S1～S4 为感烟探测器，FM1～FM3 为防火门。当 S1 动作后，FM1 应自动关闭；当 S2 或者 S3 动作后，FM2 应自动关闭；当 S4 动作后，FM3 应自动关闭。

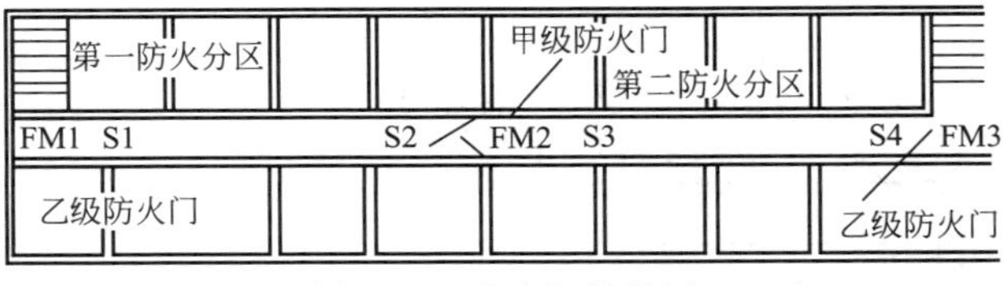

图 2-61　防火门的设置

电动防火门的作用就在于防烟及防火。防火门在建筑中的状态是：正常（无火灾）时，防火门处于开启状态；发生火灾时受控关闭，关闭后仍可通行。防火门的控制即为在发生火灾时控制其关闭，其控制方式可由现场感烟探测器控制，也可以借助消防控制中心控制，还可以手动控制。防火门的工作方式有两种：平时不通电，在火灾时通电关闭；或平时通电，火灾时断电关闭。

2.2.8.2 防火卷帘门系统及联动控制

防火卷帘门系统及联动控制

建筑物的敞开电梯厅和一些公共建筑因为面积过大，超过了防火分区最大允许面积的规定（如百货楼的营业厅及展览楼的展览厅等），考虑到使用上的需要，可以采取比较灵活的防火处理方法。如设置防火墙或者防火门有困难时，可以设防火卷帘。

防火卷帘通常设置在建筑物中防火分区的通道口外，以形成门帘式防火分隔。火灾发生时，防火卷帘根据消防控制中心联动信号（或者火灾探测器信号）指令，也可以就地手动操作控制，使卷帘首先下降至预定点；经一定延时之后，卷帘降到地面，从而达到人员紧急疏散，灾区隔烟、隔火以及控制火势蔓延的目的。

（1）电动防火卷帘门系统的组成。电动防火卷帘门系统的组成如图 2-62 所示，防火卷帘门系统的控制程序如图 2-63 所示，防火卷帘门系统的电气控制如图 2-64 所示。

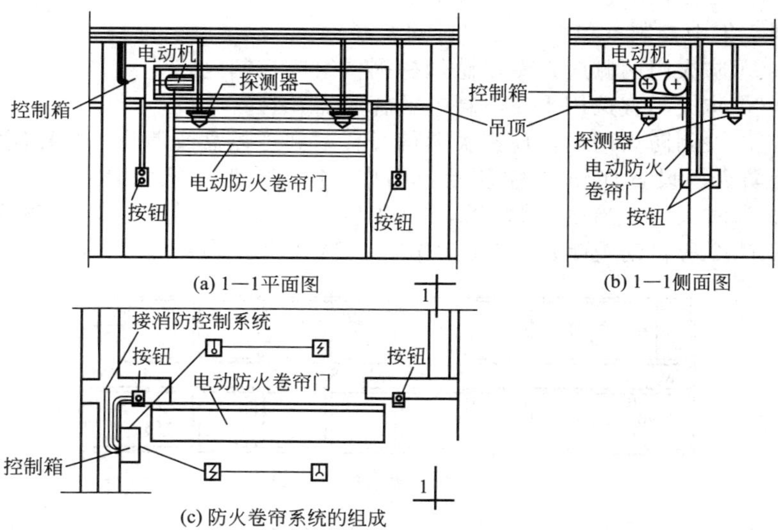

图 2-62　电动防火卷帘门系统的组成

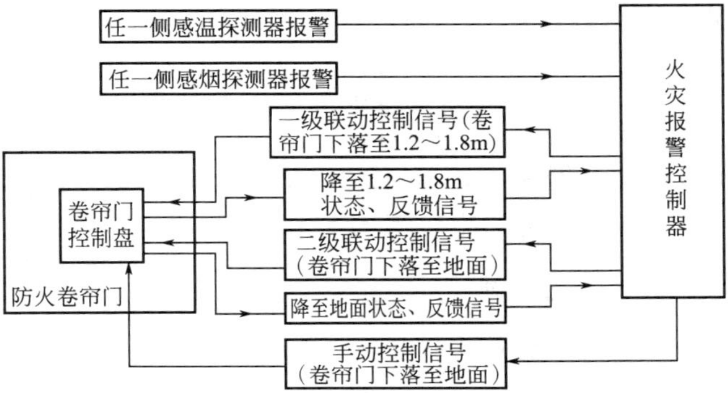

图 2-63　防火卷帘门系统的控制程序

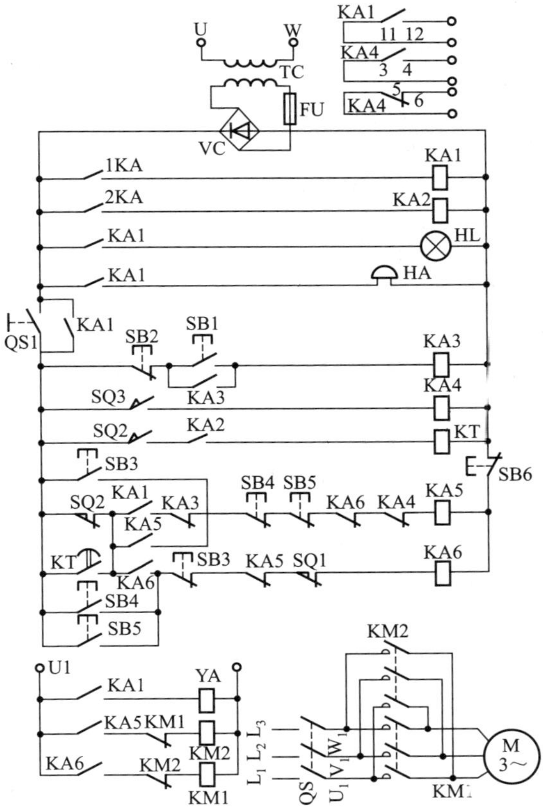

图 2-64　防火卷帘门系统的电气控制

（2）防火卷帘门联动控制原理。正常时，卷帘卷起，且用电锁锁住。当发生火灾时，卷帘门分两步下放，以下为具体过程。

第一步下放：当火灾初期产生烟雾时，来自消防中心的联动信号（感烟探测器报警所导致）使触点 1KA（在消防中心控制器上的继电器由于感烟报警而动作）闭合；中间继电器 KA1 线圈通电动作；使信号灯点亮，并发出报警信号；电警笛 HA 响，发出声报警信号；$KA1_{11\text{-}12}$ 号触头闭合，给消防中心一个卷帘启动的信号（即 $KA1_{11\text{-}12}$ 号触头和消防信号灯相接）；短接开关 QS1 的常开触头，全部电路通以直流电；电磁铁 YA 线圈通电，将锁头打开，为卷帘门下降做准备；中间继电器 KM5 线圈通电，接通接触器 KM2 线圈，KM2 触头动作，门电动机反转，卷帘下降；当卷帘下降至距地 1.2～1.8m 时，位置开关 SQ2 受碰撞而动作，致使 KA5 线圈失电，KM2 线圈失电；门电动机停止，卷帘停止下放（现场中常称为中停），这样就可以隔断火灾初期的烟，也有利于灭火和人员逃生。

第二步下放：当火势增大，温度上升时，消防中心的联动信号接点 2KA（安在消防中心控制器上且和感温探测器联动）闭合，致使中间继电器 KM2 线圈通电，其触头动作，致使时间继电器 KT 线圈通电；经延时 30s 之后其触点闭合，使 KA5 线圈通电，而 KM2 又重新通电，门电动机又反转，卷帘则继续下放；在卷帘落地时，碰撞位置开关 SQ3 使其触点动作，中间继电器 KA4 线圈通电；其常闭触点断开，导致 KA5 失电释放，又使 KM2 线圈失电，门电动机停止；同时 $KA4_{3\text{-}4}$ 号、$KA4_{5\text{-}6}$ 号触头将卷帘门完全关闭信号（或称落地信号）反馈给消防中心。

卷帘上升控制：当火被扑灭后，按下消防中心的卷帘卷起按钮 SB4 或现场就地卷起按钮 SB5，均可使中间继电器 KA6 线圈通电，使得接触器 KM1 线圈通电，门电动机正转，卷帘上升；当上升至顶端时，碰撞位置开关 SQ1 使之动作，使 KA6 获电释放，KM1 失电，门电动机停止，从而上升结束。

开关 QS1 用于手动开、关门，而按钮 SB6 用于手动停止卷帘升、降。

3 灭火系统

3.1 灭火的基本方法

燃烧为一种发热放光的化学反应。想要达到燃烧必须同时具备三个条件，即：①有可燃物（汽油、甲烷、木材、氢气以及纸张等）；②有助燃物（如高锰酸钾、氯、氯化钾、溴、氧等）；③有火源（如高热、化学能、电火、明火等）。灭火方法通常有以下三种。

（1）化学抑制法。灭火剂或者介质：二氧化碳以及卤代烷等。将灭火剂施放至燃烧区上，就可以起到中断燃烧的化学连锁反应，以达到灭火的目的。

（2）冷却法。灭火剂或者介质：水。将灭火剂喷在燃烧物上，通过吸热使温度降低至燃点以下，火随之熄灭。

（3）窒息法。灭火剂或者介质：泡沫。这种方法阻止空气流入燃烧区域，也就是将泡沫喷射至燃烧液体上，将火窒息；或用不燃物质进行隔离，如用石棉布及浸水棉被覆盖在燃烧物上，使燃烧物因缺氧而窒息。

总之，灭火剂的种类很多，目前应用的灭火剂包括泡沫（低倍数泡沫及高倍数泡沫）、卤代烷 1211、二氧化碳、四氯化碳、干粉以及水等。但比较而言用水灭火具有有效、方便、价格低廉的优点，所以被广泛使用。然而由于水和泡沫都会造成设备污染，在有些场所下（如档案室、文物馆、图书馆、精密仪器设备以及电子计算机房等）应当采用卤素和二氧化碳灭火剂灭火。常用的卤代烷（卤素）灭火剂如表 3-1 所列。

表 3-1　常用的卤代烷（卤素）灭火剂

介质代号	名称	化学式
1101	一氯一溴甲烷	CH_2BrCl
1211	二氟一氯一溴甲烷	$CBrClF_2$

续表

介质代号	名称	化学式
1202	二氟二溴甲烷(P912)	CBr_2F_2
1301	三氟一溴甲烷	$CBrF_3$
2404	四氟二溴甲烷	$CBrF_3CBrF$

从表 3-1 中可见卤素灭火剂有五种，最为常用的“1211”和“1301”灭火剂，具有无污染、毒性小、易氧化、电气绝缘性能好、体积小、灭火能力强、灭火迅速以及化学性能稳定等优点。在实际工程设计中，应当根据现场的实际情况来选择及确定灭火方法和灭火剂，以达到最理想的灭火效果。

3.2 室内消火栓灭火系统

3.2.1 消火栓系统安装

（1）消防给水管道的布置

① 室内消防给水管网应符合下列规定。

a. 室内消火栓系统管网应布置成环状，当室外消火栓设计流量不大于 20L/s，且室内消火栓不超过 10 个时，除《消防给水及消火栓系统技术规范》（GB 50974—2014）第 8.1.2 条规定外，可布置成枝状；

b. 当由室外生产生活消防合用系统直接供水时，合用系统除应满足室外消防给水设计流量以及生产和生活最大小时设计流量的要求外，还应满足室内消防给水系统的设计流量和压力要求；

c. 室内消防管道管径应根据系统设计流量、流速和压力要求经计算确定；室内消火栓竖管管径应根据竖管最低流量经计算确定，但不应小于 DN100mm。

② 室内消火栓环状给水管道检修时应符合下列规定：

a. 室内消火栓竖管应保证检修管道时关闭停用的竖管不超过 1 根，当竖管超过 4 根时，可关闭不相邻的 2 根；

b. 每根竖管与供水横干管相接处都应设置阀门。

③ 室内消火栓给水管网宜与自动喷水等其他水灭火系统的管网分开设置；当合用消防泵时，供水管路沿水流方向应在报警阀前分开设置。

④ 消防给水管道的设计流速不宜大于 2.5m/s，自动水灭火系统管道设计流速，应符合《自动喷水灭火系统设计规范》（GB 50084—

2017)、《泡沫灭火系统设计规范》(GB 50151—2021)、《水喷雾灭火系统设计规范》(GB 50219—2014)和《固定消防炮灭火系统设计规范》(GB 50338—2003)的有关规定，但任何消防管道的给水流速不应大于7m/s。

⑤ 消防给水系统应满足水消防系统在设计持续供水时间内所需水量、流量和水压的要求。

⑥ 低压消防给水系统的工作压力应大于或等于0.60MPa。高压和临时高压消防给水系统的工作压力应符合下列规定：

a. 对于采用高位消防水池、水塔供水的高压消防给水系统，应为高位消防水池、水塔的最大静压；

b. 对于采用市政给水管网直接供水的高压消防给水系统，应根据市政给水管网的工作压力确定；

c. 对于采用高位消防水箱稳压的临时高压消防给水系统，应为消防水泵零流量时的压力与消防水泵吸水口的最大静压之和；

d. 对于采用稳压泵稳压的临时高压消防给水系统，应为消防水泵零流量时的水压与消防水泵吸水口的最大静压之和，稳压泵在维持消防给水系统压力时的压力两者的较大值。

⑦ 设置市政消火栓的市政给水管网，平时运行工作压力应大于或等于0.14MPa，应保证市政消火栓用于消防救援时的出水流量大于或等于15L/s，供水压力（从地面算起）大于或等于0.10MPa。

⑧ 室内消防给水系统由生活、生产给水系统管网直接供水时，应在引入管处采取防止倒流的措施。当采用有空气隔断的倒流防止器时，该倒流防止器应设置在清洁卫生的场所，其排水口应采取防止被水淹没的措施。

（2）高位消防水箱的设置要求

① 高层民用建筑、3层及以上单体总建筑面积大于10000m^{2}的其他公共建筑，当室内采用临时高压消防给水系统时，应设置高位消防水箱。

② 高位消防水箱应符合下列规定：

a. 室内临时高压消防给水系统的高位消防水箱有效容积和压力应能保证初期灭火所需水量；

b. 屋顶露天高位消防水箱的人孔和进出水管的阀门等应采取防止被随意关闭的保护措施；

c. 设置高位水箱间时，水箱间内的环境温度或水温不应低于5℃；

d. 高位消防水箱的最低有效水位应能防止出水管进气。

③ 临时高压消防给水系统的高位消防水箱的有效容积应满足初期火灾消防用水量的要求，并应符合下列规定：

a. 一类高层公共建筑，不应小于 $36m^3$，但当建筑高度大于 100m 时，不应小于 $50m^3$，当建筑高度大于 150m 时，不应小于 $100m^3$；

b. 多层公共建筑、二类高层公共建筑和一类高层住宅，不应小于 $18m^3$，当一类高层住宅建筑高度超过 100m 时，不应小于 $36m^3$；

c. 二类高层住宅，不应小于 $12m^3$；

d. 建筑高度大于 21m 的多层住宅，不应小于 $6m^3$；

e. 工业建筑室内消防给水设计流量当小于或等于 25L/s 时，不应小于 $12m^3$，大于 25L/s 时，不应小于 $18m^3$；

f. 总建筑面积大于 $10000m^2$ 且小于 $30000m^2$ 的商店建筑，不应小于 $36m^3$，总建筑面积大于 $30000m^2$ 的商店，不应小于 $50m^3$，当与本条第 a 款规定不一致时应取其较大值。

④ 高位消防水箱的设置位置应高于其所服务的水灭火设施，且最低有效水位应满足水灭火设施最不利点处的静水压力，并应按下列规定确定：

a. 一类高层公共建筑，不应低于 0.10MPa，但当建筑高度超过 100m 时，不应低于 0.15MPa；

b. 高层住宅、二类高层公共建筑、多层公共建筑，不应低于 0.07MPa，多层住宅不宜低于 0.07MPa；

c. 工业建筑不应低于 0.10MPa，当建筑体积小于 $20000m^3$ 时，不宜低于 0.07MPa；

d. 自动喷水灭火系统等自动水灭火系统应根据喷头灭火需求压力确定，但最小不应小于 0.10MPa；

e. 当高位消防水箱不能满足本条第 a～d 款的静压要求时，应设稳压泵。

⑤ 高位消防水箱可采用热浸锌镀锌钢板、钢筋混凝土、不锈钢板等建造。

⑥ 高位消防水箱的设置应符合下列规定：

a. 当高位消防水箱在屋顶露天设置时，水箱的人孔以及进出水管的阀门等应采取锁具或阀门箱等保护措施；

b. 严寒、寒冷等冬季冰冻地区的消防水箱应设置在消防水箱间内，其他地区宜设置在室内，当必须在屋顶露天设置时，应采取防冻隔热等安全措施；

c. 高位消防水箱与基础应牢固连接。

⑦ 高位消防水箱间应通风良好，不应结冰，当必须设置在严寒、寒冷等冬季结冰地区的非采暖房间时，应采取防冻措施，环境温度或水温不应低于5℃。

⑧ 高位消防水箱应符合下列规定。

a. 高位消防水箱的有效容积、出水、排水和水位等，应符合《消防给水及消火栓系统技术规范》（GB 50974—2014）第4.3.8条和第4.3.9条的规定。

b. 高位消防水箱的最低有效水位应根据出水管喇叭口和防止旋流器的淹没深度确定，当采用出水管喇叭口时，应符合《消防给水及消火栓系统技术规范》（GB 50974—2014）第5.1.13条第4款的规定；当采用防止旋流器时应根据产品确定，且不应小于150mm的保护高度。

c. 高位消防水箱的通气管、呼吸管等应符合《消防给水及消火栓系统技术规范》（GB 50974—2014）第4.3.10条的规定。

d. 高位消防水箱外壁与建筑本体结构墙面或其他池壁之间的净距，应满足施工或装配的需要，无管道的侧面，净距不宜小于0.7m；安装有管道的侧面，净距不宜小于1.0m，且管道外壁与建筑本体墙面之间的通道宽度不宜小于0.6m，设有人孔的水箱顶，其顶面与其上面的建筑物本体板底的净空不应小于0.8m。

e. 进水管的管径应满足消防水箱8h充满水的要求，但管径不应小于*DN*32mm，进水管宜设置液位阀或浮球阀。

f. 进水管应在溢流水位以上接入，进水管口的最低点高出溢流边缘的高度应等于进水管管径，但最小不应小于100mm，最大不应大于150mm。

g. 当进水管为淹没出流时，应在进水管上设置防止倒流的措施或在管道上设置虹吸破坏孔和真空破坏器，虹吸破坏孔的孔径不宜小于管径的1/5，且不应小于25mm。但当采用生活给水系统补水时，进水管不应淹没出流。

h. 溢流管的直径不应小于进水管直径的2倍，且不应小于*DN*100mm，溢流管的喇叭口直径不应小于溢流管直径的1.5～2.5倍。

i. 高位消防水箱出水管管径应满足消防给水设计流量的出水要求，且不应小于*DN*100mm。

j. 高位消防水箱出水管应位于高位消防水箱最低水位以下，并应设置防止消防用水进入高位消防水箱的止回阀。

k. 高位消防水箱的进、出水管应设置带有指示启闭装置的阀门。

（3）消火栓按钮安装。消火栓按钮安装于消火栓内，可直接接入控制总线。按钮还带有一对动合输出控制触点，可用于做直接启泵开关。图 3-1 所示为消火栓按钮的安装方法。

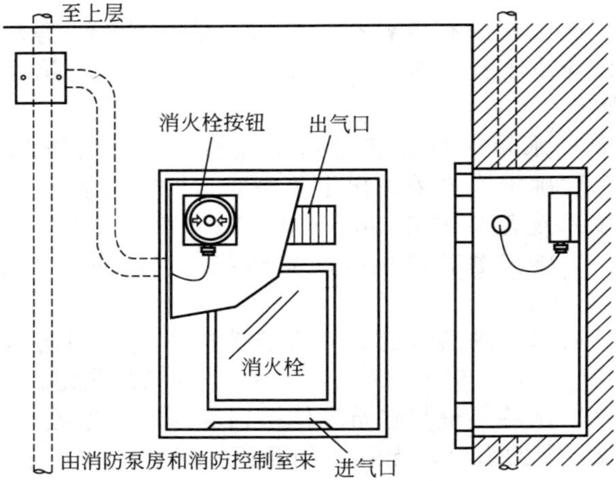

图 3-1　消火栓按钮的安装方法

消火栓按钮的信号总线采用 RVS 型双绞线，截面积≥$1.0mm^2$；控制线与应答线采用 BV 线，截面积≥$1.5mm^2$。用消火栓按钮 LD-8403 启动消防泵的接线如图 3-2 所示。

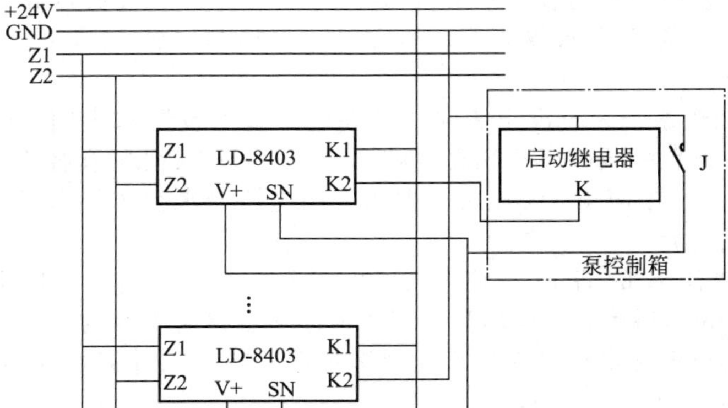

图 3-2　用消火栓按钮 LD-8403 启动消防泵接线

（4）消火栓布置与安装

① 室内消火栓系统应符合下列规定：

a. 室内消火栓的流量和压力应满足相应建（构）筑物在火灾延续时间内灭火、控火的要求；

b. 环状消防给水管道应至少有两条进水管与室外供水管网连接，当其中一条进水管关闭时，其余进水管应仍能保证全部室内消防用水量；

c. 在设置室内消火栓的场所内，包括设备层在内的各层均应设置消火栓；

d. 室内消火栓的设置应方便使用和维护。

② 室内消火栓的选型应根据使用者、火灾危险性、火灾类型和不同灭火功能等因素综合确定。

③ 室内消火栓的配置应符合下列要求。

a. 应采用 DN65mm 室内消火栓，并可与消防软管卷盘或轻便水龙设置在同一箱体内。

b. 应配置 DN65mm、有内衬里的消防水带，长度不宜超过 25.0m；消防软管卷盘应配置内径不小于 ϕ19mm 的消防软管，其长度宜为 30.0m；轻便水龙应配置 DN25mm、有内衬里的消防水带，长度宜为 30.0m。

c. 宜配置当量喷嘴直径 16mm 或 19mm 的消防水枪，但当消火栓设计流量为 2.5L/s 时宜配置当量喷嘴直径 11mm 或 13mm 的消防水枪；消防软管卷盘和轻便水龙应配置当量喷嘴直径 6mm 的消防水枪。

④ 设置室内消火栓的建筑，包括设备层在内的各层均应设置消火栓。

⑤ 屋顶设有直升机停机坪的建筑，应在停机坪出入口处或非电气设备机房处设置消火栓，且距停机坪机位边缘的距离不应小于 5.0m。

⑥ 消防电梯前室应设置室内消火栓，并应计入消火栓使用数量。

⑦ 室内消火栓的布置应满足同一平面有 2 支消防水枪的 2 股充实水柱同时达到任何部位的要求，但建筑高度小于或等于 24.0m 且体积小于或等于 5000m^3 的多层仓库、建筑高度小于或等于 54m 且每单元设置一部疏散楼梯的住宅，以及《消防给水及消火栓系统技术规范》（GB 50974—2014）表 3.5.2 中规定可采用 1 支消防水枪的场所，可采用 1 支消防水枪的 1 股充实水柱到达室内任何部位。

⑧ 建筑室内消火栓的设置位置应满足火灾扑救要求，并应符合下

列规定：

a. 室内消火栓应设置在楼梯间及其休息平台和前室、走道等明显易于取用以及便于火灾扑救的位置；

b. 住宅的室内消火栓宜设置在楼梯间及其休息平台；

c. 汽车库内消火栓的设置不应影响汽车的通行和车位的设置，并应确保消火栓的开启；

d. 同一楼梯间及其附近不同层设置的消火栓，其平面位置宜相同；

e. 冷库的室内消火栓应设置在常温穿堂或楼梯间内。

⑨ 建筑室内消火栓栓口的安装高度应便于消防水龙带的连接和使用，其距地面高度宜为1.1m；其出水方向应便于消防水带的敷设，并宜与设置消火栓的墙面成90°或向下。

⑩ 设有室内消火栓的建筑应设置带有压力表的试验消火栓，其设置位置应符合下列规定：

a. 多层和高层建筑应在其屋顶设置，严寒、寒冷等冬季结冰地区可设置在顶层出口处或水箱间内等便于操作和防冻的位置；

b. 单层建筑宜设置在水力最不利处，且应靠近出入口。

⑪ 室内消火栓宜按直线距离计算其布置间距，并应符合下列规定：

a. 消火栓按2支消防水枪的2股充实水柱布置的建筑物，消火栓的布置间距不应大于30.0m；

b. 消火栓按1支消防水枪的1股充实水柱布置的建筑物，消火栓的布置间距不应大于50.0m。

⑫ 消防软管卷盘和轻便水龙的用水量可不计入消防用水总量。

⑬ 室内消火栓栓口压力和消防水枪充实水柱，应符合下列规定。

a. 消火栓栓口动压力不应大于0.50MPa；当大于0.70MPa时必须设置减压装置。

b. 高层建筑、厂房、库房和室内净空高度超过8m的民用建筑等场所，消火栓栓口动压不应小于0.35MPa，且消防水枪充实水柱应按13m计算；其他场所，消火栓栓口动压不应小于0.25MPa，且消防水枪充实水柱应按10m计算。

⑭ 建筑高度不大于27m的住宅，当设置消火栓时，可采用干式消防竖管，并应符合下列规定：

a. 干式消防竖管宜设置在楼梯间休息平台，且仅应配置消火栓栓口；

b. 干式消防竖管应设置消防车供水接口；

c. 消防车供水接口应设置在首层便于消防车接近和安全的地点；

d. 竖管顶端应设置自动排气阀。

⑮ 住宅户内宜在生活给水管道上预留一个接 DN15mm 消防软管或轻便水龙的接口。

⑯ 跃层住宅和商业网点的室内消火栓应至少满足 1 股充实水柱到达室内任何部位，并宜设置在户门附近。

⑰ 城市交通隧道室内消火栓系统的设置应符合下列规定：

a. 隧道内宜设置独立的消防给水系统；

b. 管道内的消防供水压力应保证用水量达到最大时，最低压力不应小于 0.30MPa，但当消火栓栓口处的出水压力超过 0.70MPa 时，应设置减压设施；

c. 在隧道出入口处应设置消防水泵接合器和室外消火栓；

d. 消火栓的间距不应大于 50m，双向同行车道或单行通行但大于 3 车道时，应双面间隔设置；

e. 隧道内允许通行危险化学品的机动车，且隧道长度超过 3000m 时，应配置水雾或泡沫消防水枪。

（5）消火栓系统的配线。图 3-3 所示为消火栓系统的配线和相互关系。

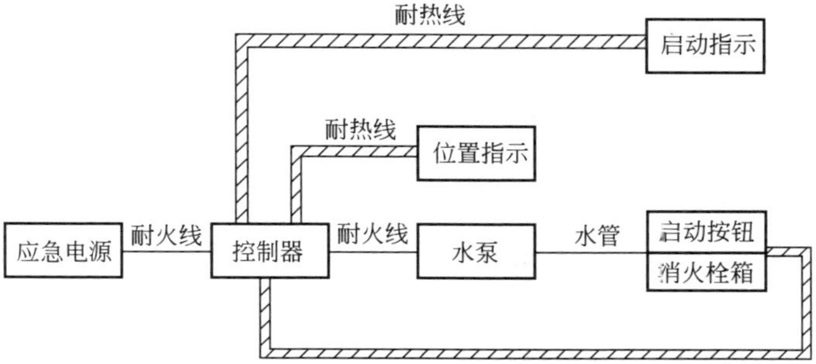

图 3-3　消火栓系统的配线和相互关系

3.2.2　消防水泵的控制

（1）消防水泵的控制方式。在现场，对消防泵的手动控制有两种方式：一种是借助消火栓按钮（打破玻璃按钮）直接启动消防泵；另一种是利用手动报警按钮，将手动报警信号送入控制室的控制器之后，由手动或自动信号控制消防泵启动，同时接收返回的水位信号。通常消防水泵均是经中控室联动控制的，如图 3-4 所示为其联动控制过程。

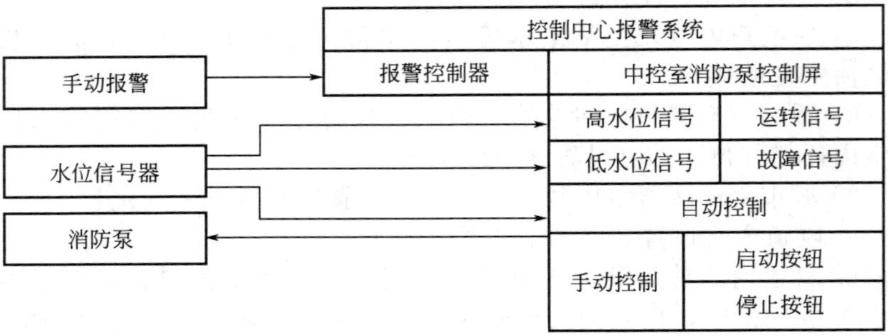

图 3-4　消防水泵联动控制过程

（2）消防水泵的控制要求

① 消火栓用消防泵多数是两台一组，一备一用，互为备用。

② 互为备用的另一种形式为水压不足时，备用泵自动投入运行。另外，当水源无水时，水泵能自动停止运转，并设水泵故障指示灯。

③ 消火栓消防泵由消火栓箱内消防专用控制按钮及消防中心控制。

④ 设有工作状态选择开关；消火栓消防泵有手动、自动两种操作方式。

⑤ 消防按钮启动后，消火栓泵应自动投入运行，同时应在建筑物内部发出声光报警，通告住户。

⑥ 为了防止消防泵误启动使管网水压过高而导致管网爆裂，需加设管网压力监视保护。

⑦ 消防泵属于一级供电负荷，需双电源供电，末端互投。

3.3　自动喷水灭火系统

3.3.1　自动喷水灭火系统的类型

自动喷水灭火系统能够用于各种建筑物中允许用水灭火的场所及保护对象，根据被保护建筑物的使用性质、环境条件和火灾发展以及发生特性的不同，自动喷水灭火系统可有多种不同类型，工程中常常根据系统中喷头开闭形式的不同，将其分为开式和闭式自动喷水灭火系统两大类。

属于闭式自动喷水灭火系统的有湿式系统、预作用系统、干式系统、重复启闭预作用系统以及自动喷水-泡沫联用灭火系统。属于开式自动喷水灭火系统的有雨淋系统、水幕系统以及水雾系统。

（1）闭式自动喷水灭火系统

① 湿式自动喷水灭火系统。如图 3-5 所示，湿式自动喷水灭火系统一般由管道系统、闭式喷头、湿式报警阀、水流指示器、报警装置以及供水设施等组成。火灾发生时，在火场温度作用下，闭式喷头的感温元件温度达到指定的动作温度后，喷头开启喷水灭火，阀后压力下降，湿式阀瓣打开，水经延时器之后通向水力警铃，发出声响报警信号，同时，水流指示器及压力开关也将信号传送到消防控制中心，经系统判断确认火警之后将消防水泵启动向管网加压供水，实现持续自动喷水灭火。

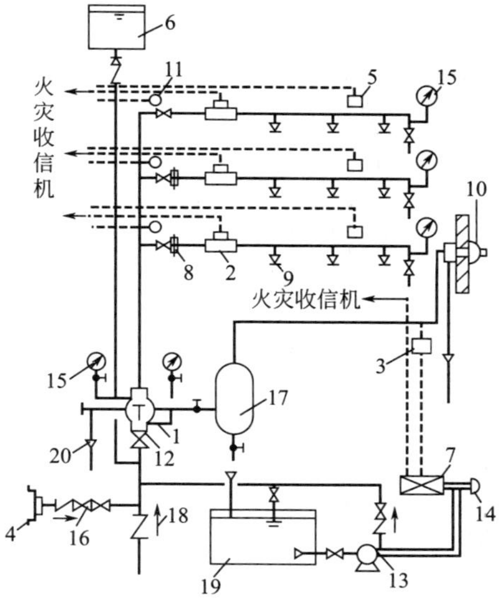

图 3-5　湿式自动喷水灭火系统

1—湿式报警阀；2—水流指示器；3—压力继电器；4—水泵接合器；5—感烟探测器；6—水箱；7—控制箱；8—减压孔板；9—喷头；10—水力警铃；11—报警装置；12—闸阀；13—水泵；14—按钮；15—压力表；16—安全阀；17—延迟器；18—止回阀；19—储水池；20—排水漏斗

湿式自动喷水灭火系统具有施工和管理维护方便、结构简单、使用可靠、灭火速度快、控火效率高及建设投资少等优点。但其管路在喷头中始终充满水，所以，一旦发生渗漏会损坏建筑装饰，应用受环境温度的限制，适合安装在温度不高于 70℃、不低于 4℃，且能用水灭火的建（构）筑物内。

② 干式自动喷水灭火系统。干式自动喷水灭火系统（图 3-6）由管道系统、闭式喷头、干式报警阀、水流指示器、报警装置、充气设备、排气设备以及供水设备等组成。

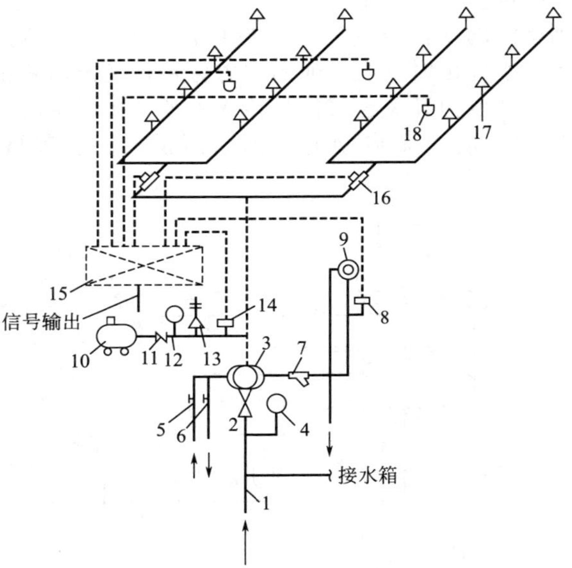

图 3-6　干式自动喷水灭火系统

1—供水管；2—闸阀；3—干式报警阀；4,12—压力表；5,6—截止阀；7—过滤器；8,14—压力开关；9—水力警铃；10—空压机；11—止回阀；13—安全阀；15—火灾报警控制箱；16—水流指示器；17—闭式喷头；18—火灾探测器

干式喷水灭火系统因为报警阀后的管路中无水，不怕环境温度高，不怕冻结，所以适用于环境温度低于 4℃或者高于 70℃的建筑物及场所。

干式自动喷水灭火系统相比于湿式自动喷水灭火系统，增加了一套充气设备，管网内的气压要经常保持在一定范围内，因而管理比较复杂，投资较多。喷水前需排放管内气体，灭火速度不如湿式自动喷水灭火系统快。

③ 干湿式自动喷水灭火系统。干湿式自动喷水灭火系统是干式自动喷水灭火系统与湿式自动喷水灭火系统交替使用的系统。其组成包括闭式喷头、管网系统、干湿两用报警阀、水流指示器、信号阀、末端试水装置、充气设备和供水设施等。干湿两用系统在使用场所环境温度高

于70℃或低于4℃时，系统呈干式；环境温度在4～70℃之间时，可以将系统转换成湿式系统。

④ 预作用自动喷水灭火系统。如图3-7所示，预作用自动喷水灭火系统由管道系统、雨淋阀、闭式喷头、火灾探测器、控制组件、报警控制装置、充气设备以及供水设施等部件组成。

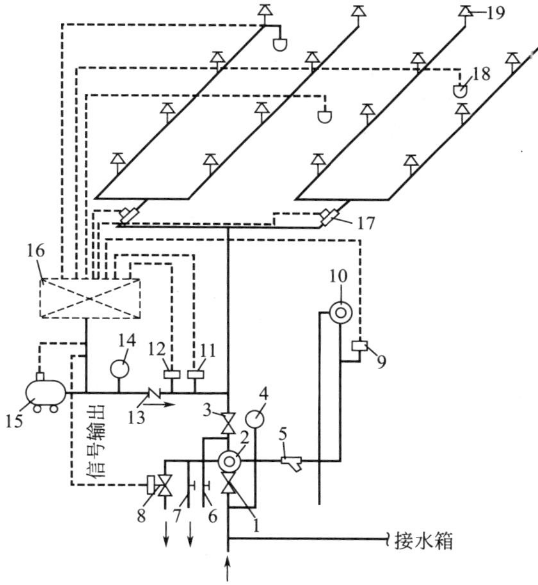

图3-7 预作用自动喷水灭火系统

1—总控制阀；2—预作用阀；3—检修闸阀；4,14—压力表；5—过滤器；6—截止阀；7—手动开启阀；8—电磁阀；9,11—压力开关；10—水力警铃；12—低气压报警压力开关；13—止回阀；15—空压机；16—报警控制箱；17—水流指示器；18—火灾探测器；19—闭式喷头

对于预作用自动喷水灭火系统，在雨淋阀之后的管网中平时充氮气或者低压空气，可避免由于系统破损而造成的水渍损失。另外这种系统有能在喷头动作前及时报警并且转换成湿式系统的早期报警装置，克服了干式喷水灭火系统必须待喷头动作，完成排气后才可喷水灭火，从而延迟喷水时间的缺点。但预作用系统比干式系统或者湿式系统多一套自动探测报警和自动控制系统，建设投资多，构造较为复杂。对于要求系统处于准工作状态时严禁系统误喷、严禁管道漏水以及替代干式系统等场所，应采用预作用系统。

⑤ 自动喷水-泡沫联用灭火系统。如图 3-8 所示，在普通湿式自动喷水灭火系统中并联一个钢制带橡胶囊的泡沫罐，橡胶囊内装轻水泡沫浓缩液，在系统中配上控制阀与比例混合器就成了自动喷水-泡沫联用灭火系统。

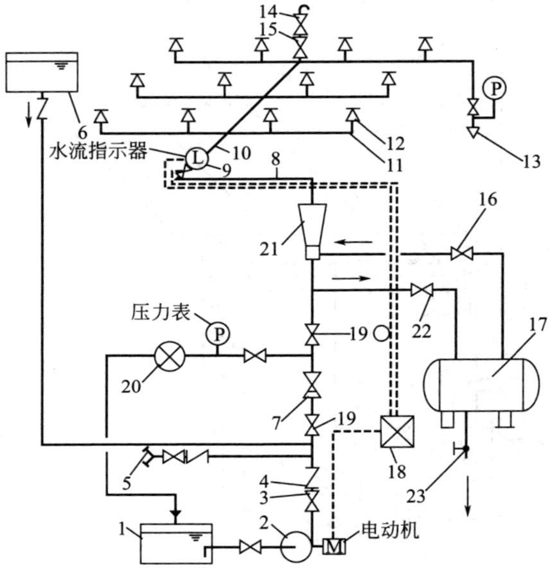

图 3-8　自动喷水-泡沫联用灭火系统

1—水池；2—水泵；3—闸阀；4—止回阀；5—水泵接合器；6—消防水箱；7—预作用报警阀组；8—配水干管；9—水流指示器；10—配水管；11—配水支管；12—闭式喷头；13—末端试水装置；14—快速排气阀；15—电动阀；16—进液阀；17—泡沫罐；18—报警控制器；19—控制阀；20—流量计；21—比例混合器；22—进水阀；23—排水阀

此系统的特点是闭式系统采用泡沫灭火剂，使自动喷水灭火系统的灭火性能强化。当采用先喷水后喷泡沫的联用方式时，前期喷水起控火作用，而后期喷泡沫可以强化灭火效果；当采用先喷泡沫后喷水的联用方式时，前期喷泡沫起灭火作用，后期喷水能够起冷却和防止复燃效果。

该系统流量系数大，水滴穿透力强，能够有效地用于高堆货垛和高架仓库、柴油发动机房、燃油锅炉房以及停车库等场所。

⑥ 重复启闭预作用系统。重复启闭预作用系统是在预作用自动喷

水灭火系统的基础上发展起来的。该系统不但能自动喷水灭火，而且可以在火灾扑灭后自动关闭系统。重复启闭预作用系统的工作原理和组成相似于预作用系统，不同之处是重复启闭预作用系统采用了一种既能够在环境恢复常温时输出灭火信号，又可输出火警信号的感温探测器。当感温探测器感应到环境的温度超出预定值时，报警并且将具有复位功能的雨淋阀打开及开启供水泵，为配水管道充水，并在喷头动作后喷水灭火。喷水的情况下，当火场温度恢复至常温时，探测器发出关停系统的信号，在按设定条件延迟喷水一段时间后停止喷水，将雨淋阀关闭。如果火灾复燃、温度再次升高时，系统则再次启动，直至彻底灭火。

重复启闭预作用系统优于其他喷水灭火系统，但是造价高，一般只适用于灭火后必须及时停止喷水，要求减少不必要水渍的建筑，如集控室、电缆间、计算机房、配电间以及电缆隧道等。

（2）开式自动喷水灭火系统

① 雨淋喷水灭火系统。雨淋系统采用开式洒水喷头，通过雨淋阀控制喷水范围，通过配套的火灾自动报警系统或者传动管系统监测火灾并且自动启动系统灭火。发生火灾时，火灾探测器把信号送到火灾报警控制器，压力开关及水力警铃一起报警，控制器输出信号将雨淋阀打开，同时启动水泵连续供水，使整个保护区内的开式喷头喷水灭火。雨淋系统可通过电气控制启动、传动管控制启动或者手动控制。如图 3-9 所示，传动管控制启动包括湿式与干式两种方法。雨淋系统具有出水量

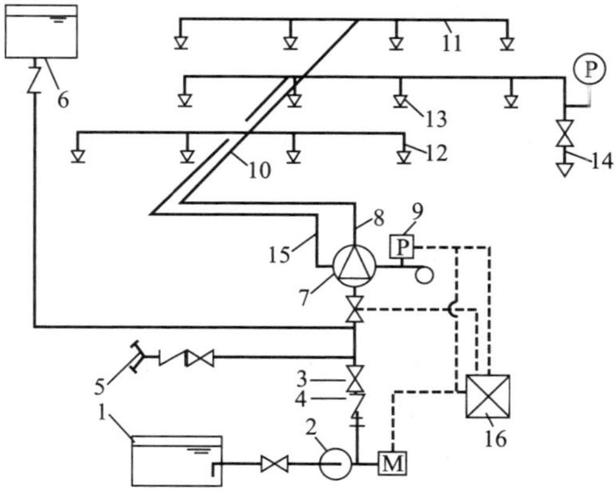

图 3-9　传动管启动雨淋系统

1—水池；2—水泵；3—闸阀；4—止回阀；5—水泵接合器；6—消防水箱；7—雨淋报警阀组；8—配水干管；9—压力开关；10—配水管；11—配水支管；12—开式洒水喷头；13—闭式喷头；14—末端试水装置；15—传动管；16—报警控制器

大和灭火及时的优点。

火灾发生时，湿（干）式导管上的喷头受热爆破，喷头出水（排气），雨淋阀控制膜室压力下降，打开雨淋阀，压力开关动作，启动水泵向系统供水。

电气启动雨淋系统如图 3-10 所示。保护区内的火灾自动报警系统探测到火灾后发出信号，打开控制雨淋阀的电磁阀，雨淋阀控制膜室压力下降，雨淋阀开启，压力开关动作，将水泵启动向系统供水。

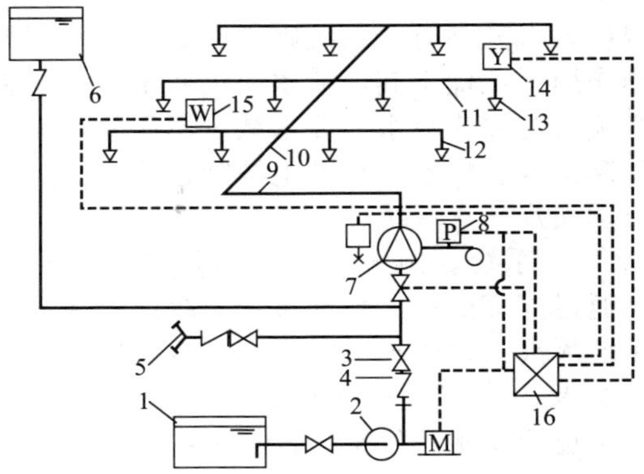

图 3-10 电动启动雨淋系统

1—水池；2—水泵；3—闸阀；4—止回阀；5—水泵接合器；6—消防水箱；7—雨淋报警阀组；8—压力开关；9—配水干管；10—配水管；11—配水支管；12—开式洒水喷头；13—闭式喷头；14—烟感探测器；15—温感探测器；16—报警控制器

② 水幕消防给水系统。如图 3-11 所示，水幕消防给水系统主要由开式喷头、水幕系统控制设备、探测报警装置、供水设备以及管网等组成。

③ 水喷雾灭火系统。水喷雾灭火系统是利用水喷雾头取代雨淋灭火系统中的干式洒水喷头而形成的。水喷雾为水在喷头内直接经历冲撞、回转及搅拌后再喷射出来的成为细微的水滴而形成的。它具有较好的冷却、窒息以及电绝缘效果，灭火效率高，可扑灭电气设备火灾、液体火灾、石油加工厂火灾，多用于变压器等，如图 3-12 所示为其系统组成。

(3) 自动喷水灭火系统的选型

① 自动喷水灭火系统的系统选型，应根据设置场所的建筑特征、环境条件、火灾特点或环境条件确定，露天场所不宜采用闭式系统。

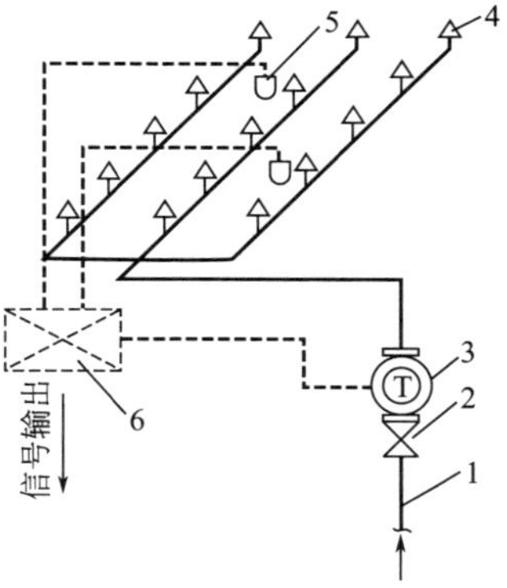

图 3-11　水幕消防给水系统

1—供水管；2—总闸阀；3—控制阀；4—水幕喷头；5—火灾探测器；6—火灾报警控制器

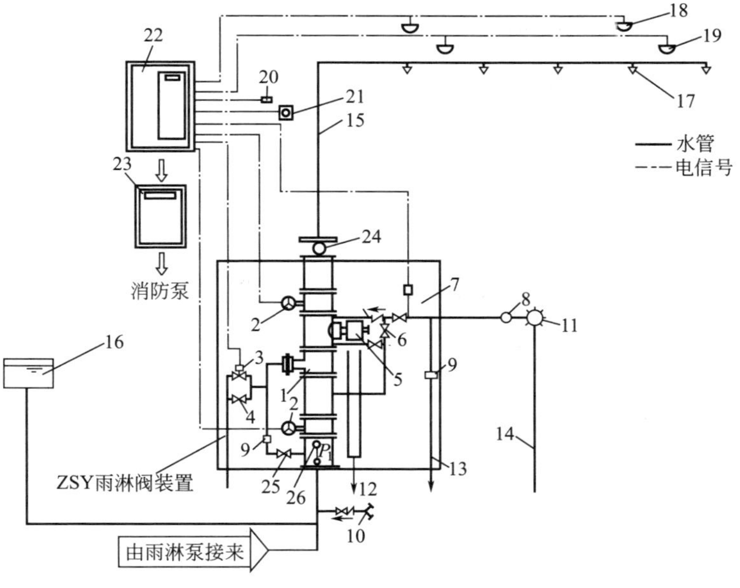

图 3-12　自动水喷雾灭火系统

1—雨淋阀；2—蝶阀；3—电磁阀；4—应急球阀；5—泄放试验阀；6—报警试验阀；7—报警止回阀；8—过滤器；9—节流孔；10—水泵接合器；11—墙内外水力警铃；12—泄放检查管排水；13—漏斗排水；14—水力警铃排水；15—配水干管（平时通大气）；16—水塔；17—中速水雾接头或高速喷射器；18—定温探测器；19—差温探测器；20—现场声报警；21—防爆遥控现场电启动器；22—报警控制器；23—联动箱；24—挠曲橡胶接头；25—截止阀；26—水压力表

② 环境温度不低于4℃且不高于70℃的场所应采用湿式系统。

③ 环境温度低于4℃或高于70℃的场所应采用干式系统。

④ 具有下列要求之一的场所应采用预作用系统：

a. 系统处于准工作状态时严禁误喷的场所；

b. 系统处于准工作状态时严禁管道充水的场所；

c. 用于替代干式系统的场所。

⑤ 灭火后必须及时停止喷水的场所，应采用重复启闭预作用系统。

⑥ 具有以下条件之一的场所，应采用雨淋系统：

a. 火灾的水平蔓延速度快、闭式喷头的开放不能及时使喷水有效覆盖着火区域；

b. 室内净空高度超过表3-2的规定，且必须迅速扑救初期火灾；

c. 火灾危险等级为严重危险Ⅱ级的场所。

表3-2　采用闭式系统场所的最大净空高度　　单位：m

<table>
<tr><th colspan="2" rowspan="2">设置场所</th><th colspan="3">喷头类型</th><th rowspan="2">场所净空高度
h/m</th></tr>
<tr><th>一个喷头的保护面积</th><th>响应时间性能</th><th>流量系数 K</th></tr>
<tr><td rowspan="5">民用建筑</td><td rowspan="2">普通场所</td><td>标准覆盖面积洒水喷头</td><td>快速响应喷头
特殊响应喷头
标准响应喷头</td><td>$K \geqslant 80$</td><td rowspan="2">$h \leqslant 8$</td></tr>
<tr><td>扩大覆盖面积洒水喷头</td><td>快速响应喷头</td><td>$K \geqslant 80$</td></tr>
<tr><td rowspan="3">高大空间场所</td><td>标准覆盖面积洒水喷头</td><td>快速响应喷头</td><td>$K \geqslant 115$</td><td rowspan="2">$8 < h \leqslant 12$</td></tr>
<tr><td colspan="3">非仓库型特殊应用喷头</td></tr>
<tr><td colspan="3">非仓库型特殊应用喷头</td><td>$12 < h \leqslant 18$</td></tr>
<tr><td colspan="2" rowspan="4">厂房</td><td>标准覆盖面积洒水喷头</td><td>特殊响应喷头
标准响应喷头</td><td>$K \geqslant 80$</td><td rowspan="2">$h \leqslant 8$</td></tr>
<tr><td>扩大覆盖面积洒水喷头</td><td>标准响应喷头</td><td>$K \geqslant 80$</td></tr>
<tr><td>标准覆盖面积洒水喷头</td><td>特殊响应喷头
标准响应喷头</td><td>$K \geqslant 115$</td><td rowspan="2">$8 < h \leqslant 12$</td></tr>
<tr><td colspan="3">非仓库型特殊应用喷头</td></tr>
<tr><td colspan="2" rowspan="3">仓库</td><td>标准覆盖面积洒水喷头</td><td>特殊响应喷头
标准响应喷头</td><td>$K \geqslant 80$</td><td>$h \leqslant 9$</td></tr>
<tr><td colspan="3">仓库型特殊应用喷头</td><td>$h \leqslant 12$</td></tr>
<tr><td colspan="3">早期抑制快速响应喷头</td><td>$h \leqslant 13.5$</td></tr>
</table>

⑦ 符合下列条件之一的场所，宜采用设置早期抑制快速响应喷头的自动喷水灭火系统。当采用早期抑制快速响应喷头时，系统应为湿式，且系统设计基本参数应符合表 3-3 的规定。

表 3-3　仓库采用早期抑制快速响应喷头的系统设计基本参数

储物类别	最大净空高度/m	最大储物高度/m	喷头流量系数 K	喷头设置方式	喷头最低工作压力/MPa	喷头最大间距/m	喷头最小间距/m	作用面积内开放的喷头数量/个
Ⅰ、Ⅱ级沥青制品、箱装不发泡塑料	9.0	7.5	202	直立型	0.35	3.7	2.4	12
				下垂型				
			242	直立型	0.25			
				下垂型				
			320	下垂型	0.20			
			363	下垂型	0.15			
	10.5	9.0	202	直立型	0.50	3.0		
				下垂型				
			242	直立型	0.35			
				下垂型				
			320	下垂型	0.25			
			363	下垂型	0.20			
	12.0	10.5	202	下垂型	0.50			
			242	下垂型	0.35			
			363	下垂型	0.30			
	13.5	12.0	363	下垂型	0.35			
袋装不发泡塑料	9.0	7.5	202	下垂型	0.50	3.7		
			242	下垂型	0.35			
			363	下垂型	0.25			
	10.5	9.0	363	下垂型	0.35	3.0		
	12.0	10.5	363	下垂型	0.40			
袋装发泡塑料	7.5	6.0	202	下垂型	0.50	3.7		
			242	下垂型	0.35			

续表

储物类别	最大净空高度/m	最大储物高度/m	喷头流量系数 K	喷头设置方式	喷头最低工作压力/MPa	喷头最大间距/m	喷头最小间距/m	作用面积内开放的喷头数量/个
袋装发泡塑料	7.5	6.0	363	下垂型	0.20	3.7	2.4	12
	9.0	7.5	202	下垂型	0.70			
			242	下垂型	0.50			
			363	下垂型	0.30			
	12.0	10.5	363	下垂型	0.50	3.0		20

a. 最大净空高度不超过 13.5m 且最大储物高度不超过 12.0m，储物类别为仓库危险级Ⅰ、Ⅱ级或沥青制品、箱装不发泡塑料的仓库及类似场所。

b. 最大净空高度不超过 12.0m 且最大储物高度不超过 10.5m，储物类别为袋装不发泡塑料、箱装发泡塑料和袋装发泡塑料的仓库及类似场所。

⑧ 符合下列条件之一的场所，宜采用设置仓库型特殊应用喷头的自动喷水灭火系统，系统设计基本参数应符合表 3-4 的规定。

表 3-4　采用仓库型特殊应用喷头的湿式系统设计基本参数

储物类别	最大净空高度/m	最大储物高度/m	喷头流量系数 K	喷头设置方式	喷头最低工作压力/MPa	喷头最大间距/m	喷头最小间距/m	作用面积内开放的喷头数量/个	持续喷水时间/h
Ⅰ、Ⅱ级	7.5	6.0	161	直立型	0.20	3.7	2.4	15	1.0
				下垂型					
			200	下垂型	0.15				
			242	直立型	0.10			12	
			363	下垂型	0.07				
				直立型	0.15				
	9.0	7.5	161	直立型	0.35			20	
				下垂型					
			200	下垂型	0.25				
			242	直立型	0.15				

续表

储物类别	最大净空高度/m	最大储物高度/m	喷头流量系数 K	喷头设置方式	喷头最低工作压力/MPa	喷头最大间距/m	喷头最小间距/m	作用面积内开放的喷头数量/个	持续喷水时间/h
Ⅰ、Ⅱ级	9.0	7.5	363	直立型	0.15	3.7	2.4	12	1.0
				下垂型	0.07				
	12.0	10.5	363	直立型	0.10	3.0		24	
				下垂型	0.20			12	
箱装不发泡塑料	7.5	6.0	161	直立型	0.35	3.7		15	
				下垂型					
			200	下垂型	0.25				
			242	直立型	0.15				
			363	直立型	0.15			12	
				下垂型	0.07				
	9.0	7.5	363	直立型	0.15				
				下垂型	0.07				
	12.0	10.5	363	下垂型	0.20	3.0			
箱装发泡塑料	7.5	6.0	161	直立型	0.35	3.7		15	
				下垂型					
			200	下垂型	0.25				
			242	直立型	0.15				
			363	直立型	0.07				
				下垂型					

a. 最大净空高度不超过 12.0m 且最大储物高度不超过 10.5m，储物类别为仓库危险级Ⅰ、Ⅱ级或箱装不发泡塑料的仓库及类似场所。

b. 最大净空高度不超过 7.5m 且最大储物高度不超过 6.0m，储物类别为袋装不发泡塑料和箱装发泡塑料的仓库及类似场所。

⑨ 建筑物中保护局部场所的干式系统、预作用系统、雨淋系统、自动喷水-泡沫联用系统，可串联接入同一建筑物内湿式系统，并应与其配水干管连接。

⑩ 自动喷水灭火系统应有下列组件、配件和设施。

a. 应设有洒水喷头、报警阀组、水流报警装置等组件和末端试水装置，以及管道、供水设施。

b. 控制管道静压的区段宜分区供水或设减压阀，控制管道动压的区段宜设减压孔板或节流管。

c. 应设有泄水阀（或泄水口）、排气阀（或排气口）和排污口。

d. 干式系统和预作用系统的配水管道应设快速排气阀。有压充气管道的快速排气阀入口前应设电动阀。

⑪ 防护冷却水幕应直接将水喷向被保护对象；防火分隔水幕不宜用于尺寸超过15m（宽）×8m（高）的开口（舞台口除外）。

3.3.2 自动喷水灭火系统安装

（1）管网的安装

① 管网采用钢管时，其材质应符合《输送流体用无缝钢管》（GB/T 8163—2018）和《低压流体输送用焊接钢管》（GB/T 3091—2015）的要求。

② 管网采用不锈钢管时，其材质应符合《流体输送用不锈钢焊接钢管》（GB/T 12771—2019）和《不锈钢卡压式管件连接用薄壁不锈钢管》（GB/T 19228.2—2011）的要求。

③ 管网采用铜管道时，其材质应符合《无缝铜水管和铜气管》（GB/T 18033—2017）、《铜管接头　第1部分：钎焊式管件》（GB/T 11618.1—2008）和《铜管接头　第2部分：卡压式管件》（GB/T 11618.2—2008）的要求。

④ 管网采用涂覆钢管时，其材质应符合《自动喷水灭火系统　第20部分　涂覆钢管》（GB 5135.20—2010）的要求。

⑤ 管网采用氯化聚氯乙烯（PVC-C）管道时，其材质应符合《自动喷水灭火系统　第19部分　塑料管道及管件》（GB 5135.19—2010）的要求。

⑥ 管道连接后不应减小过水横断面面积。热镀锌钢管、涂覆钢管安装应采用螺纹、沟槽式管件或法兰连接。

⑦ 薄壁不锈钢管安装应采用环压、卡凸式、卡压、沟槽式、法兰等连接。

⑧ 铜管安装应采用钎焊、卡套、卡压、沟槽式等连接。

⑨ 氯化聚氯乙烯（PVC-C）管材与PVC-C管件应采用承插式粘接连接；PVC-C管材与法兰式管道、阀门及管件，应采用PVC-C法兰与其他材质法兰对接连接；PVC-C管材与螺纹式管道、阀门及管件，应

采用内丝接头的注塑管件螺纹连接；PVC-C 管材与沟槽式（卡箍）管道、阀门及管件，应采用沟槽（卡箍）注塑管件连接。

⑩ 管网安装前应校直管道，并清除管道内部的杂物；在具有腐蚀性的场所，安装前应按设计要求对管道、管件等进行防腐处理；安装时应随时清除管道内部的杂物。

⑪ 沟槽式管件连接应符合下列规定。

a. 选用的沟槽式管件应符合《自动喷水灭火系统　第 11 部分：沟槽式管接件》(GB 5135.11—2006) 的要求，其材质应为球墨铸铁，并应符合《球墨铸铁件》(GB/T 1348—2019) 的要求；橡胶密封圈的材质应为 EPDM（三元乙丙橡胶），并应符合《金属管道系统快速管接头的性能要求和试验方法》(ISO 6182—12) 的要求。

b. 沟槽式管件连接时，其管道连接沟槽和开孔应月专用滚槽机和开孔机加工，并应做防腐处理；连接前应检查沟槽和孔洞尺寸，加工质量应符合技术要求；沟槽、孔洞处不得有毛刺、破损性裂纹和脏物。

c. 橡胶密封圈应无破损和变形。

d. 沟槽式管件的凸边应卡进沟槽后再紧固螺栓，两边应同时紧固，紧固时发现橡胶圈起皱应更换新的橡胶圈。

e. 机械三通连接时，应检查机械三通与孔洞的间隙，各部位应均匀，然后紧固到位；机械三通开孔间距不应小于 500mm，机械四通开孔间距不应小于 1000mm；机械三通、机械四通连接时支管的口径应满足表 3-5 的规定。

表 3-5　采用支管接头（机械三通、机械四通）时支管的最大允许管径

单位：mm

主管公称直径 *DN*		50	65	80	100	125	150	200	250	300
支管公称直径 *DN*	机械三通	25	40	40	65	80	100	100	100	100
	机械四通	—	32	40	50	65	80	100	100	100

f. 配水干管（立管）与配水管（水平管）连接，应采用沟槽式管件，不应采用机械三通。

g. 埋地的沟槽式管件的螺栓、螺母应做防腐处理。水泵房内的埋地管道连接应采用挠性接头。

⑫ 螺纹连接应符合下列要求。

a. 管道宜采用机械切割，切割面不得有飞边、毛刺；管道螺纹密封面应符合《普通螺纹　基本尺寸》（GB/T 196—2003）、《普通螺纹　公差》（GB/T 197—2018）和《普通螺纹　管路系列》（GB/T 1414—2013）的有关规定。

b. 当管道变径时，宜采用异径接头；在管道弯头处不宜采用补芯，当需要采用补芯时，三通上可用 1 个，四通上不应超过 2 个；公称直径大于 50mm 的管道不宜采用活接头。

c. 螺纹连接的密封填料应均匀附着在管道的螺纹部分；拧紧螺纹时，不得将填料挤入管道内；连接后，应将连接处外部清理干净。

⑬ 法兰连接可采用焊接法兰或螺纹法兰。焊接法兰焊接处应做防腐处理，并宜重新镀锌后再连接。焊接应符合《工业金属管道工程施工及验收规范》（GB 50235—2010）、《现场设备、工业管道焊接工程施工及验收规范》（GB 50236—2011）的有关规定。螺纹法兰连接应预测对接位置，清除外露密封填料后再紧固、连接。

⑭ 管道的安装位置应符合设计要求。当设计无要求时，管道的中心线与梁、柱、楼板等的最小距离应符合表 3-6 的规定。公称直径大于或等于 100mm 的管道其距离顶板、墙面的安装距离不宜小于 200mm。

表 3-6　管道的中心线与梁、柱、楼板的最小距离 单位：mm

公称直径	25	32	40	50	70	80	100	125	150	200	250	300
距离	40	40	50	60	70	80	100	125	150	200	250	300

⑮ 管道支架、吊架、防晃支架的安装应符合下列要求。

a. 管道应固定牢固；管道支架或吊架之间的距离不应大于表 3-7～表 3-11 的规定。

表 3-7　镀锌钢管道、涂覆钢管道支架或吊架之间的距离

公称直径/mm	25	32	40	50	70	80	100	125	150	200	250	300
距离/m	3.5	4.0	4.5	5.0	6.0	6.0	6.5	7.0	8.0	9.5	11.0	12.0

表 3-8　不锈钢管道之间或吊架之间的距离

公称直径 DN/mm	25	32	40	50～100	150～300
水平管/m	1.8	2.0	2.2	2.5	3.5
立管/m	2.2	2.5	2.8	3.0	4.0

注：1. 在距离各管件或阀门 100mm 以内应采用管卡牢固固定，特别在干管变支管处。
2. 阀门等组件应加设承重支架。

表 3-9　铜管道的支架或吊架之间的距离

公称直径 DN/mm	25	32	40	50	65	80	100	125	150	200	250	300
水平管/m	1.8	2.4	2.4	2.4	3.0	3.0	3.0	3.0	3.5	3.5	4.0	4.0
立管/m	2.4	3.0	3.0	3.0	3.5	3.5	3.5	3.5	4.0	4.0	4.5	4.5

表 3-10　氯化聚氯乙烯（PVC-C）管道支架或吊架之间的距离

公称外径/mm	25	32	40	50	65	80
最大间距/m	1.8	2.0	2.1	2.4	2.7	3.0

表 3-11　沟槽连接管道最大支承间距

公称直径/mm	最大支承间距/m
65～100	3.5
125～200	4.2
250～315	5.0

注：1. 横管的任何两个接头之间都应有支承。
2. 不得支承在接头上。

b. 管道支架、吊架、防晃支架的型式、材质、加工尺寸及焊接质量等，应符合设计要求和国家现行有关标准的规定。

c. 管道支架、吊架的安装位置不应妨碍喷头的喷水效果；管道支架、吊架与喷头之间的距离不宜小于 300mm；与末端喷头之间的距离不宜大于 750mm。

d. 配水支管上每一直管段、相邻两喷头之间的管段设置的吊架均不宜少于 1 个，吊架的间距不宜大于 3.6m。

e. 当管道的公称直径等于或大于 50mm 时，每段配水干管或配水管设置防晃支架不应少于 1 个，且防晃支架的间距不宜大于 15m；当管道改变方向时，应增设防晃支架。

f. 竖直安装的配水干管除中间用管卡固定外，还应在其始端和终端设防晃支架或采用管卡固定，其安装位置距地面或楼面的距离宜为 1.5～1.8m。

⑯ 管道穿过建筑物的变形缝时，应采取抗变形措施。穿过墙体或楼板时应加设套管，套管长度不得小于墙体厚度，穿过楼板的套管其顶部应高出装饰地面 20mm；穿过卫生间或厨房楼板的套管，其顶部应高

出装饰地面 50mm，且套管底部应与楼板底面相平。套管与管道的间隙应采用不燃材料填塞密实。

⑰ 管道横向安装宜设 0.2%～0.5%的坡度，且应坡向排水管；当局部区域难以利用排水管将水排净时，应采取相应的排水措施。当喷头数量小于或等于 5 个时，可在管道低凹处加设堵头；当喷头数量大于 5 个时，宜装设带阀门的排水管。

⑱ 配水干管、配水管应做红色或红色环圈标志。红色环圈标志，宽度不应小于 20mm，间隔不宜大于 4m，在一个独立的单元内环圈不宜少于 2 处。

⑲ 管网在安装中断时，应将管道的敞口封闭。

⑳ 涂覆钢管的安装应符合下列有关规定：

a. 涂覆钢管严禁剧烈撞击或与尖锐物品碰触，不得抛、摔、滚、拖；

b. 不得在现场进行焊接操作；

c. 涂覆钢管与铜管、PVC-C 管连接时应采用专用过渡接头。

㉑ 不锈钢管的安装应符合下列有关规定。

a. 薄壁不锈钢管与其他材料的管材、管件和附件相连接时，应有防止电化学腐蚀的措施。

b. 公称直径为 25～50mm 的薄壁不锈钢管道与其他材料的管道，应采用专用螺纹转换连接件（如环压或卡压式不锈钢管的螺纹转换接头）连接。

c. 公称直径为 65～100mm 的薄壁不锈钢管道与其他材料的管道，宜采用专用法兰转换连接件连接。

d. 公称直径≥125mm 的薄壁不锈钢管道与其他材料的管道，宜采用沟槽式管件连接或法兰连接。

㉒ 铜管的安装应符合下列有关规定。

a. 硬钎焊可用于各种规格铜管与管件的连接；对管径不大于 *DN*50mm、需拆卸的铜管可采用卡套连接；管径不大于 *DN*50mm 的铜管可采用卡压连接；管径不小于 *DN*50mm 的铜管可采用沟槽连接。

b. 管道支承件宜采用铜合金制品。当采用钢件支架时，管道与支架之间应设软性隔垫，隔垫不得对管道产生腐蚀。

c. 当沟槽连接件为非铜材质时，其接触面应采取必要的防腐措施。

㉓ PVC-C 管道的安装应符合下列有关规定。

a. PVC-C 管材与 PVC-C 管件，应采用承插式粘接连接；氯化聚氯乙烯（PVC-C）管材与法兰式管道、阀门及管件，应采用氯化聚氯乙烯（PVC-C）法兰与其他材质法兰对接连接；氯化聚氯乙烯（PVC-C）管材与螺纹式管道、阀门及管件，应采用内丝接头的注塑管件螺纹连接；氯化聚氯乙烯（PVC-C）管材与沟槽式（卡箍）管道、阀门及管件，应采用沟槽（卡箍）注塑管件连接。

b. 粘接连接应选用与管材、管件相兼容的粘接剂，粘接连接宜在4～38℃的环境温度下操作，接头粘接不得在雨中或水中施工，并应远离火源，避免阳光直射。

㉔ 消防洒水软管的安装应符合下列有关规定。

a. 消防洒水软管出水口的螺纹应和喷头的螺纹标准一致。

b. 消防洒水软管安装弯曲时应大于软管标记的最小弯曲半径。

c. 消防洒水软管应安装相应的支架系统进行固定，确保连接喷头处锁紧。

d. 消防洒水软管波纹段与接头处60mm之内不得弯曲。

e. 应用在洁净室区域的消防洒水软管应采用全不锈钢材料制作的编织网型式焊接软管，不得采用橡胶圈密封的组装型式的软管。

f. 应用在风烟管道处的消防洒水软管应采用全不锈钢材料制作的编织网型式焊接型软管，且应安装配套防火底座和与喷头响应温度对应的自熔密封塑料袋。

（2）喷头的安装

① 喷头安装应在系统试压、冲洗合格后进行。

② 喷头安装时，不得对喷头进行拆装、改动，并严禁给喷头附加任何装饰性涂层。

③ 喷头安装应使用专用扳手，严禁利用喷头的框架施拧；喷头的框架、溅水盘产生变形或释放原件损伤时，应采用规格、型号相同的喷头更换。

④ 安装在易受机械损伤处的喷头，应加设喷头防护罩。

⑤ 喷头安装时，溅水盘与吊顶、门、窗、洞口或障碍物的距离应符合设计要求。

⑥ 安装前检查喷头的型号、规格，使用场所应符合设计要求。系统采用隐蔽式喷头时，配水支管的标高和吊顶的开口尺寸应进行准确控制。

⑦ 当喷头的公称直径小于10mm时，应在配水干管或配水管上安装过滤器。

⑧ 当喷头溅水盘高于附近梁底或高于宽度小于1.2m的通风管道、

排管、桥架腹面时，喷头溅水盘高于梁底、通风管道、排管、桥架腹面的最大垂直距离应符合表 3-12～表 3-20 中的规定（图 3-13）。

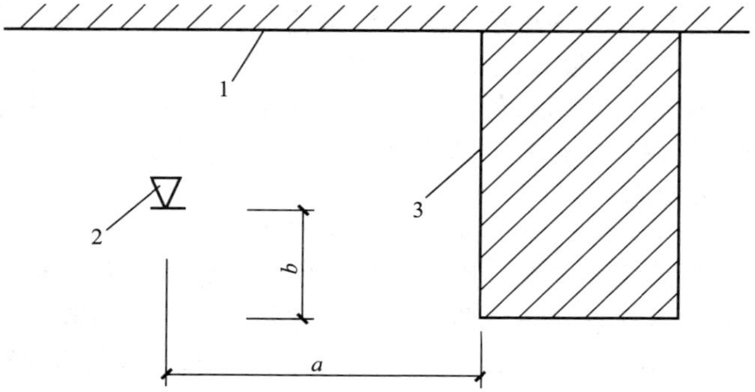

图 3-13　喷头与梁等障碍物的距离
1—顶棚或屋顶；2—喷头；3—障碍物

表 3-12　喷头溅水盘高于梁底、通风管道腹面的最大垂直距离（直立与下垂喷头）

单位：mm

喷头与梁、通风管道、排管、桥架的水平距离 a/mm	喷头溅水盘高于梁底、通风管道、排管、桥架腹面的最大垂直距离 b/mm
$a<300$	0
$300\leqslant a<600$	60
$600\leqslant a<900$	140
$900\leqslant a<1200$	240
$1200\leqslant a<1500$	350
$1500\leqslant a<1800$	450
$1800\leqslant a<2100$	600
$a\geqslant 2100$	880

表 3-13　喷头溅水盘高于梁底、通风管道腹面的最大垂直距离

（边墙型喷头，与障碍物平行）　　单位：mm

喷头与梁、通风管道、排管、桥架的水平距离 a	喷头溅水盘高于梁底、通风管道、排管、桥架腹面的最大垂直距离 b
$a<300$	30

续表

喷头与梁、通风管道、排管、桥架的水平距离 a	喷头溅水盘高于梁底、通风管道、排管、桥架腹面的最大垂直距离 b
$300 \leqslant a < 600$	80
$600 \leqslant a < 900$	140
$900 \leqslant a < 1200$	200
$1200 \leqslant a < 1500$	250
$1500 \leqslant a < 1800$	320
$1800 \leqslant a < 2100$	380
$2100 \leqslant a < 2250$	440

表 3-14　喷头溅水盘高于梁底、通风管道腹面的最大垂直距离

（边墙型喷头，与障碍物垂直）　　单位：mm

喷头与梁、通风管道、排管、桥架的水平距离 a	喷头溅水盘高于梁底、通风管道、排管、桥架腹面的最大垂直距离 b
$a < 1200$	不允许
$1200 \leqslant a < 1500$	130
$1500 \leqslant a < 1800$	150
$1800 \leqslant a < 2100$	100
$2100 \leqslant a < 2400$	180
$a \geqslant 2400$	280

表 3-15　喷头溅水盘高于梁底、通风管道腹面的最大垂直距离

（扩大覆盖面直立与下垂喷头）　　单位：mm

喷头与梁、通风管道、排管、桥架的水平距离 a	喷头溅水盘高于梁底、通风管道、排管、桥架腹面的最大垂直距离 b
$a < 300$	0
$300 \leqslant a < 600$	0
$600 \leqslant a < 900$	30

续表

喷头与梁、通风管道、排管、桥架的水平距离 a	喷头溅水盘高于梁底、通风管道、排管、桥架腹面的最大垂直距离 b
$900 \leqslant a < 1200$	80
$1200 \leqslant a < 1500$	130
$1500 \leqslant a < 1800$	180
$1800 \leqslant a < 2100$	230
$2100 \leqslant a < 2400$	350
$2400 \leqslant a < 2700$	380
$2700 \leqslant a < 3000$	480

表 3-16　喷头溅水盘高于梁底、通风管道腹面的最大垂直距离
（扩大覆盖面边墙型喷头，与障碍物平行）　　单位：mm

喷头与梁、通风管道、排管、桥架的水平距离 a	喷头溅水盘高于梁底、通风管道、排管、桥架腹面的最大垂直距离 b
$a < 450$	0
$450 \leqslant a < 900$	30
$900 \leqslant a < 1200$	80
$1200 \leqslant a < 1350$	130
$1350 \leqslant a < 1800$	180
$1800 \leqslant a < 1950$	230
$1950 \leqslant a < 2100$	280
$2100 \leqslant a < 2250$	350

表 3-17　喷头溅水盘高于梁底、通风管道腹面的最大垂直距离
（扩大覆盖面边墙型喷头，与障碍物垂直）　　单位：mm

喷头与梁、通风管道、排管、桥架的水平距离 a	喷头溅水盘高于梁底、通风管道、排管、桥架腹面的最大垂直距离 b
$a < 2400$	不允许

续表

喷头与梁、通风管道、排管、桥架的水平距离 a	喷头溅水盘高于梁底、通风管道、排管、桥架腹面的最大垂直距离 b
$2400 \leqslant a < 3000$	30
$3000 \leqslant a < 3300$	50
$3300 \leqslant a < 3600$	80
$3600 \leqslant a < 3900$	100
$3900 \leqslant a < 4200$	150
$4200 \leqslant a < 4500$	180
$4500 \leqslant a < 4800$	230
$4800 \leqslant a < 5100$	280
$a \geqslant 5100$	350

表 3-18　喷头溅水盘高于梁底、通风管道腹面的最大垂直距离（特殊应用喷头）　单位：mm

喷头与梁、通风管道、排管、桥架的水平距离 a	喷头溅水盘高于梁底、通风管道、排管、桥架腹面的最大垂直距离 b
$a < 300$	0
$300 \leqslant a < 600$	40
$600 \leqslant a < 900$	140
$900 \leqslant a < 1200$	250
$1200 \leqslant a < 1500$	380
$1500 \leqslant a < 1800$	550
$a \geqslant 1800$	780

表 3-19　喷头溅水盘高于梁底、通风管道腹面的最大垂直距离（ESFR 喷头）　单位：mm

喷头与梁、通风管道、排管、桥架的水平距离 a	喷头溅水盘高于梁底、通风管道、排管、桥架腹面的最大垂直距离 b
$a < 300$	0

续表

喷头与梁、通风管道、排管、桥架的水平距离 a	喷头溅水盘高于梁底、通风管道、排管、桥架腹面的最大垂直距离 b
$300 \leqslant a < 600$	40
$600 \leqslant a < 900$	140
$900 \leqslant a < 1200$	250
$1200 \leqslant a < 1500$	380
$1500 \leqslant a < 1800$	550
$a \geqslant 1800$	780

表 3-20　喷头溅水盘高于梁底、通风管道腹面的最大垂直距离
（直立和下垂型家用喷头）　单位：mm

喷头与梁、通风管道、排管、桥架的水平距离 a	喷头溅水盘高于梁底、通风管道、排管、桥架腹面的最大垂直距离 b
$a < 450$	0
$450 \leqslant a < 900$	30
$900 \leqslant a < 1200$	80
$1200 \leqslant a < 1350$	130
$1350 \leqslant a < 1800$	180
$1800 \leqslant a < 1950$	230
$1950 \leqslant a < 2100$	280
$a \geqslant 2100$	350

⑨ 当梁、通风管道、排管、桥架宽度大于 1.2m 时，增设的喷头应安装在其腹面以下部位。

⑩ 当喷头安装在不到顶的隔断附近时，喷头与隔断的水平距离和最小垂直距离应符合表 3-21 中的规定（图 3-14）。

表 3-21　喷头与隔断的水平距离和最小垂直距离　单位：mm

喷头与隔断的水平距离 a	喷头与隔断的最小垂直距离 b
$a < 150$	80
$150 \leqslant a < 300$	150

续表

喷头与隔断的水平距离 a	喷头与隔断的最小垂直距离 b
$300 \leqslant a < 450$	240
$450 \leqslant a < 600$	310
$600 \leqslant a < 750$	390
$a \geqslant 750$	450

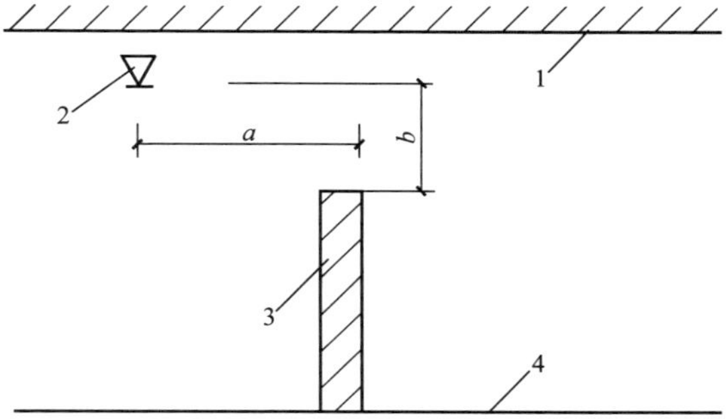

图 3-14　喷头与隔断障碍物的距离

1—顶棚或屋顶；2—喷头；3—障碍物；4—地板

⑪ 下垂式早期抑制快速响应（ESFR）喷头溅水盘与顶板的距离应为 150～360mm。直立式早期抑制快速响应（ESFR）喷头溅水盘与顶板的距离应为 100～150mm。

⑫ 顶板处的障碍物与任何喷头的相对位置，应使喷头到障碍物底部的垂直距离（H）以及到障碍物边缘的水平距离（L）满足如图 3-15 所示的要求。当无法满足要求时，应满足下列要求之一。

a. 当顶板处实体障碍物宽度不大于 0.6m 时，应在障碍物的两侧都安装喷头，且两侧喷头到该障碍物的水平距离不应大于所要求喷头间距的一半。

b. 对顶板处非实体的建筑构件，喷头与构件侧缘应保持不小于 0.3m 的水平距离。

⑬ 早期抑制快速响应（ESFR）喷头与喷头下障碍物的距离应满足如图 3-15 所示的要求。当无法满足要求时，喷头下障碍物的宽度与位置应满足表 3-22 的规定。

⑭ 直立式早期抑制快速响应（ESFR）喷头下的障碍物，满足下列任意要求时，可以忽略不计。

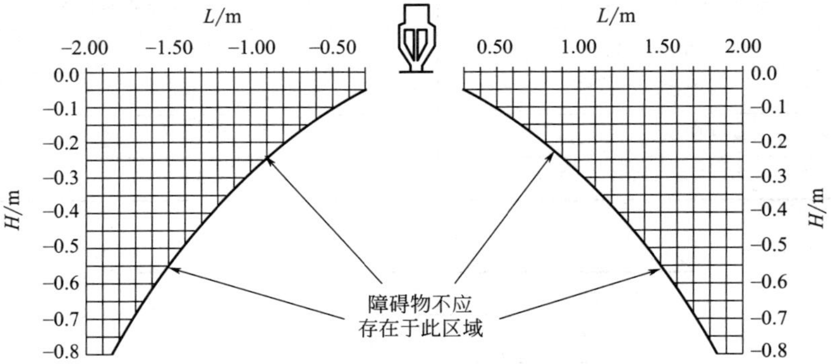

图 3-15　喷头与障碍物的相对位置

表 3-22　喷头下障碍物的宽度与位置

喷头下障碍物宽度 W/cm	障碍物位置或其他要求	
	障碍物边缘距喷头溅水盘最小允许水平距离 L/m	障碍物顶端距喷头溅水盘最小允许垂直距离 H/m
$W \leqslant 2$	任意	0.1
$2 < W \leqslant 5$	任意	0.6
	0.3	任意
$5 < W \leqslant 30$	0.3	任意
$30 < W \leqslant 60$	0.6	任意
$W \geqslant 60$	障碍物位置任意。障碍物以下应加装同类喷头，喷头最大间距应为 2.4m。若障碍物底面不是平面（例如圆形风管）或不是实体（例如一组电缆），应在障碍物下安装一层宽度相同或稍宽的不燃平板，再按要求在这层平板下安装喷头	

a. 腹部通透的屋面托架或桁架，其下弦宽度或直径不大于 10cm。

b. 其他单独的建筑构件，其宽度或直径不大于 10cm。

c. 单独的管道或线槽等，其宽度或直径不大于 10cm，或者多根管道或线槽，总宽度不大于 10cm。

（3）报警阀组安装

① 报警阀组的安装应在供水管网试压、冲洗合格后进行。安装时

应先安装水源控制阀、报警阀，然后进行报警阀辅助管道的连接。水源控制阀、报警阀与配水干管的连接，应使水流方向一致。报警阀组安装的位置应符合设计要求；当设计无要求时，报警阀组应安装在便于操作的明显位置，距室内地面高度宜为 1.2m，两侧与墙的距离不应小于 0.5m，正面与墙的距离不应小于 1.2m，报警阀组凸出部位之间的距离不应小于 0.5m。安装报警阀组的室内地面应有排水设施，排水能力应能满足报警阀调试，验收和利用试水阀门泄空系统管道的要求。

② 报警阀组附件的安装应符合的要求

a. 压力表应安装在报警阀上便于观测的位置。

b. 排水管和试验阀应安装在便于操作的位置。

c. 水源控制阀安装应便于操作，且应有明显开闭标志和可靠的锁定设施。

③ 湿式报警阀组的安装应符合的要求

a. 应使报警阀前后的管道中能顺利充满水；压力波动时，水力警铃不应发生误报警。

b. 报警水流通路上的过滤器应安装在延迟器前，且便于排渣操作的位置。

④ 干式报警阀组的安装应符合的要求

a. 应安装在不发生冰冻的场所。

b. 安装完成后，应向报警阀气室注入高度为 50～100mm 的清水。

c. 充气连接管接口应在报警阀气室充注水位以上部位，且充气连接管的直径不应小于 15mm；止回阀、截止阀应安装在充气连接管上。

d. 气源设备的安装应符合设计要求和国家现行有关标准的规定。

e. 安全排气阀应安装在气源与报警阀之间，且应靠近报警阀。

f. 加速器应安装在靠近报警阀的位置，且应有防止水进入加速器的措施。

g. 低气压预报警装置应安装在配水干管一侧。

h. 以下部位应安装压力表：报警阀充水一侧和充气一侧；空气压缩机的气泵和储气罐上；加速器上。

i. 管网充气压力应符合设计要求。

⑤ 雨淋阀组的安装应符合的要求

a. 雨淋阀组可采用电动开启、传动管开启或手动开启，开启控制装置的安装应安全可靠。水传动管的安装应符合湿式系统有关要求。

b. 预作用系统雨淋阀组后的管道若需充气，其安装应按干式报警阀组有关要求进行。

c. 雨淋阀组的观测仪表和操作阀门的安装位置应符合设计要求，并应便于观测和操作。

d. 雨淋阀组手动开启装置的安装位置应符合设计要求，且在发生火灾时应能安全开启和便于操作。

e. 压力表应安装在雨淋阀的水源一侧。

（4）其他组件安装

① 主控项目

a. 水流指示器的安装应符合的要求。

ⓐ 水流指示器的安装应在管道试压和冲洗合格后进行，水流指示器的规格、型号应符合设计要求。

ⓑ 水流指示器应使电气元件部位竖直安装在水平管道上侧，其动作方向应和水流方向一致；安装后的水流指示器桨片、膜片应动作灵活，不应与管壁发生碰擦。

b. 控制阀的规格、型号和安装位置均应符合设计要求；安装方向应正确，控制阀内应清洁、无堵塞、无渗漏；主要控制阀应加设启闭标志；隐蔽处的控制阀应在明显处设有指示其位置的标志。

c. 压力开关应竖直安装在通往水力警铃的管道上，且不应在安装中拆装改动。管网上的压力控制装置的安装应符合设计要求。

d. 水力警铃应安装在公共通道或值班室附近的外墙上，且应安装检修、测试用的阀门。水力警铃和报警阀的连接应采用热镀锌钢管，当镀锌钢管的公称直径为 20mm 时，其长度不宜大于 20m；安装后的水力警铃启动时，警铃声强度应不小于 70dB。

e. 末端试水装置和试水阀的安装位置应便于检查、试验，并应有相应排水能力的排水设施。

② 一般项目

a. 信号阀应安装在水流指示器前的管道上，与水流指示器之间的距离不宜小于 300mm。

b. 排气阀的安装应在系统管网试压和冲洗合格后进行；排气阀应安装在配水干管顶部、配水管的末端，且应确保无渗漏。

c. 节流管和减压孔板的安装应符合设计要求。

d. 压力开关、信号阀、水流指示器的引出线应用防水套管锁定。

e. 减压阀的安装应符合的要求

ⓐ 减压阀安装应在供水管网试压、冲洗合格后进行。

ⓑ 减压阀安装前应检查：其规格型号应与设计相符；阀外控制管路及导向阀各连接件不应有松动；外观应无机械损伤，并应清除阀内

异物。

ⓒ 减压阀水流方向应与供水管网水流方向一致。

ⓓ 应在进水侧安装过滤器，并宜在其前后安装控制阀。

ⓔ 可调式减压阀宜水平安装，阀盖应向上。

ⓕ 比例式减压阀宜垂直安装；当水平安装时，单呼吸孔减压阀的孔口应向下，双呼吸孔减压阀其孔口应呈水平位置。

ⓖ 安装自身不带压力表的减压阀时，应在其前后相邻部位安装压力表。

f. 多功能水泵控制阀的安装应符合的要求

ⓐ 安装应在供水管网试压、冲洗合格后进行。

ⓑ 在安装前应检查：其规格型号应与设计相符；主阀各部件应完好；紧固件应齐全，无松动；各连接管路应完好，接头紧固；外观应无机械损伤，并应清除阀内异物。

ⓒ 水流方向应与供水管网水流方向一致。

ⓓ 出口安装其他控制阀时应保持一定间距，以便于维修和管理。

ⓔ 宜水平安装，且阀盖向上。

ⓕ 安装自身不带压力表的多功能水泵控制阀时，应在其前后相邻部位安装压力表。

ⓖ 进口端不宜安装柔性接头。

g. 倒流防止器的安装应符合的要求

ⓐ 应在管道冲洗合格以后进行。

ⓑ 不应在倒流防止器的进口前安装过滤器或者使用带过滤器的倒流防止器。

ⓒ 宜安装在水平位置，当竖直安装时，排水口应配备专用弯头。倒流防止器宜安装在便于调试和维护的位置。

ⓓ 倒流防止器两端应分别安装闸阀，而且至少有一端应安装挠性接头。

ⓔ 倒流防止器上的泄水阀不宜反向安装，泄水阀应采取间接排水方式，其排水管不应直接与排水管（沟）连接。

ⓕ 安装完毕后，首次启动使用时，应关闭出水闸阀，缓慢打开进水闸阀，待阀腔充满水后，缓慢打开出水闸阀。

（5）常见雨淋阀组安装错误。下面利用实例介绍常见雨淋阀组安装错误。

常见的角型隔膜式雨淋阀组组件安装错误如图 3-16 所示。该图中漏掉了雨淋阀组的三大装置。

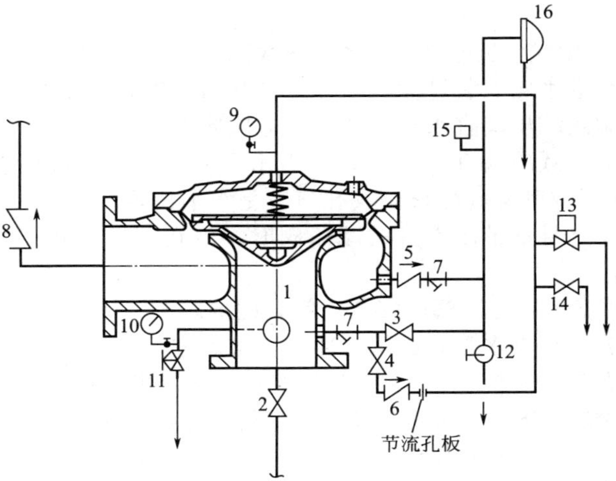

图 3-16　常见的角型隔膜式雨淋阀组组件安装错误

1—角型隔膜式雨淋阀；2—水源控制阀；3—试警铃阀；4—平衡阀；5—止回阀（在报警回路上）；6—止回阀（在平衡回路上）；7—过滤器；8—止回阀（在主出口管道上）；9—压力表（传动腔）；10—压力表（水源腔）；11—主排水阀；12—滴水球阀；13—电磁阀；14—应急手动阀；15—压力开关；16—水力警铃

① 未安装试验回流装置。对于开式自动喷水灭火系统采用雨淋阀组控制时，如果没有条件在低水压下利用滴水球阀做脱扣试验时，均应安装试验回流装置；在进行脱扣试验和消防泵联动试验时，只需关闭雨淋阀组出口的试验阀，开启阀组出口短管上的旁路回流阀，即可进行试验，否则开式系统一经安装永远无法进行阀组动作试验。某些大型剧场的主舞台雨淋灭火系统，就由于无此试验装置而无法进行阀组的动作试验，其中一个剧场因为担心雨淋阀长期不动作会“粘死”而贸然试验，最终造成水淹舞台。

其试验回流装置见图 3-17 中的试验阀 17 和回流阀 19。

② 缺少启动注水装置。当角型隔膜式雨淋阀在系统启用时，首先要向传动腔充水建立压力，然后开启水源控制阀 2 向阀的水源侧腔充水，否则角型隔膜阀就会在充水时“浮动”，水会进入管网导致水渍损失，因此必须先关闭水源控制控制阀 2，打开启动注水阀 20，从水源控制阀上游引水，注入传动腔，待传动腔压力与水源压力一致后，才缓慢开启水源控阀 2，再将启动注水阀 20 关闭。所以对角型隔膜式雨淋阀，启动注水装置是不可缺少的。图 3-17 中启动注水阀 20 和过滤器 21 为启动注水装置。

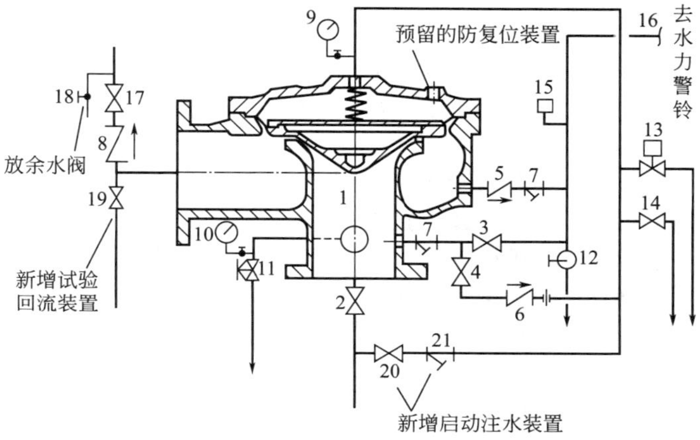

图 3-17　改正后的雨淋阀组件安装图

1—角型隔膜式雨淋阀；2—水源控制阀；3—试警铃阀；4—平衡阀；5—止回阀（在报警回路上）；6—止回阀（在平衡回路上）；7—过滤器；8—止回阀（在主出口管道上）；9—压力表（传动腔）；10—压力表（水源腔）；11—主排水阀；12—滴水球阀；13—电磁阀；14—应急手动阀；15—压力开关；16—水力警铃；17—试验阀；18—放余水阀；19—回流阀；20—启动注水阀；21—过滤器

③ 缺少防复位装置。将角型隔膜式雨淋阀用于除重复启闭预作用系统之外的其他系统时，应加装水力防复位装置，以避免电磁阀动作后，由于故障而自行关闭，使传动腔重新升压而使主阀瓣关闭，造成系统侧管网断水。电磁阀开启后在控制上应有保持装置。

3.3.3 自动喷水灭火系统的控制

（1）一般规定

① 湿式系统、干式系统应由消防水泵出水干管上设置的压力开关、高位消防水箱出水管上的流量开关和报警阀组压力开关直接自动启动消防水泵。

② 预作用系统应由火灾自动报警系统、消防水泵出水干管上设置的压力开关、高位消防水箱出水管上的流量开关和报警阀组压力开关直接自动启动消防水泵。

③ 雨淋系统和自动控制的水幕系统，消防水泵的自动启动方式应符合下列要求：

a. 当采用火灾自动报警系统控制雨淋报警阀时，消防水泵应由火灾自动报警系统、消防水泵出水干管上设置的压力开关、高位消防水箱出水管上的流量开关和报警阀组压力开关直接自动启动；

b. 当采用充液（水）传动管控制雨淋报警阀时，消防水泵应由消防水泵出水干管上设置的压力开关、高位消防水箱出水管上的流量开关和报警阀组压力开关直接启动。

④ 消防水泵除具有自动控制启动方式外，还应具备下列启动方式：

a. 消防控制室（盘）远程控制；

b. 消防水泵房现场应急操作。

⑤ 预作用装置的自动控制方式可采用仅有火灾自动报警系统直接控制，或由火灾自动报警系统和充气管道上设置的压力开关控制，并应符合下列要求：

a. 处于准工作状态时严禁误喷的场所，宜采用仅有火灾自动报警系统直接控制的预作用系统；

b. 处于准工作状态时严禁管道充水的场所和用于替代干式系统的场所，宜由火灾自动报警系统和充气管道上设置的压力开关控制的预作用系统。

⑥ 雨淋报警阀的自动控制方式可采用电动、液（水）动或气动。当雨淋报警阀采用充液（水）传动管自动控制时，闭式喷头与雨淋报警阀之间的高程差，应根据雨淋报警阀的性能确定。

⑦ 预作用系统、雨淋系统和自动控制的水幕系统，应同时具备下列三种开启报警阀组的控制方式：

a. 自动控制；

b. 消防控制室（盘）远程控制；

c. 预作用装置或雨淋报警阀处现场手动应急操作。

⑧ 当建筑物整体采用湿式系统，局部场所采用预作用系统保护且预作用系统串联接入湿式系统时，除应符合第①条的规定外，预作用装置的控制方式还应符合第⑦条的规定。

⑨ 快速排气阀入口前的电动阀应在启动消防水泵的同时开启。

⑩ 消防控制室（盘）应能显示水流指示器、压力开关、信号阀、消防水泵、消防水池及水箱水位、有压气体管道气压，以及电源和备用动力等是否处于正常状态的反馈信号，并应能控制消防水泵、电磁阀、电动阀等的操作。

（2）自动喷水灭火系统的电气控制。如图 3-18 所示为采用两台水泵的湿式喷水灭火系统的电气控制线路。图 3-18 中 B1、B2、B3 为各区流水指示器，如果分区很多，可以有多个流水指示器及多个继电器与之配合。

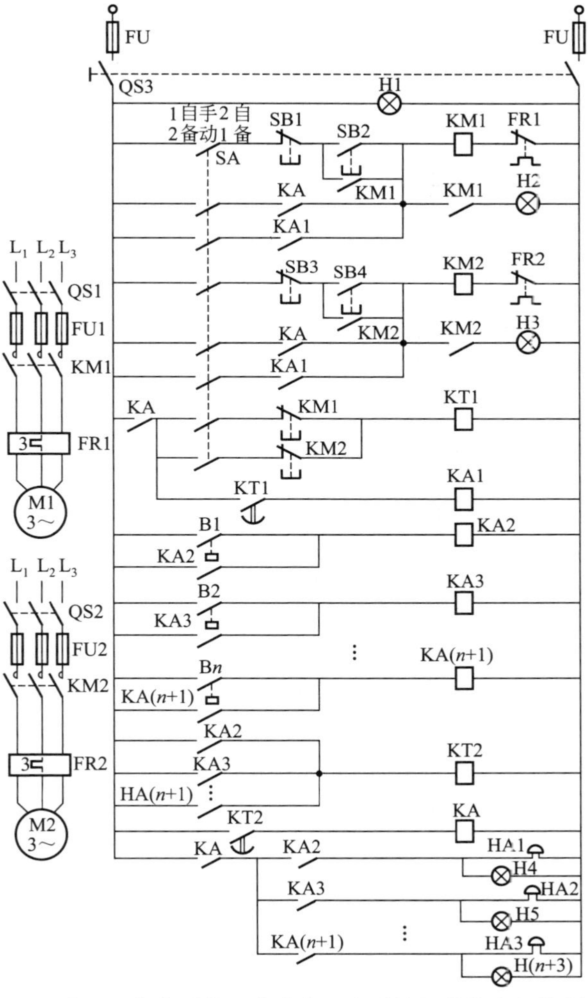

图 3-18　采用两台水泵的湿式喷水灭火系统部件的电气控制线路

电路工作过程：某层发生火灾并在温度达到一定值时，该层所有喷头自动爆裂并喷出水流。平时合上开关 QS1、QS2、QS3，转换开关 SA 至左位（1 自、2 备）。当发生火灾喷头喷水时，因为喷水后压力降低，压力开关 B*n* 动作（同时管道里有消防水流动时，水流指示器触头闭合），所以中间继电器 KA（$n+1$）通电，时间继电器 KT2 通电，经延时之后其常开触点闭合，中间继电器 KA 通电，导致接触器 KM1 闭合，1 号消防加压水泵电动机 M1 启动运转（同时警铃响、信号灯亮），向管网补充压力水。

当 1 号泵发生故障时，2 号泵自动投入运进。若 KM1 机械卡住不动，由于 KT1 通电，经延时后，备用中间继电器 KA1 线圈通电动作，导致接触器 KM2 线圈通电，2 号消防水泵电动机 M2 启动运转，向管网补充压力水。如把开关 SA 拨向手动位置，也可将 SB2 或 SB4 按下将 KM1 或 KM2 通电，使 1 号泵与 2 号泵电动机启动运转。

除此之外，水幕阻火对阻止火势扩大与蔓延有较好的效果，因此在高层建筑中，超过 800 个座位的剧院、礼堂的舞台口和设有防火卷帘、防火幕的部位，均宜设水幕设备。其电气控制电路相似于自动喷水系统。

3.4 二氧化碳灭火系统

二氧化碳灭火系统在我国应用始于 20 世纪 70 年代，后由于 1980 年卤代烷灭火系统的广泛应用，阻碍了二氧化碳灭火系统的推广使用。但是自从发现氟氯烃对地球大气臭氧层的破坏作用后，国际社会及我国政府开始了淘汰卤代烷灭火剂的行动，二氧化碳灭火系统由于同样具有灭火后无污渍的特点，因此作为气体灭火技术替代卤代烷灭火系统，应用越来越广泛。二氧化碳灭火系统是目前应用十分广泛的一种现代化消防设备，二氧化碳灭火剂具有无毒、不污损设备以及绝缘性能好等优点。主要缺点是灭火所需二氧化碳浓度高，会造成人员受到窒息毒害，如果设计不合理，易引起爆炸。

（1）系统组成。二氧化碳灭火系统通常为管网灭火系统，由储存灭火剂的储存容器、容器阀、连接软管、止回阀、集流管、输送灭火剂的管道和附件、泄压装置、喷嘴、储存启动气源的小钢瓶、电磁瓶头阀、气源管道、固定支架以及火灾探测报警器等组成，如图 3-19 所示。

（2）灭火机理。在常温常压条件下，二氧化碳的物态为气相。当储存在密封高压气瓶中，低于临界温度 31.4℃时，二氧化碳是以气液两相共存的。在灭火中，当二氧化碳从储存气瓶中释放出来时，压力骤然下降，使得二氧化碳由液态转变成气态，稀释空气中的氧含量。氧含量降低会造成燃烧时热的产生率减小，而当热产生率减少到低于热散失率的程度，燃烧就会停止下来。二氧化碳释放时又由于焓降的关系，温度会急剧下降，形成细微的固体干冰粒子，干冰吸取周围的热量而升华，

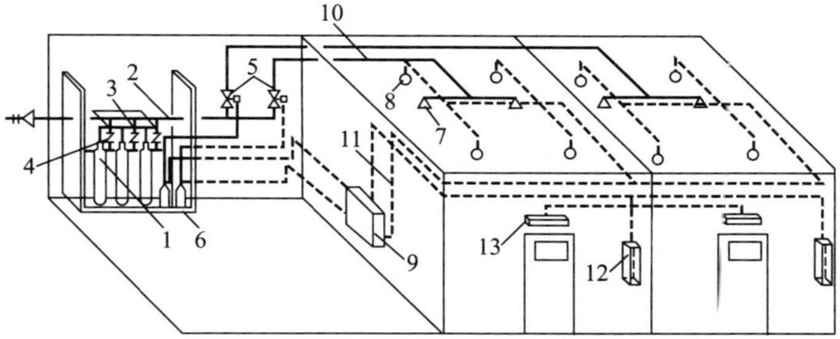

图 3-19　二氧化碳灭火系统的组成

1—灭火器储瓶；2—汇流管（连接各储瓶出口）；3—汇流管与储瓶连接的软管；4—逆止阀；5—选择阀；6—释放启动装置；7—灭火喷头；8—火灾探测器；9—灭火报警及灭火控制盘；10—灭火剂输送管道；11—探测与控制线路；12—紧急启动器；13—释放显示灯

就能产生冷却燃烧的作用，但是二氧化碳灭火作用主要在于窒息，冷却起次要作用。

（3）系统分类。二氧化碳灭火系统是一种固定式灭火系统，按系统结构特点、灭火方式、储存压力等级、管网布置形式，可以分为下列几种类型。

① 按防护区的特征及灭火方式分类。可分为全淹没灭火系统与局部应用系统。

全淹没灭火系统是指由一套储存装置在规定时间内，向防护区喷射一定浓度的灭火剂，并且使其能够均匀地充满整个防护区空间的系统。全淹没系统防护区应是一个封闭良好的空间，在此空间内能够建立有效扑灭火灾的灭火剂浓度，并将灭火剂浓度保持一段所需要的时间，如计算机房、厂房、地下室、高架停车塔、封闭机械设备、管道以及炉灶等。

局部应用系统，指在灭火过程中不能封闭，或是虽然能够封闭但是不符合全淹没系统要求的表面火灾所采用的灭火系统，如轧机、喷漆棚、淬火槽、注油变压器、浸油槽和蒸气泄放口。

② 按系统结构特点分类。可分为管网系统与无管网系统。而管网系统又可分为组合分配系统与单元独立系统。

组合分配系统由一套灭火剂储存装置保护多个防护区。组合分配系统总的灭火剂储存量只考虑按照需要灭火剂最多的一个防护区配置，若组合中某个防护区需要灭火，则通过选择阀、容器阀等控制，定向释放灭火剂。这种灭火系统的优点为可以使储存容器数和灭火剂用量大幅度减少，有较高应用价值。

单元独立系统是用一套灭火剂储存装置保护一个防护区的灭火系统。通常来说，用单元独立系统保护的防护区在位置上是单独的，离其他防护区较远，不便于组合，或是两个防护区相邻，但有同时失火的可能。若一个防护区包括两个以上封闭空间，也可以通过一个单元独立系统来保护，但设计时必须做到系统储存的灭火剂能符合这几个封闭空间同时灭火的需要，并能同时供给它们各自所需的灭火剂量。当两个防护区需要灭火剂量比较多时，也能够采用两套或数套单元独立系统保护一个防护区，但是设计时必须做到这些系统同步工作。

③ 按储压等级分类。按二氧化碳在储存容器中的储压分类，可分为高压（储存）系统与低压（储存）系统。

高压系统，储存压力为 5.17MPa。高压储存容器中二氧化碳的温度与储存地点的环境温度有关。所以，容器必须能够承受最高预期温度时所产生的压力。储存容器中的压力还受二氧化碳灭火剂充填密度的影响。应注意控制最高储存温度下二氧化碳灭火剂的充填密度。若充填密度过大，会在环境温度升高时由于液体膨胀造成保护膜片破裂而自动释放灭火剂。

低压系统储存压力是 2.07MPa。储存容器内二氧化碳灭火剂利用绝热和制冷手段被控制在－180℃。典型的低压储存装置是压力容器外包一个密封的金属壳，壳内有绝缘体，于储存容器一端安装一个标准的空冷制冷机装置，它的冷却蛇管装在储存容器内。该装置以电力操纵，用压力开关自动控制。目前，我国低压储存系统都是进口装置。

④ 按管网布置形式分类。按管网布置形式，二氧化碳灭火系统可分为均衡系统管网与非均衡系统管网。

均衡系统管网具备下列三个条件。

a. 从储存容器到每个喷嘴的管道长度应大于最长管道长度的 90%。

b. 从储存容器到每个喷嘴的管道计算长度应大于实际管道长度的 90%（管道计算长度＝实际管长＋管道的当量长度）。

c. 每个喷嘴的平均质量流量相等。

均衡系统管网有利于灭火剂的均化，计算时管网灭火剂剩余量可以不予考虑。

不具备以上条件的管网系统，为非均衡系统。

（4）适用场合。二氧化碳灭火系统通常为管网灭火系统，是一种固定装置，主要适用于：①固体表面火灾及部分固体的深位火灾（如棉花、纸张）和电气火灾；②液体或可熔化固体（如石蜡、沥青等）火灾；③灭火前可将气源的气体火灾切断。

二氧化碳灭火系统不能扑救含氧化剂的化学品（如火药、硝化纤维等）引发的火灾、活泼金属（如钾、钛、钠、锆等）以及金属氢化物（如氢化钾、氢化钠）等引发的火灾。二氧化碳灭火系统的选用要根据防护区和保护对象具体情况确定。全淹没二氧化碳灭火系统适用于无人居留或者发生火灾能迅速（30s以内）撤离的防护区；局部二氧化碳灭火系统适用于经常有人且比较大的防护区内，扑救个别易燃烧设备或者室外设备。

3.5 泡沫灭火系统

泡沫灭火剂的灭火机理主要是应用泡沫灭火剂，使其同水混溶后产生一种可漂浮、黏附在着火的燃烧物表面形成一个连续的泡沫层，或充满某一火场的空间，起到隔绝、冷却以及窒息的作用。即通过泡沫本身和所析出的混合液对燃烧物表面进行冷却，以及借助泡沫层的覆盖作用使燃烧物与氧隔绝而灭火。泡沫灭火剂的主要缺点是水渍损失及污染、不能用于带电火灾的扑救。

泡沫灭火系统广泛用于油田、炼油厂、油库、发电厂、飞机库、汽车库、矿井坑道等场所。泡沫灭火系统按其使用方式有固定式、半固定式以及移动式之分。选用泡沫灭火系统时，应根据可燃物的性质选用泡沫液。泡沫罐应储存于通风、干燥场所，温度应控制在0～40℃范围内。此外，还应确保泡沫灭火系统所需的消防用水量、水温（$t=4$～35℃）和水质要求。

（1）灭火机理。泡沫是一种体积比较小、表面被液体包围的气泡群。泡沫灭火系统的主要作用机理如下。

① 泡沫的相对密度在0.001～0.5之间，密度远远小于一般可燃液体的密度，能够漂浮在可燃液体的表面，或黏附于一般可燃固体的表面，形成泡沫覆盖层，使燃烧物表面同空气隔离。

② 泡沫层能够遮挡火焰对燃烧物表面的热辐射，降低可燃液体的蒸发速率或固体的热分解速率，使可燃气体很难进入燃烧区。

③ 泡沫中的水分受热蒸发产生的水蒸气进入燃烧区有降低氧气浓度的作用。

④ 泡沫中析出的水分对燃烧表面有冷却作用。

泡沫灭火剂包括化学泡沫灭火剂与空气泡沫灭火剂两大类。化学泡沫是利用硫酸铝和碳酸氢钠的水溶液发生化学反应，产生二氧化碳，而形成泡沫。化学泡沫灭火剂主要是充装在100L以下的小型灭火器内，用来扑救小型初期火灾。

空气泡沫是由含有表面活性剂的水溶液在泡沫发生器中利用机械作用而产生的，泡沫中所含的气体为空气。空气泡沫也叫作机械泡沫。目前我国大型泡沫灭火系统以采用空气泡沫灭火剂为主。本节主要介绍空气泡沫灭火系统。

（2）系统分类。根据泡沫灭火剂发泡性能的不同可以分为：低倍数泡沫灭火系统、中倍数泡沫灭火系统和高倍数泡沫灭火系统三类。低倍数泡沫灭火剂的发泡倍数通常在20倍以下，中倍数泡沫灭火剂的发泡倍数通常在20～200倍之间，高倍数泡沫灭火剂的发泡倍数在200～1000倍之间。

根据喷射方式不同，分为液上、液下系统；依据设备与管道的安装方式不同，分为固定式、半固定式以及移动式系统。

根据灭火范围不同，分为全淹没式和局部应用式系统。

① 低倍数泡沫灭火系统。该系统主要用于扑救原油、汽油、柴油、煤油、甲醇、乙醇、丙酮等B类火灾，适用于炼油厂、化工厂、油田、油库以及为铁路油槽车装卸的鹤管栈桥、飞机库、码头、机场、燃油锅炉房等。

a. 固定式泡沫灭火系统。《石油库设计规范》（GB 50074—2014）规定，独立的石油库宜采用固定式泡沫灭火系统。通常由水池、固定的泡沫泵站（内设泡沫液泵、泡沫液储罐及比例混合器等）、泡沫混合液的输送管道、阀门、泡沫发生器等组成。容量大于500m^{3}的水溶性液体地上立式储罐和容量大于1000m^{3}的其他甲B、乙、丙A类易燃、可燃液体地上立式储罐，应采用固定式泡沫灭火系统。固定式泡沫灭火系统泡沫液的选择、泡沫混合液流量、压力应满足泡沫站服务范围内所有储罐的灭火要求。当储罐采用固定式泡沫灭火系统时，尚应配置泡沫钩管、泡沫枪和消防水带等移动泡沫灭火用具。

储罐或储罐区固定式低倍数泡沫灭火系统，自泡沫消防水泵启动至泡沫混合液或泡沫输送到保护对象的时间应小于或等于5min。当储罐或储罐区设置泡沫站时，泡沫站应符合下列规定：室内泡沫站的耐火等级不应低于二级；泡沫站严禁设置在防火堤、围堰、泡沫灭火系统保护区或其他火灾及爆炸危险区域内；靠近防火堤设置的泡沫站应具备远程控制功能，与可燃液体储罐罐壁的水平距离应大于或等于20m。

根据泡沫喷射方式的不同，固定式泡沫灭火系统又分为液下喷射与液上喷射两种形式。

液下喷射泡沫灭火系统必须采用氟蛋白泡沫液或者水成膜泡沫液。国内现行的低倍数泡沫灭火系统设计规范规定了以氟蛋白泡沫液为灭火剂的设计参数。此系统在防火堤外安装高倍压泡沫发生器，泡沫管入口装在油罐的底部，泡沫由油罐下部注入，经过油层上升进入燃烧液面，产生的浮力使罐内油品上升，冷却表层油。同时，可以防止泡沫在油罐爆炸掀顶时，由于热气流、热辐射和热罐壁高温而遭到破坏，提高了灭火效率。该系统通常用于固定顶罐的防护，但不能用于水溶性甲、乙、丙类液体储罐的防护，也不宜用于外浮顶及内浮顶储罐，如图 3-20 所示。

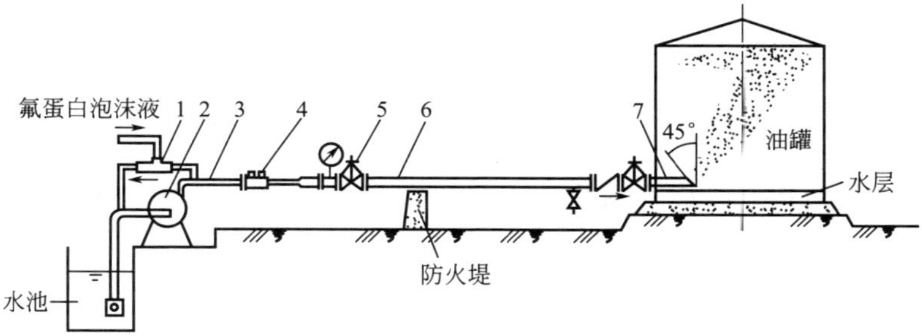

图 3-20　固定式液下喷射泡沫灭火系统

1—环泵式比例混合器；2—泡沫混合液泵；3—泡沫混合液管道；4—液下喷射泡沫产生器；5—背压调节阀；6—泡沫管道；7—泡沫注入管

液上喷射泡沫灭火系统的泡沫发生器安装于油罐壁的上端，喷射出的泡沫由反射板反射在罐内壁，沿罐内壁向液面上覆盖，达到灭火的目的。缺点是当油罐发生爆炸时，泡沫发生器或泡沫混合液管道有可能被拉坏，导致火灾失控，见图 3-21。

b. 半固定式泡沫灭火系统。半固定式泡沫灭火系统适用于机动消防设施强的企业，附属甲、乙、丙类液体的储罐区，石油化工生产装置区以及火灾危险大的场所。

半固定式泡沫灭火系统通常有两种形式。

ⓐ 一种是由固定安装的泡沫发生器、泡沫混合液管道和阀门配件组成，没有固定泵站，泡沫混合液由泡沫消防车提供。此系统在大型的石化企业、炼油厂中采用比较多。有液上喷射与液下喷射两种形式。

ⓑ 另一种是由固定消防泵站、相应的管道和移动的泡沫发生装置组成。通常在泡沫混合液管道上留出接口，在必要时用水带连接泡沫管枪、泡沫钩管等设备组成灭火系统扑灭火灾。在罐区中通常不用这种形

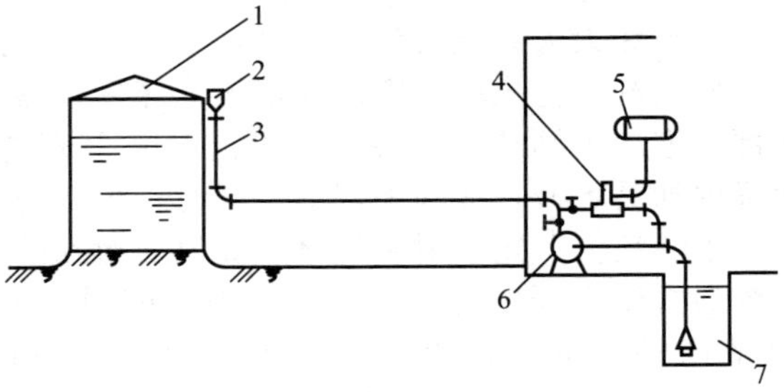

图 3-21 固定式液上喷射泡沫灭火系统

1—油罐；2—泡沫发生器；3—泡沫混合液管道；4—比例混合器；5—泡沫液罐；6—泡沫混合液泵；7—水池

式作为主要的灭火方式，而可作为固定式泡沫灭火系统的辅助及备用手段。

c. 移动式泡沫灭火系统。该系统通常由水源（室外消火栓、消防水池或天然水源）、泡沫消防车、水带、泡沫枪或泡沫钩管、泡沫管架等组成，也可以用大型泡沫消防车的泡沫炮直接喷射。

当采用泡沫枪等移动式泡沫灭火设备扑救地面流散的水溶性可燃液体火灾时，应依据流散液体厚度及泡沫液的要求采用合理的喷射方式。

以下场所宜选用移动式泡沫灭火系统。

ⓐ 总储量不大于 $500m^3$，单罐容量不大于 $200m^3$，并且罐壁高度不大于 7m 的地上非水溶性甲、乙、丙类液体立式储罐。

ⓑ 总储量小于 $200m^3$，单罐容量不大于 $100m^3$，并且罐壁高度不大于 5m 的地上非水溶性甲、乙、丙类液体立式储罐。

ⓒ 卧式储罐。

ⓓ 甲、乙、丙类液体装卸区易泄漏的场所。

ⓔ 石油库设计规范规定了半地下、地下、覆土和卧油罐、润滑油罐也可以采用移动式泡沫灭火系统。

地下停车库，每层宜设置移动式泡沫管枪 2 支，泡沫液储量不应小于灭火用量的 2 倍，灭火时间不少于 20min。泡沫管枪与泡沫液应集中存放在便于取用的地点。室内消火栓的压力应能达到移动式空气泡沫管枪所需的压力。

移动式泡沫灭火设备还可作为固定式及半固定式灭火系统的辅助灭火设施。

此系统是在火灾发生后敷设的，不会遭到初期燃烧爆炸的破坏，使用起来机动灵活。但是使用过程中往往因为受风力等因素的影响，泡沫的损失量大，系统需要供给的泡沫量相应地增加。并且系统操作较为复杂，受外界因素的影响较大，扑救火灾的速度不如固定和半固定式系统快。

② 高倍数泡沫灭火系统。高倍数泡沫灭火系统为一种比较新型的泡沫灭火方式。该系统不仅可以扑救A、B类火灾以及封闭的带电设备场所的火灾，而且可以有效控制液化石油气、液化天然气的流淌火灾。高倍数泡沫灭火系统同时又具有消烟、排除有毒气体及形成防火隔离带等多种用途。

高倍数泡沫灭火系统不用于以下物质的火灾扑救。

ⓐ 硝化纤维、炸药等在无空气的环境中仍能够迅速氧化的化学物质与强氧化剂。

ⓑ 钾、钠、镁、钛以及五氧化二磷等活泼金属和化学物质。

ⓒ 扑救立式油罐内的火灾。

ⓓ 非封闭的带电设备。

a. 全淹没式高倍数泡沫灭火系统。该系统把泡沫按规定的高度充满整个需要保护的空间，并将泡沫保持到所需要的时间，阻止连续燃烧所必需的新鲜空气接近火焰，致使其窒息、冷却，达到控制火灾及扑救火灾的目的。大范围的封闭空间以及大范围的设置有阻止泡沫流失的固定围墙或其他围挡设施的场所都可选择全淹没式高倍数泡沫灭火系统。

全淹没高倍数泡沫灭火系统通常采用固定式。其系统组成包括水泵、出水设备、泡沫液泵、泡沫液储罐、比例混合器、压力开关、管道过滤器、控制箱、导泡筒、泡沫发生器、固定管道及阀门、附件等。若配上火灾自动探测器、报警装置以及控制装置，即可组成自动控制全淹没式高倍数泡沫灭火系统。

b. 局部应用式高倍数泡沫灭火系统。局部应用式高倍数泡沫灭火系统通常有两种形式，即固定式和半固定式。固定式的组件与自动控制等要求都与全淹没式高倍数泡沫灭火系统相同。半固定式一般由泡沫发生器、压力开关、导泡筒、控制箱、管道过滤器、比例混合器、阀门、水管消防车或泡沫消防车、管道、水带及附件等组成。

高倍数泡沫局部应用系统可用于四周不完全封闭的A类火灾与B类火灾场所、天然气液化站与接收站的集液池或储罐围堰区。局部应用系统的保护范围应包括火灾蔓延的所有区域。比如，需要特殊保护某一个大厂房内的火灾危险性较大的试验间、高层建筑下层的汽车库和地下仓库等场所，及有限的易燃液体的流淌火灾与矿井、油罐防护堤、沟槽内的火灾等。

c. 移动式高倍数泡沫灭火系统。此系统的灭火原理与全淹没式和局部应用式是相同的，只是设备可以移动。因为它也是“淹没方式”扑灭火灾，所以要求火灾场所应设置固定的或临时的由不燃、难燃材料组成的阻止泡沫流失的围挡措施。此系统可以作为固定式灭火系统的补充设施。

系统组成通常包括手提式泡沫发生器或车载式泡沫发生器、比例混合器、水带、泡沫液桶、导泡筒、分水器、水罐消防车或者手抬机动泵等。

以下场所可选择该系统：发生火灾的部位难以确定或人员难以接近的火灾场所；发生火灾时需要排烟、降温或排除有毒气体的封闭空间。

③ 中倍数泡沫灭火系统。中倍数泡沫灭火系统一般有局部应用式与移动式两种形式。

该系统的灭火原理、扑救对象以及使用场所和高倍数泡沫灭火系统基本相同。凡高倍数泡沫灭火系统不适用的场所，中倍数泡沫灭火系统通常也不能使用，但它能扑救立式钢制储油罐内火灾。

3.6 干粉灭火系统

干粉灭火系统是指以干粉作为灭火剂的灭火系统。

干粉灭火剂是用于灭火的干燥、易于流动的微细粉末，由具有灭火效能的无机盐及少量的添加剂经干燥、粉碎、混合而成微细固体粉末组成，主要通过化学抑制和窒息作用灭火。除扑救金属火灾的专用干粉灭火剂外，常用干粉灭火剂通常分为 BC 干粉灭火剂和 ABC 干粉灭火剂两大类，如碳酸氢钠干粉、改性钠盐干粉、磷酸二氢铵干粉、磷酸氢二铵干粉以及磷酸干粉等。干粉灭火剂主要通过在加压气体的作用下喷出的粉雾与火焰接触、混合时发生的物理以及化学作用灭火。一是靠干粉中的无机盐的挥发性分解物与燃烧过程中燃烧物质所产生的自由基或者活性基发生化学抑制和负化学催化作用，使燃烧的链式反应中断而灭火；二是靠干粉的粉末落至可燃物表面上，发生化学反应，并在高温作用下形成一层覆盖层，从而将氧隔绝窒息灭火。

干粉灭火系统是通过供应装置、管道或软带输送干粉，通过固定喷嘴、干粉喷枪、干粉炮喷放干粉的灭火系统。主要用于扑救易燃/可燃液体、可燃气体以及电气设备的火灾。干粉灭火系统工作原理见图 3-22。

干粉灭火系统的优点主要体现在以下方面。

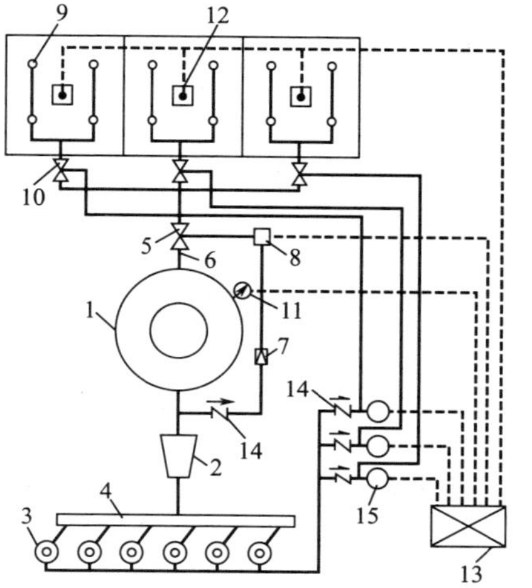

图 3-22　干粉灭火系统工作原理

1—干粉储罐；2—压力控制器；3—氮气瓶；4—集气管；5—球阀；6—输粉管；7—减压阀；8—电磁阀；9—喷嘴；10—选择阀；11—压力传感器；12—火灾探测器；13—消防控制中心；14—止回阀；15—启动气瓶

① 灭火时间短、效率高。对石油产品的灭火效果十分显著。

② 不用水，绝缘性好，可以扑救带电设备的火灾，对机器设备的污损较小。

③ 无毒或者低毒，对环境不会产生危害。

④ 以有相当压力的二氧化碳或氮气作喷射动力，或者以固体发射剂为喷射动力，不受电源限制。

⑤ 干粉可以较长距离输送，干粉设备可远离火区。

干粉灭火具有灭火时间短、效率高、绝缘好、不怕冻、灭火后损失小、可以长期储存等优点。干粉灭火系统对 A、B、C、D 四类火灾都可适用，但主要还是用于 B、C 类火灾的扑救。系统选用时，特别注意根据不同的保护对象，例如对于 D 类金属火灾，须选用相应的干粉灭火剂。

干粉灭火系统，不适用于以下场所或类型的火灾扑救。

① 不能用于扑救自身能够释放氧气或提供氧源的化合物火灾，例如硝化纤维素及过氧化物等的火灾。

② 不能扑救普通燃烧物质的深部位的火灾或阴燃火。

③ 不宜扑救精密仪器、精密电气设备以及计算机等火灾，干粉灭火剂会对上述仪器设备造成污损。

④ 固定干粉灭火剂不能有效解决复燃问题，对于有复燃危险的火灾危险场所，宜用干粉及泡沫联用装置。

干粉灭火系统的分类可以有以下四种方式。

① 干粉灭火系统按干粉的驱动方式可分为：贮气瓶型干粉灭火系统、贮压型干粉灭火系统、燃气驱动型干粉灭火系统。

② 干粉灭火系统按充装灭火剂的种类可分为：BC 干粉灭火系统、ABC 干粉灭火系统。

③ 干粉灭火系统按充装灭火剂的粒径可分为：普通干粉灭火系统、超细干粉灭火系统。

④ 干粉灭火系统按安装方式分为：固定式干粉灭火系统、半固定式干粉灭火系统。

4 消防系统的供电与布线

4.1 消防系统的供电

4.1.1 系统布线要求

4.1.1.1 设计要求

（1）火灾自动报警系统的传输线路和 50V 以下供电的控制线路，应采用电压等级不低于交流 300V/500V 的铜芯绝缘导线或铜芯电缆。采用交流 220V/380V 的供电和控制线路，应采用电压等级不低于交流 450V/750V 的铜芯绝缘导线或铜芯电缆。

（2）火灾自动报警系统传输线路的线芯截面选择，除应满足自动报警装置技术条件的要求外，还应满足机械强度的要求。铜芯绝缘导线和铜芯电缆线芯的最小截面面积，不应小于表 4-1 的规定。

表 4-1　铜芯绝缘导线和铜芯电缆线芯的最小截面面积

类别	线芯的最小截面面积/mm^2
穿管敷设的绝缘导线	1.00
线槽内敷设的绝缘导线	0.75
多芯电缆	0.50

（3）火灾自动报警系统的供电线路和传输线路设置在室外时，应埋地敷设。

（4）火灾自动报警系统的供电线路和传输线路设置在地（水）下隧道或相对湿度大于 90% 的场所时，线路及接线处应做防水处理。

（5）采用无线通信方式的系统设计，应符合下列规定。

① 无线通信模块的设置间距不应大于额定通信距离的 75%。

② 无线通信模块应设置在明显部位，且应有明显标识。

（6）火灾自动报警系统的传输线路应采用金属管、可挠（金属）电气导管、B1 级以上的刚性塑料管或封闭式线槽保护。

（7）火灾自动报警系统的供电线路、消防联动控制线路应采用耐火铜芯电线电缆，报警总线、消防应急广播和消防专用电话等传输线路应采用阻燃或阻燃耐火电线电缆。

（8）线路暗敷设时，应采用金属管、可挠（金属）电气导管或 B1 级以上的刚性塑料管保护，并应敷设在不燃烧体的结构层内，且保护层厚度不宜小于 30mm；线路明敷设时，应采用金属管、可挠（金属）电气导管或金属封闭线槽保护。矿物绝缘类不燃性电缆可直接明敷。

（9）火灾自动报警系统用的电缆竖井，宜与电力、照明用的低压配电线路电缆竖井分别设置。受条件限制必须合用时，应将火灾自动报警系统用的电缆和电力、照明用的低压配电线路电缆分别布置在竖井的两侧。

（10）不同电压等级的线缆不应穿入同一根保护管内，当合用同一个线槽时，线槽内应有隔板分隔。

（11）采用穿管水平敷设时，除报警总线外，不同防火分区的线路不应穿入同一根管内。

（12）从接线盒、线槽等处引到探测器底座盒、控制设备盒、扬声器箱的线路，均应加金属保护管保护。

（13）火灾探测器的传输线路，宜选择不同颜色的绝缘导线或电缆。正极“+”线应为红色，负极“−”线应为蓝色或黑色。同一工程中相同用途导线的颜色应一致，接线端子应有标号。

4.1.1.2 线管及布线要求

（1）各类管路明敷时，应采用单独的卡具吊装或支撑物固定，吊杆直径不应小 6mm。

（2）各类管路暗敷时，应敷设在不燃结构内，且保护层厚度不应小于 30mm。

（3）管路经过建筑物的沉降缝、伸缩缝、抗震缝等变形缝处，应采取补偿措施，线缆跨越变形缝的两侧应固定，并应留有适当余量。

（4）敷设在多尘或潮湿场所管路的管口和管路连接处，均应做密封处理。

（5）符合下列条件时，管路应在便于接线处装设接线盒：

① 管路长度每超过 30m 且无弯曲时；

② 管路长度每超过 20m 且有 1 个弯曲时；

③ 管路长度每超过 10m 且有 2 个弯曲时；

④ 管路长度每超过 8m 且有 3 个弯曲时。

(6) 金属管路入盒外侧应套锁母，内侧应装护口，在吊顶内敷设时，盒的内外侧均应套锁母。塑料管入盒应采取相应固定措施。

(7) 槽盒敷设时，应在下列部位设置吊点或支点，吊杆直径不应小于 6mm：

① 槽盒始端、终端及接头处；

② 槽盒转角或分支处；

③ 直线段不大于 3m 处。

(8) 槽盒接口应平直、严密，槽盖应齐全、平整、无翘角。并列安装时，槽盖应便于开启。

(9) 导线的种类、电压等级应符合设计文件和《火灾自动报警系统设计规范》(GB 50116—2016) 的规定。

(10) 同一工程中的导线，应根据不同用途选择不同颜色加以区分，相同用途的导线颜色应一致。电源线正极应为红色，负极应为蓝色或黑色。

(11) 在管内或槽盒内的布线，应在建筑抹灰及地面工程结束后进行，管内或槽盒内不应有积水及杂物。

(12) 系统应单独布线，除设计要求以外，系统不同回路、不同电压等级和交流与直流的线路，不应布在同一管内或槽盒的同一槽孔内。

(13) 线缆在管内或槽盒内不应有接头或扭结。导线应在接线盒内采用焊接、压接、接线端子可靠连接。

(14) 从接线盒、槽盒等处引到探测器底座、控制设备、扬声器的线路，当采用可弯曲金属电气导管保护时，其长度不应大于 2m。可弯曲金属电气导管应入盒，盒外侧应套锁母，内侧应装护口。

(15) 系统的布线除应符合本标准上述规定外，还应符合《建筑电气工程施工质量验收规范》(GB 50303—2015) 的相关规定。

(16) 系统导线敷设结束后，应用 500V 兆欧表测量每个回路导线对地的绝缘电阻，且绝缘电阻值不应小于 20MΩ。

(17) 各类管路明敷时，应在下列部位设置吊点或支点，吊杆直径不应小于 6mm：

① 管路始端、终端及接头处；

② 距接线盒 0.2m 处；

③ 管路转角或分支处；

④ 直线段不大于 3m 处。

(18) 在地面上、多尘或潮湿场所，接线盒和导线的接头应做防腐蚀和防潮处理；具有 IP 防护等级要求的系统部件，其线路中接线盒应达到与系统部件相同的 IP 防护等级要求。

4.1.2 导线的连接和封端

4.1.2.1 导线的连接

（1）导线连接要求。导线接头的质量是导致传输线路故障和事故的主要因素之一，因此在布线时应尽可能减少导线接头。其布线的连接应满足表 4-2 要求。

表 4-2 导线连接要求

项目	要　求
机械强度	导线接头的机械强度不应小于原导线机械强度的 80%。在导线的连接和分支处，应避免受机械力的作用
绝缘强度	导线连接处的绝缘强度必须良好，其绝缘性能至少应与原导线的绝缘强度一致。绝缘电阻低于标准值的不允许投入使用
耐蚀性能	导线接头处应耐腐蚀性能良好，避免受外界腐蚀性气体的侵蚀
接触紧密	导线连接处应接触紧密，接头电阻应尽可能小，稳定性好，与同长度、同截面导线的电阻比值不应大于 1
布线接头	穿管导线和线槽布线中间不允许有接头，必要时可采用接线盒（如线管较长时）或分线盒、接线箱（如线路分支处）。导线应连接牢靠，不应出现松动、反圈等现象
连接方式	当无特殊规定时，导线的线芯应采用焊接连接、压板压接和套管压接连接

（2）导线连接方式。火灾自动报警与联动控制系统比较常用的导线连接方式有导线焊接连接、管压连接以及压接帽压接等，现多采用压接帽压接和管压连接法。

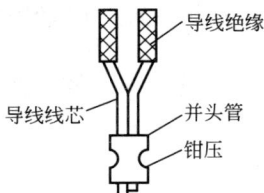

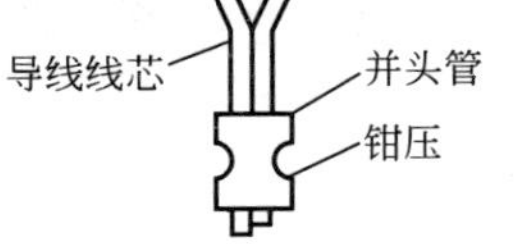

图 4-1 并头管压接

① 管压连接法。如图 4-1 所示，管压接法是采用并头管进行压接。也可采用套管压接，方法是将导线穿入导线连接套管后，再以压接钳压接。

② 压接帽压接。LC 安全型压线帽为铜线压线帽，分为黄、白、红三色，它们分别适用于 1.0mm^2、1.5mm^2、2.5mm^2、4mm^2 的 2～4 根导线的连接。

其操作方法如下。

a. 剥去导线绝缘层10～13mm（按帽的型号决定），清除氧化物，按规定选用适当的压线帽，将线芯插入压线帽的压接管内，若填不实，可把线芯折回头（剥长加倍），填满为止。

b. 线芯插到底后，导线绝缘层应与压接管的管口平齐，并包在帽壳内，如图4-2所示，然后用专用压接钳压实即可。

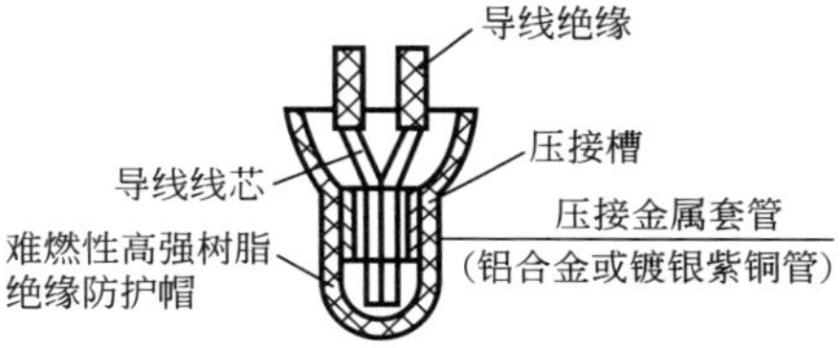

图 4-2　压接帽

③ 焊接连接。焊接方法有气焊连接法与电阻焊连接法。电阻焊连接法利用低电压大电流通过连接处的接触电阻而产生热量将其熔接在一起。通常适用于接线盒内的导线并接，其焊接后的接头如图4-3所示。

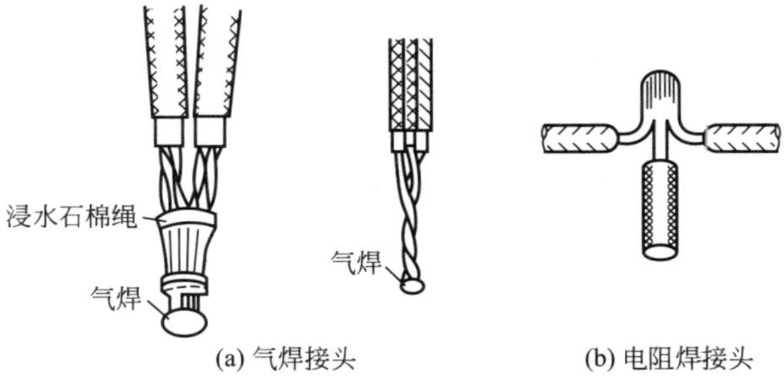

图 4-3　焊接接头

4.1.2.2　导线的封端

(1) 导线出线端的连接要求。导线出线端（终端、封端）和消防电气设备的终端连接，其接触电阻应尽可能小，安装牢固，并且能耐受各种化学气体的腐蚀。如下为其连接具体要求。

① 截面为10mm² 及以下的单股铜线、截面为2.5mm² 及以下的多股铜线可与电气直接连接。

② 截面为10mm² 及以上的多股导线，因为线粗、载流量大，为避免接触面小而发热，应在接头处装设铜质接线端子，再与电气设备进行连接。这种方法通常称为封端。

③ 截面为 4～6mm^2 的多股导线，除设备自带插接式端子之外，应先将接头处拧紧后或压接接线端子后（即导线封端），再直接与电气连接，以避免连接时导线松散。

（2）导线的封端方法。布线后的出线端，最终要同消防电气设备相连接，其方法通常有直接连接法和封端连接法。封端连接法通常用于导线截面较大的电源线路，即在接头处装设接线端子，再与电气或者设备进行连接。

① 螺栓压接法。螺栓压接法可用于单股铜芯导线，先将导线端部线头弯圈，再用螺栓将线端压接在设备接线端子上；当设备上带有压接片时，可直接将导线用螺栓和压接片固定在设备上；如是多股铜芯导线，应先拧紧、镀锡后再行连接。

② 螺钉压接法。其方法相同于导线之间连接的螺钉压接法（将导线穿入电气的线孔内，再把压接螺钉拧紧固定即可）。如火灾探测器、控制模块、消火栓启动按钮以及接线端子箱等消防报警电气，多为此类压接方式。

铜芯单股导线和针孔式接线桩连接（压接）时，要将连接的导线的线芯插入接线桩头针孔内，导线裸露出针孔 1～2mm；当针孔超过线芯直径 1 倍时，需要折回头插入压接。

如果是多股软铜丝，应扭紧，擦干净再压接。多股铜芯软线用螺钉压接时，应把软线芯扭紧做成线圈状，或者采用压接，然后将其压平，再用螺钉加垫紧牢固。

③ 封端连接。将导线端部装设接线端子，再和设备相连即为封端连接，通常可用于高层建筑的火灾报警系统的电源回路或消防设备的主电源进线，如图 4-4 所示为其导线封端连接示意。

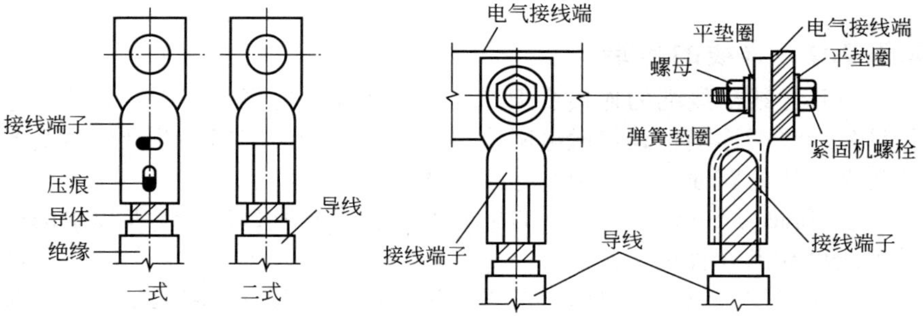

(a) 接线端子压接　　(b) 接线端子连接

图 4-4　导线封端连接示意

4.1.3 线槽、线管、电缆的布线

4.1.3.1 线槽的布线

（1）线槽的布线形式。线槽的布线形式主要有沿墙敷设、吊装敷设以及地面内暗设等。

① 沿墙敷设。将线槽安装固定在建筑物的表面即叫作沿墙敷设，可用于塑料线槽和金属线槽的配线方式。目前多用于原有建筑物火灾报警系统的改造及加装。

② 吊装敷设。将线槽吊装固定在建筑物的顶棚或者构架上，主要用于金属线槽的配线方式，它适用于系统回路数量多并且用户多的场合。

③ 地面内暗装。将金属暗装线槽安装固定在建筑物的地面内（地板内），它可被用于火灾探测器在地板内安装的场所。

（2）线槽的布线要求

① 线槽接口应平直、严密，槽盖应齐全、平整以及无翘角。

② 线槽应敷设于干燥和不易受机械损伤的场所。金属线槽的连接处不应在穿过楼板或者墙壁等处进行。

③ 金属线槽及其附件，应采用经过镀锌处理的定形产品。线槽镀锌层内外应当光滑平整无损，无棱刺，不应当有扭曲翘边等变形现象。

④ 导线在接线盒、接线箱及接头等处，通常应留有余量，以便于连接消防电气或设备。

⑤ 要求线槽内的导线要理顺，尽可能减少挤压和互相缠绕。在线槽内不应设置导线接头，在必要时应装设分线盒或接线盒。

⑥ 固定或连接线槽的螺钉或者其他紧固件紧固后其端部都应与线槽内表面光滑相接，即螺母放在线槽壁的外侧，紧固时配齐平垫及弹簧垫。

⑦ 吊装线槽敷设宜采用单独卡具吊装或者支撑物固定，吊杆的直径不应小于 6mm，固定支架间距通常不应大于 1～1.5m。

⑧ 线槽敷设应平直整齐，水平与垂直允许偏差为其长度的 2‰，并且全长允许偏差为 20mm，并列安装时槽盖应便于开启。

⑨ 金属管或金属线槽与消防设备采用金属软管和可挠性金属管进行跨接时，其长度不宜大于 2m，且应采用卡具固定，其固定点间距应不大于 0.5m，且端头用锁母或卡箍固定，并按照规定接地。

（3）线槽布线准备。为使线路安装整齐、美观，沿墙敷设的线槽通常应紧贴在建筑物的表面，并应尽量沿房屋的线脚、墙角以及横梁等敷

设，且与建筑物的线条平行或垂直。

线槽布线准备工作主要有定位、画线以及预埋件施工等工序。

① 定位。定位时，先根据施工图确定线槽的敷设路径，再确定穿越楼板和墙壁以及布线的起始、转角、终端等的固定位置，最后确定中间固定点的安装位置，并且做好标记。

② 画线。画线时应考虑线路的整洁及美观，要尽可能沿房屋线脚、墙角等处逐段画出布线的走线路径、固定点以及有关消防电气的安装位置。

③ 预埋。预埋线槽固定点的预埋件，其吊点或支点的间距应满足相关规范要求。

（4）线槽的安装。线槽的安装过程包括线槽的选用、线槽的固定以及吊装线槽的固定，详述如下。

① 线槽的选用。安装线槽时，应把平直的线槽用在明显处，而弯曲不平的用于隐蔽处。且线槽内不得有损伤导线绝缘的毛刺和其他异物。吊装敷设的线槽应当具有足够的结构强度。

② 线槽的固定。线槽在砖和混凝土结构上固定时，通常可使用塑料胀管和木螺钉固定；当抹灰层允许时，也可以用铁钉或钢钉直接固定。

③ 吊装线槽的固定。线槽吊装敷设时，应先把固定线槽的卡具（吊装器）用机螺栓固定于吊装线槽的吊杆上，固定连接时应当牢固可靠；再把线槽底板安装固定在线槽卡具上。

（5）敷设导线和固定盖板。线槽底板安装完毕后，就可根据需要将绝缘导线或者管路敷设于线槽内。

① 放线。敷设导线时，如线路较长或者导线根数较多，可采用放线架，把线盘置于线架上，从线盘上松开导线。如线路比较短，可采用手工放线。放线中应按需要套好保护管。

② 导线敷设。敷设及固定导线由一端开始，可先将绝缘导线敷设于线槽内，所敷设的导线不得有扭曲及相互缠绕现象，并应做好回路标记。

③ 固定盖板。导线敷设完毕之后，就可将线槽盖板扣装在线槽底板上，也可把敷设导线和固定盖板一并进行。

4.1.3.2 线管的布线

（1）线管的敷设

① 线管敷设方式。图 4-5 为明配线管示意，有吊装敷设和沿墙敷设等方式。

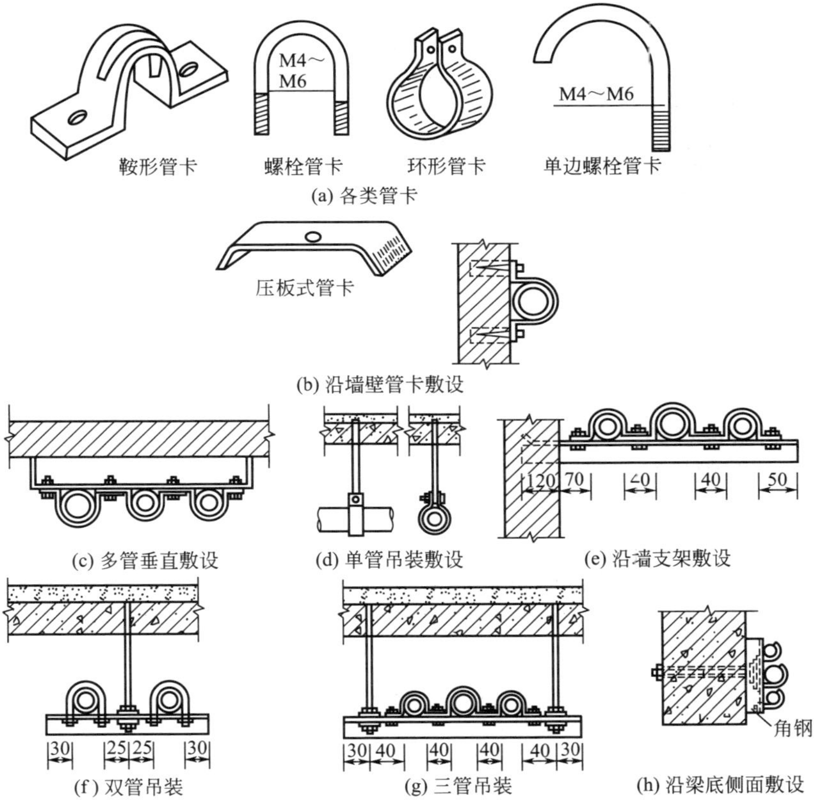

图 4-5 明配线管示意

图 4-6 为暗配线管及墙壁接线盒的敷设方式，也可用铁钉将接线盒固定在木模板上。

② 线管敷设方法。暗配线管通常可预埋敷设，但线管与箱体在现浇混凝土内埋设时应固定牢靠，以防土建振捣混凝土或者移动脚手架时使其移位。有时也可在土建墙壁粉刷之前凿沟槽及孔洞，将线管和接线盒等器件埋入墙壁之后，再以水泥砂浆抹平。

③ 线管敷设要求。以下为导管敷设应符合的要求。

a. 金属线槽和钢管明配时，应根据设计要求采取防火保护措施。管路敷设经过建筑物的变形缝（包括沉降缝、伸缩缝以及抗震缝等）时应采取补偿措施。

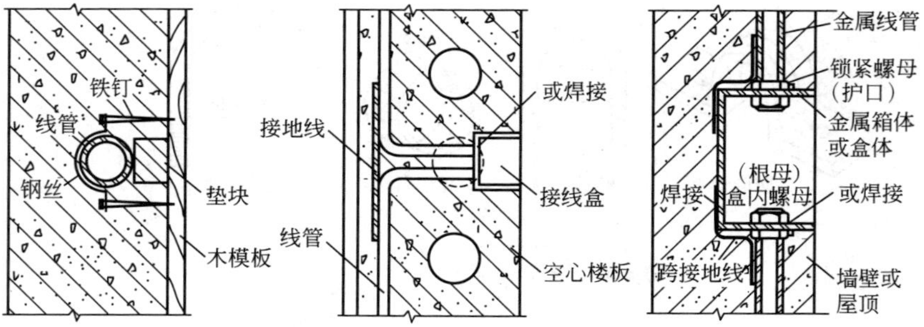

(a) 线管固定　(b) 在空心楼板内敷设　(c) 在墙壁内敷设

图 4-6　暗配线管及墙壁接线盒的敷设方式

b. 水平或者垂直敷设的明配导管安装允许偏差 1.5‰，全长偏差不应超过管内径的 1/2。

c. 明配导管使用的接线盒及安装消防设备接线盒应采用明装式接线盒。

d. 明配导管敷设和热水管、蒸汽管同侧敷设时应敷设于热水管、蒸汽管的下面，有困难时可敷设于其上面，相互间净距离应符合规范的要求。

e. 明配导管与水管平行净距不应小于 0.10m。当与水管同侧敷设时宜敷设于水管上面（不包括可燃气体及易燃液体管道）。当管路交叉时距离不宜小于相应以上情况的平行净距。

f. 当管路暗配时，导管宜沿最近的线路敷设并且应尽可能减少弯曲部分，其埋设深度同建筑物、构筑物表面的距离不应小于 15mm；明配的导管应排列整齐，安装牢固，固定点间距应均匀；在终端、弯头中点或柜、台、箱以及盘等边缘的距离 150～500mm 内设有管卡。

g. 暗配管在没有吊顶的情况下，探测器接线盒的位置即为安装探头的位置，不能调整，因此要求确定接线盒的位置应根据探测器的安装要求定位准确。

h. 管路敷设经过建筑物的变形缝（包括沉降缝、伸缩缝以及抗震缝等）时应采取补偿措施。

i. 弱电线路的电缆竖井应和强电线路的竖井分别设置，若条件限制合用同一竖井时，应分别布置在竖井的两侧。

（2）线管的连接。金属线管通常有套管焊接连接、管箍连接和接地连接。

① 套管焊接连接。套管焊接连接主要适用于暗敷线管间的连接。

先将稍大管径截取作为焊接套管，将两端连接管插入套管之后，再以电焊在套管两端密焊。焊接时应保证焊缝的严密性，避免土建施工时水泥砂浆渗入管内。

② 管箍连接。明配钢管通常应采用管箍螺纹连接，尤其是防爆场所的线管必须采用管箍连接。钢管螺纹连接时管端螺纹长度应不小于管接头长度的1/2，连接后螺纹宜外露2～3扣，螺纹表面应光滑无缺损。镀锌钢管应采用螺纹连接或者套管紧固螺钉连接，不应采用熔焊连接，防止破坏镀锌层。

③ 接地连接。金属的导管和线槽必须接地（PE）或接零（PEN）可靠，尤其是管箍连接会降低线管的导电性能，保证不了接地的可靠性。为使线路安全可靠，管间和管盒间的连接处应焊接跨接地线。

4.1.3.3 电缆的布线

（1）电缆敷设的方式。比较常用的电缆敷设方式有电缆隧道、排管、电缆沟、壕沟（直埋）、竖井、桥架、吊架以及夹层等，各种方式的特点及其选用要求如下。

① 电缆隧道和电缆沟。电缆隧道为一种用来放置电缆的、封闭狭长的构筑物，高1.8m以上，两侧设有数层敷设电缆的支架，能够放置多层电缆，人在隧道内能方便地进行电缆敷设、更换和维修工作。电缆隧道适用于有大量电缆配置的工程环境，其缺点是耗材多，投资大，易积水。

电缆沟是有盖板的沟道，沟宽和沟深不足1m，敷设及维修电缆时必须揭开水泥盖板，十分不便，且容易积灰、积水，但施工简单、造价低，走向灵活且可以容纳较多电缆。电缆沟有屋内、屋外和厂区三种，适于电缆更换机会少的地方。注意电缆沟要避免在易积水、积灰的场所使用。

电缆隧道（沟）在进入建筑物（如变配电所）处，或者电缆隧道每隔100m处，应设带门的防火隔墙（对电缆沟只设隔墙），以避免电缆发生火灾时烟火蔓延扩大，并且可防小动物进入室内。电缆隧道应尽量采用自然通风，当电缆热损失大于150～200W/m时，需考虑机械通风。

② 电缆排管。电缆敷设在排管中，可以免受机械损伤，并可以有效防火，但施工复杂，检修和更换都不方便，散热条件差，需要使电缆载流量降低。电缆排管的孔眼直径，电力电缆应大于100mm，控制电缆应大于75mm，孔眼中电缆占积率为65%。电缆排管材料选择，比地下水位高1m以上的可用石棉水泥管或混凝土管；对潮湿地区，为防

电缆铅层受到化学腐蚀，可以用PVC（聚氯乙烯）管。

③ 壕沟（直埋）。将电缆直接埋在地下，既经济方便，又能够防火，但易受机械损伤、化学腐蚀、电腐蚀，故可靠性差，且检修不便，多用于工业企业中电缆根数不多的地方。通常，电缆埋深不得小于700mm，壕沟与建筑物基础间距要大于600mm。电缆引出地面时，为避免机械损伤，应用2m长的金属管或保护罩加以保护；电缆不得平行敷设在管道的上方或下面。

④ 电缆竖井。竖井是电缆敷设的垂直通道。竖井多用砖及混凝土砌成，在有大量电缆垂直通过处采用，如发电厂的主控室及高层建筑的楼层间等。竖井在地面设有防火门，一般做成封闭式，底部与隧道或沟相连；在每层楼板处设有防火分隔。高层建筑竖井通常位于电梯井道两侧和楼梯走道附近。竖井还可做成钢结构固定式，竖井截面根据电缆多少而定，大型竖井截面为4～5m^2，小的有0.9m×0.5m不等。

高层建筑竖井会产生烟囱效应，容易使火势扩大，蔓延成灾。所以，在高层建筑的每层楼板处都应隔开；穿行管线或者电缆孔洞，必须以防火材料封堵。

⑤ 电缆桥架。电缆架空敷设在桥架上，其优点为无积水问题，避免了与地下管沟交叉相碰，成套产品整齐美观，节约空间；封闭桥架有利于防爆、防火、抗干扰。缺点是，耗材多，施工、检修和维护困难，受外界引火源（油、煤粉起火）影响的概率比较大。

⑥ 电缆穿管。电缆通常在出入建筑物，穿过楼板和墙壁，从电缆沟引出地面2m、地下深0.25m内，以及与铁路、公路交叉时，均要穿管给予保护。保护管可以选用水煤气管，腐蚀性场所可以选用PVC塑料管。管径要大于电缆外径的1.5倍。保护管的弯曲半径应不小于所穿电缆的最小允许弯曲半径。

（2）电缆敷设的要求

① 电缆质量。电缆敷设严禁有铰接、铠装压扁、护层断裂以及表面划伤等缺陷。

② 检验电缆。电缆敷设施工前，应检验电缆电压系列、型号以及规格等符合设计要求与否，表面有无损伤。对于低压电力电缆及控制电缆，应用兆欧表测试其绝缘电阻值。500V及以下电缆应选用250V或者500V兆欧表，其绝缘电阻值应满足规范规定，并将测试参数记录在案，以便与竣工试验时做对比。

③ 电缆排列要求。电缆敷设排列整齐，电力电缆及控制电缆通常应分开排列；当同侧排列时，控制电缆应敷设在电力电缆的下面，一般

电压低的电缆敷设于电压高的电缆的下面。

④ 电缆保护管。电缆在屋内埋地敷设或者通过墙壁、楼板和进出入建筑物、上下电线杆时，都应穿电缆保护管加以保护，保护管管径应大于 1.5 倍电缆外径。

⑤ 电缆标志牌。电缆的首端、末端以及分支处应设置标志牌。

⑥ 电缆敷设环境温度。电缆敷设的环境温度不宜过低。当环境温度太低时，可以采用暖房、暖气或者电流将电缆预加热。如提高环境温度加热，当温度是 5～10℃时，约需 72h；当温度是 25℃时，需 24～36h。如通电流加热，加热电流不应大于电缆额定电流的 70%～80%，但是电缆的表面温度不应超过 35～40℃。表 4-3 为电缆敷设的最低温度。

表 4-3　电缆敷设的最低温度

电缆类型	电缆结构	最低允许敷设温度/℃
油浸纸绝缘电力电缆	充油电缆 其他油纸电缆	−10 0
橡胶绝缘电力电缆	橡胶或聚氯乙烯护套 裸铅套 铅护套钢带铠装	−15 −20 −17
塑料绝缘电力电缆	全塑电缆	0
控制电缆	耐寒护套 橡胶绝缘聚氯乙烯护套 聚氯乙烯绝缘聚氯乙烯护套	−20 −15 −10

（3）敷设的步骤。电缆敷设的步骤为：搬运电缆→检验电缆→预埋件→电缆敷设→电缆绞线→电缆接线。

① 搬运电缆。电缆通常包装在专用的电缆盘上，在搬运时，可采用人工滚动的方法进行，通常不允许将电缆盘平放。

② 检验电缆。按规定检验电缆的电压、型号、规格以及绝缘电阻等参数，并应满足设计施工图和规范的要求。

③ 预埋件。在土建施工时，应按照设计要求埋设电缆保护管及电缆支架等预埋件和固定件等（当其工作由土建人员进行时，应及时进行检查，发现问题及时纠正）。

④ 电缆敷设。少数控制电缆的放线形式及方法类似于导线放线，电缆放线时不应使电缆产生缠绕现象，电缆敷设时应按照要求固定牢靠。土建施工完毕后，就可进行电缆敷设，电缆敷设时应按照要求固定牢靠。

⑤ 电缆绞线。电缆敷设完毕后，就可按导线的绞线方法进行电缆绞线工作，并且做好导线终端接线端子标号牌。

⑥ 电缆接线。电缆绞线工作完毕之后，就可按施工图及导线终端要求，将电缆与消防电气设备连接起来。

4.2 消防系统的布线与接地

4.2.1 接地的种类

为了确保设备的可靠运行和人身、设备的安全，电力设备应该接地。接地就是把设备的某一部分通过接地装置和大地相连接。其中，将设备正常工作时不带电的金属部分先和低压电网的中性线相连接，并利用中性线的接地部分与大地连成一体，这也是一种接地的形式。

按接地的作用可分为工作接地、保护接地、重复接地、防雷接地以及防静电接地等。

(1) 工作接地。在正常工作或者事故的运行情况下，为确保电气设备可靠运行，把电气设备的某一部分进行接地，叫作工作接地。例如：电力变压器中性点的接地，某些通信设备和广播设备的正极接地，共用电视接收天线用户网络的接地以及电子计算机的工作接地等都属于这一类接地。

(2) 保护接地。电气设备的金属外壳，因为绝缘损坏有可能带电。为避免这种电压危及人身安全而设置的接地称为保护接地。

(3) 重复接地。变压器中性线的接地，通常在变电所内做接地装置。在其他场合，有时把中性线再次与地连接，叫作重复接地。当电网中发生绝缘损坏使设备外壳带电时，重复接地能够降低中性线的对地电压；当中性线发生断线故障时，重复接地能够使危害的程度减轻。

(4) 防雷接地。防雷接地的作用是把接闪器引入的雷电流泄入地中；把线路上传入的雷电流通过避雷器或放电间隙泄入地中。此外，防雷接地还可以将雷云静电感应产生的静电感应电荷引入地中以防止产生过电压。

(5) 防静电接地。静电主要由不同物质相互摩擦而产生，静电所导致的危害是多方面的，最主要的危害是由于静电电压引起火花放电，导致易爆易燃建筑物的爆炸或起火。接地是消除静电危害的最有效及最简单的措施。

4.2.2 低压配电系统接地形式

低压电网接地系统的设计和用电安全有密切的关系。按照国际电工委员会（IEC）的规定，低压配电系统常见的接地形式有三种，即TT系统、IT系统以及TN系统。工业与民用建筑中的380V/220V低压配电系统，为避免用电设备因绝缘损坏而使人触电的危险，多采用中性点直接接地系统。

（1）TT系统。TT系统指的是电源中性点直接接地，用电设备正常不带电的外露可导电（金属）部分，如图4-7所示，通过保护线与电源直接接地点无直接关联的接地体作良好的金属性连接。

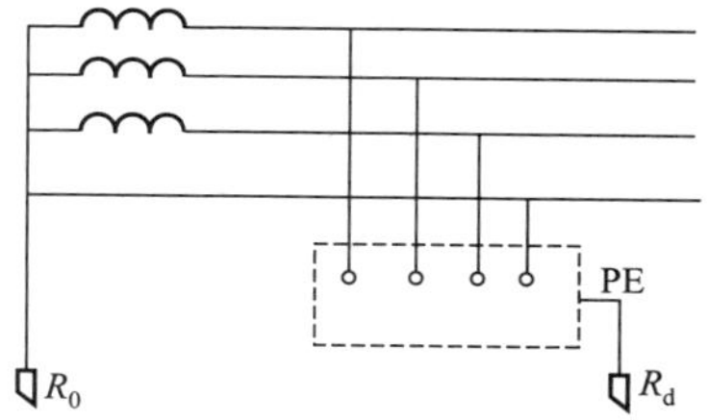

图4-7　TT系统

（2）IT系统。IT系统指的是电源中性点不直接接地，而用电设备正常不带电的外露可导电部分，如图4-8所示，通过保护线（PE）与接地体做良好的金属连接。

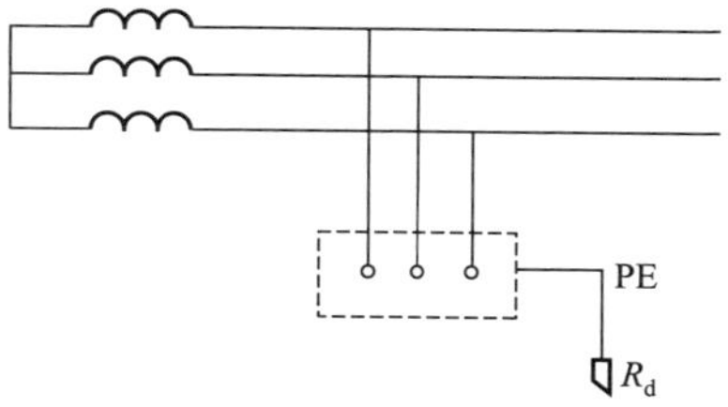

图4-8　IT系统

（3）TN系统。TN系统指的是电力系统有一点（如电源中性点）直接接地，用电设备外露可导电部分，通过保护线（PE）和接地点作良好的金属性连接。TN系统按照中性线（N）与保护线（PE）组合的情况，如图4-9所示，又分为三种形式。

① TN-C系统。如图4-9(a)所示，该系统中，中性线（N）与保

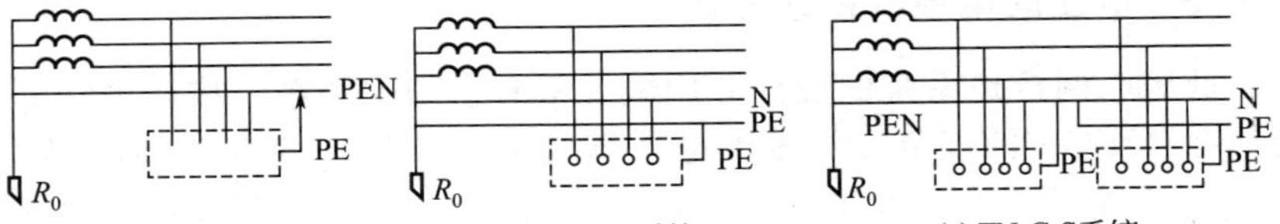

(a) TN-C系统 (b) TN-S系统 (c) TN-C-S系统

图 4-9 TN 系统

护线（PE）合用一根导线。合用导线叫 PEN 线。

② TN-S 系统。如图 4-9(b) 所示，该系统中，中性线（N）与保护线（PE）是分开的。

③ TN-C-S 系统。该系统靠电源侧的前一部分中性线和保护线是合一的，而后一部分则是分开的，如图 4-9(c) 所示。

4.2.3 接地系统的安全运行

(1) IT 系统。在 IT 系统中，应把电气设备外壳接地，形成保护接地方式，以能够有效提高设备安全性。在 IT 系统中，同样需对电气设备采用保护接地。

但是，在 IT 系统采用保护接地时，如果同一台变压器供电的两台电气设备同时发生碰壳接地，则两台设备外壳均要承受大于 $0.866U_X$ (U_X 是相电压）的电压，对人身安全不利，而且容易使周围金属构件（如电线管）发生火花放电，造成火灾。解决方法为：采用金属导线将两个保护接地的接地体直接连接（图 4-10），形成共同接地方式，导致两相分别接地变成相间短路，促使保护装置迅速动作，将设备电源切除，以达到安全目的。

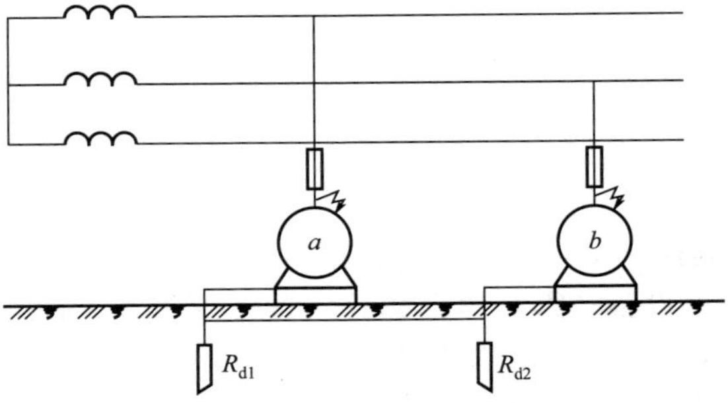

图 4-10 双碰壳时共同接地

（2）TN 系统。在 TN 系统中，应当对电气设备采取保护接零，同时需与熔断器或者自动空气开关等保护装置配合应用，才能够起到有效的保护作用。

在 TN 系统中，不能采用有些设备保护接地及有些设备保护接零的不合理接地方式。其原因为，由同一台发电机，或者同一台变压器，或者同一段母线供电的线路不应采用两种工作制，否则，在采用保护接地措施的设备发生碰壳接地时，设备外壳及接地线上会长期存在危险电压，也会造成采用保护接零措施的设备外壳电压升高，扩大故障范围。

（3）重复接地。TN 系统将电气设备外壳和 N（PEN）线相接，能够使漏电设备从线路中迅速切除，但是并不能避免漏电设备对地危险电压的存在，同时在 N（PEN）线断线的情况下，设备外壳还存在着承受接近相电压的对地电压，继电保护的动作时间也没有满足最低限度。为了使 TN 系统中电气设备处在最佳的安全状态，还必须对其 N（PEN）线进行重复接地，如图 4-11 所示，也就是把 TN 系统中 N（PEN）线上一处或多处通过接地装置与大地再次连接。

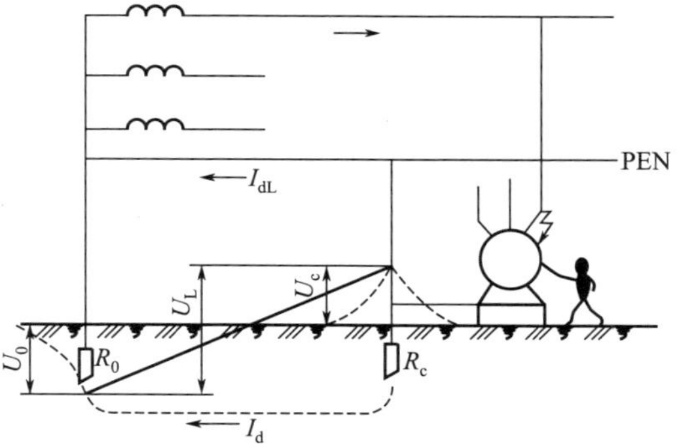

图 4-11　有重复接地的 TN 系统

当电网中发生绝缘损坏使电气设备外壳带电时，与单纯接零措施相比较，重复接地能够进一步降低中性线的对地电压，安全性提高；若能使重复接地电阻值降低，则安全性更高，所以在线路中多处重复接地能够降低总的重复接地电阻。当中性线（PEN 线）发生断线故障时，重复接地可使危害的程度减轻，有利于人身安全。

一般情况下，重复接地能够从 PEN 线上直接接地，也可以从电气设备外壳上接地。户外架空线宜在线路终端接地，分支线宜在大于

200m的分支处接地，高压与低压线路宜在同杆敷设段的两端接地。以金属外皮作中性线的低压电缆，也要重复接地。工厂车间内宜采用环形重复接地，中性线和接地装置至少有两点连接。

（4）中性线的选择。变压器中性点引出的中性线可以采用钢母线；工厂车间如果为TN-C-S系统，则行车轨道、金属结构构件可以选作保护接地线，设备外壳都同它相连，外壳不会有危险电压。

专用中性线的截面应大于相线截面的一半；四芯电缆的中性线和电缆钢铠焊接后，也可以作为TN系统的N（PEN）线；金属钢管也可作为中性线使用，但爆炸危险环境中N线与PEN线必须分开敷设。

严格讲，在TN系统的PEN线上不允许设置开关和熔断器，否则会使接零设备上呈现危险的对地电压。在380V/220V系统中的PEN线和具有接零要求的单相设备，不允许设置开关和熔断器。如果装设自动开关，只有当过流脱扣器动作后能同时切断相线时，才允许在PEN线上设置过流脱扣器。

4.2.4 接地故障火灾的预防措施

（1）接地故障火灾成因。接地装置是由接地体与接地线两部分组成的，其基本作用是给接地故障电流提供一条经大地通向变压器中性接地点的回路；对雷电流及静电电流唯一的作用是构成同大地间的通路。无论哪种电流，当其流过不良的接地装置时，都会形成电气点火源，造成火灾。由接地故障形成电气点火源的常见现象如下。

① 当绝缘损坏时，相线与接地线或者接地金属物之间的漏电，形成火花放电。

② 在接地回路中，由于接地线接头太松或腐蚀等，使电阻增加形成局部过热。

③ 在高阻值回路，流通的故障电流沿邻近阻抗小的接地金属结构流散时，如果是向煤气管道弧光放电，则会把煤气管击穿，使煤气泄漏而着火。

④ 在低阻值回路，如果接地线截面过小，会影响其热稳定性，使接地线产生过热现象。

一般要求接地装置连接可靠，具有足够的机械强度、载流量以及热稳定性，采用防腐、防损伤措施，满足有关安全间距要求。

必须说明，即使接地装置完善，若接地故障得不到及时解决，故障电流也会使设备发热，甚至产生电弧或者火花，同样会引起电气火灾。

（2）接地故障火灾预防措施

① 基本保护措施。在接地系统设计时，要按以下基本原则综合考虑保护措施，保证系统安全。

a. TT 系统、IT 系统中，电气设备应采用保护接地或者共同接地措施。

b. TN 系统中，不能采用有些设备接地、有些设备接零的不合理接地方式。

c. TN 系统中，电气设备应采用保护接零或重复接地措施。

d. TN 系统中，在 PEN 线上不要装设开关和熔断器，避免接零设备上呈现危险的对地电压。

② 保证接地装置安全。一般对接地装置的安全要求如下。

a. 可靠性连接。为保证导电的连续性，接地装置必须连接可靠。通常均采用焊接，其搭接长度，扁钢为其宽度的 2 倍，圆钢为其直径的 6 倍。当不宜于焊接时，可以用螺栓与卡箍连接，并应有防松措施，保证电气接触良好。在管道上的表计与阀门法兰连接处，可以使用塑料绝缘垫，以提高密封性，并且用跨接线连通电气道路；建筑物伸缩缝处，同样要敷设跨接线。

b. 机械强度。接地线和零线宜采用钢质材料，有困难时可用铜、铝，但是埋地时不能用裸铝，因易腐蚀。对移动设备的接地线和零线应采用 0.75～1.5mm 的多股铜线。电缆线路的零线可用专用芯线或者铅、铝皮。接地线最小截面应满足有关规定。

c. 防腐与防损伤。对敷设于地下或者地上的钢制接地装置，最好采用镀锌元件，焊接部位应做防腐处理，如涂刷沥青油或者防腐漆等；在土壤的腐蚀性比较强时，应加大接地装置的截面；特别在使用化学方法处理土壤时，要注意将接地体的耐腐蚀性提高。

在施工设计中，接地线及零线要尽量安在人易接触且又容易检查的地方。在穿越铁路、墙或者跨越伸缩缝时可用角钢、钢管加以保护，或弯成弧状，避免机械损伤和热胀冷缩造成机械应力，将其破坏。对明敷接地线应涂成黑色，零线涂成淡蓝色，这样既能够作为接地线和零线的标志，又能够防腐。

d. 安全距离。接地体和建筑物的距离不宜小于 1.5m，接地线与独立避雷针接地线的地中距离不应小于 3m。独立避雷针和其接地装置与道路或建筑物出入口等的距离应大于 3m。接地干线至少应在不同的两点与接地网相连接。自然接地体至少应在不同的两点和接地干线相连接。

有时防雷接地和电气设备接地装置要连接在一起，这时每个接地部分都应通过单独接地线与接地干线相连，不得于一个接地线中串接几个需要接地部分。

e. 足够的载流量和热稳定性。在小接地短路电流系统中，与设备和接地极连接的钢、铜、铝接地线，在流过单相短路电流时，因为作用的时间较长，会使接地线温度升高，所以规定接地线敷设在地上部分不超过 150℃，敷设于地下部分不超过 100℃，并以此允许温度校验其载流量及选择截面。

小接地短路电流系统中设备接地线载流量的校验式是

$$I_t = I_e \sqrt{\frac{t_1 - t_0}{t_e - t_0}} \tag{4-1}$$

式中 t_1——接地线的规定允许温度（150℃或 100℃）；

t_0——周围介质温度，℃；

t_e——导体的额定温度，70℃；

I_e——按额定温度 70℃考虑时，查出的接地线额定电流，A；

I_t——温度按 150℃（或 100℃）考虑时，该接地线的接地电流允许值，A。

对中性点不接地的低压电气设备，接地干线的截面按照供电电网中容量最大线路的相线允许载流量的 1/2 确定；单独用电设备接地支线的截面不应低于分支供电相线的 1/3。在实际上，接地线的截面一般不大于以下数值：钢——$100mm^2$、铝——$35mm^2$、铜——$25mm^2$。这时无论从机械强度还是热稳定角度，都能符合要求。

对中性点接地系统的接地线截面，应通过式(4-2) 进行热稳定校验。

$$S_{jd} \geqslant I_{jd}/C\sqrt{t_d} \tag{4-2}$$

式中 S_{jd}——接地系统的最小截面，mm^2；

I_{jd}——流过接地线的单相短路电流，A；

t_d——短路的等效持续时间，s；

C——接地线材料的热稳定系数（铝 55，铜 270，钢 90）。

③ 等电位连接。低压配电系统实行等电位连接，等电位连接对避免触电和电气火灾事故的发生具有重要作用。等电位连接能够降低接地故障的接触电压，从而减轻由于保护电器动作带来的不利影响。

等电位连接有总等电位连接与辅助等电位连接两种。所谓总等电位连接，是在建筑物的电源进户处将 PE 干线、接地干线、总水管、总煤气管以及采暖和空调立管相连接，建筑物的钢筋和金属构件等也与上述部分相连，从而使上述部分处于同一电位。总等电位连接是一个建筑物或者电气装置在采用切断故障电路防人身触电与火灾事故措施中必须设置的。

所谓辅助等电位连接则为在某一局部范围内将以上管道构件做再次相同连接，它作为总等电位连接的补充，用以进一步使用电安全水平提高。

④ 装设漏电保护器。在低压配电系统中，有时熔断器与自动开关不能及时、安全地将故障电路切除，为此低压电网中可使用漏电保护器防止漏电引起的触电和火灾事故。

装设漏电保护器，可进一步提高用电安全水平，大大提高 TN 系统与 TT 系统单相接地故障保护灵敏度；可以解决环境恶劣场所的安全供电问题；能够解决手握式、移动式电器的安全供电问题；可以防止相线接地故障时设备带危险的高电位以及避免人体直接接触相线所导致的伤亡事故。装设漏电保护器对防止电气火灾意义重大，数值不大的故障电流长时间通过木材表面或者非防火绝缘材料时，均有可能引起燃烧或短路而导致火灾，采用漏电保护器可及时检测到这些情况。

漏电保护器是针对低压电路的接地故障，通过对地短路电流或泄漏电流而自动切断电路的一种电气保护装置。漏电保护器根据其工作原理分为电压型和电流型两种，目前使用最多的是电流型漏电保护器，如图 4-12 所示为其原理。

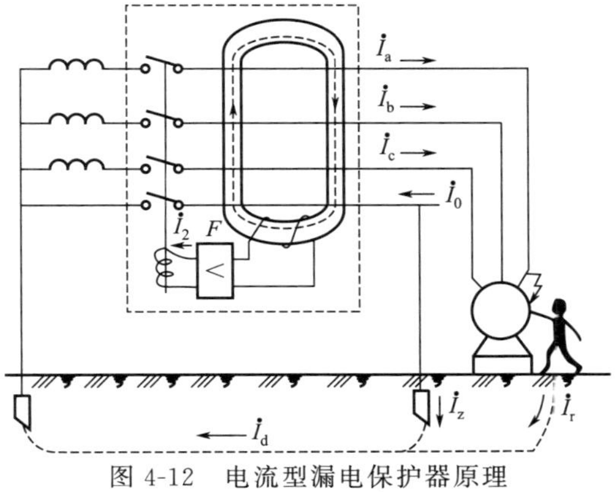

图 4-12 电流型漏电保护器原理

$\dot{I}_a$，$\dot{I}_b$，$\dot{I}_c$—三相交流矢量电流；$\dot{I}_r$—人体电流；$\dot{I}_d$—故障电流；

$\dot{I}_z$—漏电电流相量；$\dot{I}_2$—熔丝电流

除上述接地故障火灾预防措施外，还可通过降低接地电阻来降低接触电压。降低接地电阻的方法有换土法、深埋接地体法、外引式接地装置法以及长效降阻剂法等。一般情况下，在建筑工程竣工验收和消防监督检查中都要测量接地电阻，如不满足要求应采取措施。

4.2.5 消防系统的接地

（1）消防系统接地的要求

① 消防控制室通常应根据设计要求设置专用接地装置作为工作接地（是指消防控制设备信号地域逻辑地）。当采用独立工作接地时电阻不应大于4Ω，当采用联合接地时，接地电阻不应大于1Ω。

② 火灾自动报警及联动系统应设置专用接地干线（或等电位连接干线），由消防控制室穿管后引至接地体或者总等电位连接端子板。

③ 控制室引到接地体的接地干线应采用一根截面面积不小于16mm^2的铜芯软质绝缘导线或者单芯电缆，穿入保护管之后，两端分别压接在控制设备工作接地板和室外接地体上。

④ 消防控制室的工作接地板引到各消防控制设备和火灾报警控制器的工作接地线应采用截面面积不小于4mm^2的铜芯绝缘线，穿入保护管之后构成一个零电位的接地网络，以确保火灾报警设备的工作稳定可靠。

⑤ 接地装置在施工过程中，分不同阶段应做电气接地装置隐检、接地电阻摇测以及平面示意图等质量检查记录。

（2）消防控制室（中心）的系统接地。当消防控制室内火灾自动报警系统采用专用接地装置时，其接地电阻值应不大于4Ω；采用共用接地装置时，其接地电阻值应不大于1Ω。

火灾自动报警系统应设置专用的接地干线，并且应在消防控制室设置专用接地板。为了提高可靠性和尽量减少接地电阻，专用接地干线由消防控制室引至接地体，应采用其线芯截面积不小于25mm^2的铜芯绝缘导线连接，宜穿硬质塑料管埋设至接地体。由消防控制室专用接地板引到各消防设备的专用接地线采用线芯截面面积不小于4mm^2铜芯绝缘导线。

采用交流供电的消防电子设备的金属外壳及金属支架等应做保护接地，此接地线应与电气保护接地干线（PE线）可靠相连。

设计中采用共用接地装置时，应注意接地干线的引入段不能采用扁钢或者裸铜排等，以防止接地干线同防雷接地、钢筋混凝土墙等直接接触，影响消防电子设备的接地效果。接地干线应由接地板引到建筑最底层地下室的钢筋混凝土柱基础做共用接地点，而不能从消防控制室上直接焊钢筋引出。

火灾自动报警系统接地装置如图 4-13 所示。

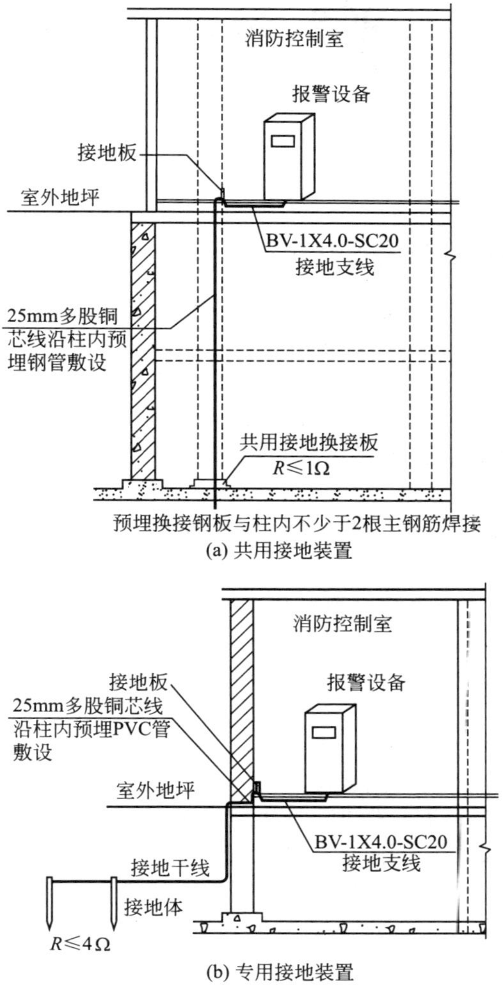

(a) 共用接地装置

(b) 专用接地装置

图 4-13　火灾自动报警系统接地装置示意

5 消防系统的调试验收及维护

5.1 系统稳压装置的调试

系统稳压装置为消防水系统的一个重要设施。它是确保消火栓灭火系统和自动喷淋灭火系统能否达到设计和规范要求及主要设备是否能满足火灾初期 10min 灭火的基础。在高层建筑中稳压装置有稳压水泵和气压罐给水设备等。在这里主要介绍一下隔膜式气压给水设备的调试。隔膜式气压给水设备的调试工作主要是对其压力值的设定，设定方式可参照以下方法进行。

（1）压力设置原则。它主要是使消防给水管道最不利点的压力始终满足防火所需要求。

（2）消防系统最不利点所需压力 P_1 的计算。按照稳压设备安装的位置，P_1 的计算方法分下列几种。

① 安装在底层的设备由水池吸水时，消火栓系统中最不利点所需压力 P_1（mH_2O[1]）的计算式是

$$P_1 = H_1 + H_2 + H_3 + H_4 \tag{5-1}$$

式中 H_1——自水池最低水位至最不利点消火栓的几何高度，mH_2O；

H_2——二管道系统的沿程和局部压力损失之和，mH_2O；

H_3——水龙带及消火栓本身的压力损失，mH_2O；

H_4——水枪喷射充实水柱长度所需压力，mH_2O。

② 稳压设备安装在高位水箱间，水箱通过自灌吸水方式工作时，消火栓系统压力 P_1（mH_2O）计算式是

$$P_1 = H_3 + H_4 \tag{5-2}$$

③ 稳压设备安装在底层从水池吸水时，自动喷水灭火系统的压力

---

[1] $1mH_2O = 9.80665kPa$，下同。

P_1（mH_2O）计算式是

$$P_1=\sum H+H_0+H_r+Z \tag{5-3}$$

式中　$\sum H$——自动喷水管道至最不利点喷头的沿程和局部压力损失之和，mH_2O；

H_0——最不利点喷头的工作压力，mH_2O；

H_r——报警阀的局部水头损失，mH_2O；

Z——最不利点喷头与水池最低水位（或供水干管）之间的几何高度，mH_2O。

④ 稳压设备安装于高位水箱间，当从水箱自灌吸水并且最不利点喷头低于设备时，自动喷水灭火系统的压力 P_1（mH_2O）计算式是

$$P_1=\sum H+H_0+H_r \tag{5-4}$$

（3）消防泵启动压力 P_2 的计算。在工程中一般将 P_2-P_1 的值设定在 0.1MPa 左右。

（4）稳压泵启动压力 P_{s1} 的计算。

$$P_{s1}=P_2+(0.02\sim0.03)\ (\text{MPa})$$

（5）稳压泵停泵压力 P_{s2} 的计算。

$$P_{s2}=P_{s1}+(0.05\sim0.06)\ (\text{MPa})$$

按照以上的要求设定压力，压力设定后应该进行压力限位试验，观察加压水泵在压力下限时能否启泵，在达到系统设置的上限时是否能停止。

5.2 室内消火栓系统的调试

在消防灭火设施中最常用也是最简单的系统形式即为消火栓系统。这里所指的火栓系统仅通过高层建筑室内消火栓系统为例加以说明，而且该室内消火栓系统的稳压装置采用隔膜式气压罐给水装置，该系统调试时应按下列步骤进行。

（1）系统的水压强度试验

① 消防给水及消火栓系统试压和冲洗应符合下列要求。

a. 管网安装完毕后，应对其进行强度试验、冲洗和严密性试验。

b. 强度试验和严密性试验宜用水进行。干式消火栓系统应做水压试验和气压试验。

c. 系统试压完成后，应及时拆除所有临时盲板及试验用的管道，并应与记录核对无误，且应按《消防给水及消火栓系统技术规范》（GB 50974—2014）中表 C.0.2 的格式填写记录。

d. 管网冲洗应在试压合格后分段进行。冲洗顺序应先室外，后室

内；先地下，后地上；室内部分的冲洗应按供水干管、水平管和立管的顺序进行。

e. 系统试压前应具备下列条件。

ⓐ 埋地管道的位置及管道基础、支墩等经复查应符合设计要求。

ⓑ 试压用的压力表不应少于 2 个；精度不应低于 1.5 级，量程应为试验压力值的 1.5～2 倍。

ⓒ 试压冲洗方案已经批准。

ⓓ 对不能参与试压的设备、仪表、阀门及附件应加以隔离或拆除；加设的临时盲板应具有突出于法兰的边耳，且应做明显标志，并记录临时盲板的数量。

f. 系统试压过程中，当出现泄漏时，应停止试压，并应放空管网中的试验介质，消除缺陷后，应重新再试。

g. 管网冲洗宜用水进行。冲洗前，应对系统的仪表采取保护措施。

h. 冲洗前，应对管道防晃支架、支吊架等进行检查，必要时应采取加固措施。

i. 对不能经受冲洗的设备和冲洗后可能存留脏物、杂物的管段，应进行清理。

j. 冲洗管道直径大于 DN100mm 时，应对其死角和底部进行振动，但不应损伤管道。

k. 管网冲洗合格后，应按《消防给水及消火栓系统技术规范》(GB 50974—2014) 中表 C.0.3 的要求填写记录。

l. 水压试验和水冲洗宜采用生活用水进行，不应使用海水或含有腐蚀性化学物质的水。

② 压力管道水压强度试验的试验压力应符合表 5-1 的规定。

表 5-1　压力管道水压强度试验的试验压力

管材类型	系统工作压力 P/MPa	试验压力/MPa
钢管	≤1.0	1.5P，且不应小于 1.4
	>1.0	P+0.4
球墨铸铁管	≤0.5	2P
	>0.5	P+0.5
钢丝网骨架塑料管	P	1.5P，且不应小于 0.8

③ 水压强度试验的测试点应设在系统管网的最低点。对管网注水时，应将管网内的空气排净，并应缓慢升压，达到试验压力并稳压

30min 后，管网应无泄漏、无变形，且压力降不应大于 C.05MPa。

④ 水压严密性试验应在水压强度试验和管网冲洗合格后进行。试验压力应为系统工作压力，稳压 24h，应无泄漏。

⑤ 水压试验时环境温度不宜低于 5℃，当低于 5℃时，水压试验应采取防冻措施。

⑥ 消防给水系统的水源干管、进户管和室内埋地管道应在回填前单独或与系统同时进行水压强度试验和水压严密性试验。

⑦ 气压严密性试验的介质宜采用空气或氮气，试验压力应为 0.28MPa，且稳压 24h，压力降不应大于 0.01MPa。

⑧ 管网冲洗的水流流速、流量不应小于系统设计的水流流速、流量；管网冲洗宜分区、分段进行；水平管网冲洗时，其排水管位置应低于冲洗管网。

⑨ 管网冲洗的水流方向应与灭火时管网的水流方向一致。

⑩ 管网冲洗应连续进行。当出口处水的颜色、透明度与入口处水的颜色、透明度基本一致时，冲洗可结束。

⑪ 管网冲洗宜设临时专用排水管道，其排放应畅通和安全。排水管道的截面面积不应小于被冲洗管道截面面积的 60%。

⑫ 管网的地上管道与地下管道连接前，应在管道连接处加设堵头后，对地下管道进行冲洗。

⑬ 管网冲洗结束后，应将管网内的水排除干净。

⑭ 干式消火栓系统管网冲洗结束，管网内水排除干净后，宜采用压缩空气吹干。

(2) 系统工作压力设定。消火栓系统在结束系统水压和严密性试验后，进行稳压设施的压力设定，稳压设施的稳压值应该保证最不利点消火栓的静压力值符合设计要求。当设计没有要求时最不利点消火栓的静压力应不小于 0.2MPa。

(3) 静压测量。当系统工作压力设定后，即可对室内消火栓系统内的消火栓栓口静水压力和消火栓栓口的出水压力进行测量。静水压力不应大于 0.80MPa，出水压力不应大于 0.50MPa。

当测量结果大于上述数值时应该采用分区供水或者增设减压装置(如减压阀等)，使静水压力和出水压力满足要求。

(4) 消防泵的调试。以上调试工作结束后开始进行消防泵的调试。

① 消防水泵调试应符合下列要求。

a. 自动直接启动或手动直接启动消防水泵时，消防水泵应在 55s 内投入正常运行，且应无不良噪声和振动。

b. 以备用电源切换方式或备用泵切换方式启动消防水泵时，消防水泵应分别在 1min 或 2min 内投入正常运行。

c. 消防水泵安装后应进行现场性能测试，其性能应与生产厂商提供的数据相符，并应满足消防给水设计流量和压力的要求。

d. 消防水泵零流量时的压力不应超过设计工作压力的 140%；当出流量为设计工作流量的 150%时，其出口压力不应低于设计工作压力的 65%。

② 稳压泵应按设计要求进行调试，并应符合下列规定。

a. 当达到设计启动压力时，稳压泵应立即启动；当达到系统停泵压力时，稳压泵应自动停止运行；稳压泵启停应达到设计压力要求。

b. 能满足系统自动启动要求，且当消防主泵启动时，稳压泵应停止运行。

c. 稳压泵在正常工作时每小时的启停次数应符合设计要求，且不应大于 15 次/h。

d. 稳压泵启停时系统压力应平稳，且稳压泵不应频繁启停。

（5）最不利点消火栓充实水柱的测量。当消火栓系统的静压值经调整测量满足要求以后，下一步就是要做最不利点消火栓充实水柱的测量。

打开试验消火栓，将水带、水枪接好，启动消防泵。当消火栓出水稳定后测量充实水柱长度是否满足下列要求：

① 当建筑物高度不超过 100m 时充实水柱长度应不小于 10m；

② 当建筑物高度超过 100m 时充实水柱长度应不小于 13m。

应当指出，这里所说的启动消防泵指的是启动消火栓系统的主泵，同时自动关闭稳压装置。测量时水枪的上倾角应为 45°，当测量结果不能符合要求时应校核主泵的扬程，审核设计资料。如果是泵的问题应该更换主泵并重新按照以上要求进行测量直到满足要求。

5.3 自动喷水灭火系统的调试

对于自动喷水灭火系统，在管网安装完毕后应该按顺序进行水压强度试验、严密性试验以及冲洗管网。

（1）自动喷水灭火系统的水压强度试验。自动喷水灭火系统在进行水压强度试验前应该对不能参与试压的仪表、设备、阀门及附件进行隔离或者拆除。加设临时盲板应准确，盲板的数量、位置应确定，以便于试验结束后将其拆除。

水压强度试验压力与消火栓系统相同，如下为具体做法。

当系统设计压力等于或者小于1.0MPa时，水压强度试验压力应是设计工作压力的1.5倍，并不应低于1.4MPa；当系统设计工作压力大于1.0MPa时，水压强度试验压力应为工作压力加上0.4MPa。做水压试验时应考虑试验时的环境温度，水压试验时环境温度不宜小于5℃，如果环境温度低于5℃，水压试验应该采取防冻措施。

水压强度试验的测试点应该设在系统管网的最低点。对管网注水时，应该将管网内的空气排净，并应缓慢升压，达到试验压力以后稳压30min，观察管网应无泄漏和无变形，并且压降不应大于0.05MPa。

（2）自动喷水灭火系统的水压严密性试验。自动喷水灭火系统的水源干管、进户管和室内埋地管道，应在回填前单独或与系统一起进行水压强度试验和水压严密性试验。严密性试验的试验压力应为0.28MPa，稳压24h，压力降不应大于0.01MPa。气压试验的介质宜采用空气或氮气。

（3）管道的冲洗。管道冲洗的水流流速、流量不应小于系统设计的水流流速、流量；管网冲洗宜分区、分段进行；水平管网冲洗时，其排水管位置应低于配水支管。

管网冲洗的水流方向应与灭火时管网的水流方向一致。

管网冲洗应连续进行。当出口处水的颜色、透明度与入口处水的颜色、透明度基本一致时冲洗方可结束。

管网冲洗宜设临时专用排水管道，其排放应通畅和安全。排水管道的截面面积不得小于被冲洗管道截面面积的60%。

管网的地上管道与地下管道连接前，应在配水干管底部加设堵头后对地下管道进行冲洗。

管网冲洗结束后，应将管网内的水排除干净，必要时可采用压缩空气吹干。

（4）消防泵调试。对于自动喷水灭火系统，以上调试工作结束以后开始进行消防泵的调试。

消防水泵的调试应符合下列要求。

① 以自动或手动方式启动消防水泵时，消防水泵应在55s内投入正常运行。

② 以备用电源切换方式或备用泵切换方式启动消防水泵时，消防水泵应在1min或2min内投入正常运行。

（5）稳压泵的调试。稳压泵应按设计要求进行调试。当达到设计启动条件时，稳压泵应立即启动；当达到系统设计压力时，稳压泵应自动停止运行；当消防主泵启动时，稳压泵应停止运行。

（6）报警阀的调试。报警阀的调试应符合下列要求。

① 湿式报警阀调试时，在末端装置处放水，当湿式报警阀进口水压大于0.14MPa、放水流量大于1L/s时，报警阀应及时启动；带延迟器的水力警铃应在5～90s内发出报警铃声，不带延迟器的水力警铃应在15s内发出报警铃声；压力开关应及时动作，启动消防泵并反馈信号。

② 干式报警阀调试时，开启系统试验阀，报警阀的启动时间、启动点压力、水流到试验装置出口所需时间，均应符合设计要求。

③ 雨淋阀调试宜利用检测、试验管道进行。自动和手动方式启动的雨淋阀，应在15s之内启动；公称直径大于200mm的雨淋阀调试时，应在60s内启动。雨淋阀调试时，当报警水压为0.05MPa时，水力警铃应发出报警铃声。

（7）其他

① 调试过程中，系统排出的水应通过排水设施全部排走。

② 联动试验应符合下列要求，并应按《消防给水及消火栓系统技术规范》（GB 50974—2014）附录C中表C.0.4的要求进行记录。

a. 湿式系统的联动试验，启动一个喷头或以0.94～1.5L/s的流量从末端试水装置处放水时，水流指示器、报警阀、压力开关、水力警铃和消防水泵等应及时动作，并发出相应的信号。

b. 预作用系统、雨淋系统、水幕系统的联动试验，可采用专用测试仪表或其他方式，对火灾自动报警系统的各种探测器输入模拟火灾信号，火灾自动报警控制器应发出声光报警信号，并启动自动喷水灭火系统；采用传动管启动的雨淋系统、水幕系统联动试验时，启动1个喷头，雨淋阀打开，压力开关动作，水泵启动。

c. 干式系统的联动试验，启动1个喷头或模拟1个喷头的排气量排气，报警阀应及时启动，压力开关、水力警铃动作并发出相应信号。

5.4 防排烟系统的调试

（1）一般规定

① 系统调试应在系统施工完成及与工程有关的火灾自动报警系统和联动控制设备调试合格后进行。

② 系统调试所使用的测试仪器和仪表，性能应稳定可靠，其精度等级及最小分度值应能满足测定的要求，并应符合国家有关计量法规及检定规程的规定。

③ 系统调试应由施工单位负责、监理单位监督，设计单位与建设

单位参与和配合。

④ 系统调试前，施工单位应编制调试方案，报送专业监理工程师审核批准；调试结束后，必须提供完整的调试资料和报告。

⑤ 系统调试应包括设备单机调试和系统联动调试，并按《建筑防烟排烟系统技术标准》(GB 51251—2017) 附录 D 中表 D-4 填写调试记录。

(2) 单机调试

① 排烟防火阀的调试方法及要求应符合下列规定，并应按《建筑防烟排烟系统技术标准》(GB 51251—2017) 附录 D 中表 D-4 填写记录：

a. 进行手动关闭、复位试验，阀门动作应灵敏、可靠，关闭应严密；

b. 模拟火灾，相应区域火灾报警后，同一防火分区内排烟管道上的其他阀门应联动关闭；

c. 阀门关闭后的状态信号应能反馈到消防控制室；

d. 阀门关闭后应能联动相应的风机停止。

② 常闭送风口、排烟阀或排烟口的调试方法及要求应符合下列规定：

a. 进行手动开启、复位试验，阀门动作应灵敏、可靠，远距离控制机构的脱扣钢丝连接不应松弛、脱落；

b. 模拟火灾，相应区域火灾报警后，同一防火分区的常闭送风口和同一防烟分区内的排烟阀或排烟口应联动开启；

c. 阀门开启后的状态信号应能反馈到消防控制室；

d. 阀门开启后应能联动相应的风机启动。

③ 活动挡烟垂壁的调试方法及要求应符合下列规定：

a. 手动操作挡烟垂壁按钮进行开启、复位试验，挡烟垂壁应灵敏、可靠地启动与到位后停止，下降高度应符合设计要求；

b. 模拟火灾，相应区域火灾报警后，同一防烟分区内挡烟垂壁应在 60s 以内联动下降到设计高度；

c. 挡烟垂壁下降到设计高度后应能将状态信号反馈到消防控制室。

④ 自动排烟窗的调试方法及要求应符合下列规定。

a. 手动操作排烟窗开关进行开启、关闭试验，排烟窗动作应灵敏、可靠。

b. 模拟火灾，相应区域火灾报警后，同一防烟分区内排烟窗应能联动开启；完全开启时间应符合《建筑防烟排烟系统技术标准》(GB

51251—2017）中第 5.2.6 条的规定。

c. 与消防控制室联动的排烟窗完全开启后，状态信号应反馈到消防控制室。

⑤ 送风机、排烟风机调试方法及要求应符合下列规定：

a. 手动开启风机，风机应正常运转 2.0h，叶轮旋转方向应正确、运转平稳、无异常振动与声响；

b. 应核对风机的铭牌值，并应测定风机的风量、风压、电流和电压，其结果应与设计相符；

c. 应能在消防控制室手动控制风机的启动、停止，风机的启动、停止状态信号应能反馈到消防控制室；

d. 当风机进、出风管上安装单向风阀或电动风阀时，风阀的开启与关闭应与风机的启动、停止同步。

⑥ 机械加压送风系统风速及余压的调试方法和要求应符合下列规定：

a. 应选取送风系统末端所对应的送风最不利的三个连续楼层模拟起火层及其上下层，封闭避难层（间）仅需选取本层，调试送风系统使上述楼层的楼梯间、前室及封闭避难层（间）的风压值及疏散门的门洞断面风速值与设计值的偏差不大于 10%；

b. 对楼梯间和前室的调试应单独分别进行，且互不影响；

c. 调试楼梯间和前室疏散门的门洞断面风速时，设计疏散门开启的楼层数量应符合《建筑防烟排烟系统技术标准》（GB 51251—2017）中第 3.4.6 条的规定。

⑦ 机械排烟系统风速和风量的调试方法及要求应符合下列规定：

a. 应根据设计模式，开启排烟风机和相应的排烟阀或排烟口，调试排烟系统使排烟阀或排烟口处的风速值及排烟量值达到设计要求；

b. 开启排烟系统的同时，还应开启补风机和相应的补风口，调试补风系统使补风口处的风速值及补风量值达到设计要求；

c. 应测试每个风口风速，核算每个风口的风量及其防烟分区总风量。

（3）联动调试

① 机械加压送风系统的联动调试方法及要求应符合下列规定：

a. 当任何一个常闭送风口开启时，相应的送风机均应能联动启动；

b. 与火灾自动报警系统联动调试时，当火灾自动报警探测器发出火警信号后，应在 15s 内启动与设计要求一致的送风口、送风机，且其联动启动方式应符合《火灾自动报警系统设计规范》（GB 50116—2013）

的规定，其状态信号应反馈到消防控制室。

② 机械排烟系统的联动调试方法及要求应符合下列规定。

a. 当任何一个常闭排烟阀或排烟口开启时，排烟风机均应能联动启动。

b. 应与火灾自动报警系统联动调试。当火灾自动振警系统发出火警信号后，机械排烟系统应启动有关部位的排烟阀或排烟口、排烟风机；启动的排烟阀或排烟口、排烟风机应与设计和标准要求一致，其状态信号应反馈到消防控制室。

c. 有补风要求的机械排烟场所，当火灾确认后，补风系统应启动。

d. 排烟系统与通风、空调系统合用，当火灾自动报警系统发出火警信号后，由通风、空调系统转换为排烟系统的时间应符合《建筑防烟排烟系统技术标准》（GB 51251—2017）中第 5.2.3 条的规定。

③ 自动排烟窗的联动调试方法及要求应符合下列规定：

a. 自动排烟窗应在火灾自动报警系统发出火警信号后联动开启到符合要求的位置；

b. 动作状态信号应反馈到消防控制室。

④ 活动挡烟垂壁的联动调试方法及要求应符合下列规定：

a. 活动挡烟垂壁应在火灾报警后联动下降到设计高度；

b. 动作状态信号应反馈到消防控制室。

5.5 防火卷帘系统的调试

防火卷帘系统调试包括防火卷帘控制器调试、防火卷帘控制器现场部件调试、疏散通道上设置的防火卷帘系统联动控制调试、非疏散通道上设置的防火卷帘系统控制调试。

（1）防火卷帘控制器调试。应将防火卷帘控制器与防火卷帘卷门机、手动控制装置、火灾探测器相连接，接通电源，使防火卷帘控制器处于正常监视状态。应对防火卷帘控制器下列主要功能进行检查并记录，控制器的功能应符合现行公共安全行业标准《防火卷帘控制器》（XF 386—2002）的规定：自检功能；主、备电源的自动转换功能；故障报警功能；消音功能；手动控制功能；速放控制功能。

防火卷帘控制器是防火卷帘完成其防火、防烟功能所必需的重要电控设备。防火卷帘控制器由控制器主机（包括外设的手动控制装置）和速放控制装置构成，可以通过手动控制装置、配接的火灾探测器组发出的火灾报警信号和接收消防联动控制设备发出的联动控制信号控制防火卷帘的动作。

（2）防火卷帘控制器现场部件调试

① 应对防火卷帘控制器配接的点型感烟、感温火灾探测器的火灾报警功能，卷帘控制器的控制功能进行检查并记录，探测器的火灾报警功能、卷帘控制器的控制功能应符合下列规定：

a. 应采用专用的检测仪器或模拟火灾的方法，使探测器监测区域的烟雾浓度、温度达到探测器的报警设定阈值，探测器的火警确认灯应点亮并保持；

b. 防火卷帘控制器应在 3s 内发出卷帘动作声、光信号，控制防火卷帘下降至距楼板面 1.8m 处或楼板面。

② 应对防火卷帘手动控制装置的控制功能进行检查并记录，手动控制装置的控制功能应符合下列规定：

a. 应手动操作手动控制装置的防火卷帘下降、停止、上升控制按键（钮）；

b. 防火卷帘控制器应发出卷帘动作声、光信号，并控制卷帘执行相应的动作。

防火卷帘控制器可按其用途和构成方式进行分类。按其用途可分为仅用于防火分隔的防火卷帘控制器和可用于疏散通道上的防火卷帘控制器，按其构成方式可分为分体式防火卷帘控制器（手动控制装置设在防火卷帘控制器主机外部）和单体式防火卷帘控制器（手动控制装置设在防火卷帘控制器主机内部）。

（3）疏散通道上设置的防火卷帘系统联动控制调试

① 应使防火卷帘控制器与卷门机相连接，使防火卷帘控制器与消防联动控制器相连接，接通电源，使防火卷帘控制器处于正常监视状态，使消防联动控制器处于自动控制工作状态。

② 应根据系统联动控制逻辑设计文件的规定，对防火卷帘控制器不配接火灾探测器的防火卷帘系统的联动控制功能进行检查并记录，防火卷帘系统的联动控制功能应符合下列规定。

a. 应使一个专门用于联动防火卷帘的感烟火灾探测器，或报警区域内符合联动控制触发条件的两个感烟火灾探测器发出火灾报警信号，系统设备的功能应符合下列规定：

ⓐ 消防联动控制器应发出控制防火卷帘下降至距楼板面 1.8m 处的启动信号，点亮启动指示灯；

ⓑ 防火卷帘控制器应控制防火卷帘降至距楼板面 1.8m 处。

b. 应使一个专门用于联动防火卷帘的感温火灾探测器发出火灾报警信号，系统设备的功能应符合下列规定：

ⓐ 消防联动控制器应发出控制防火卷帘下降至楼板面的启动信号；

ⓑ 防火卷帘控制器应控制防火卷帘下降至楼板面。

c. 消防联动控制器应接收并显示防火卷帘下降至距楼板面 1.8m 处、楼板面的反馈信号。

d. 消防控制器图形显示装置应显示火灾报警控制器的火灾报警信号、消防联动控制器的启动信号和设备动作的反馈信号，且显示的信息应与控制器的显示一致。

③ 应根据系统联动控制逻辑设计文件的规定，对防火卷帘控制器配接火灾探测器的防火卷帘系统的联动控制功能进行检查并记录，防火卷帘系统的联动控制功能应符合下列规定。

a. 应使一个专门用于联动防火卷帘的感烟火灾探测器发出火灾报警信号；防火卷帘控制器应控制防火卷帘下降至距楼板面 1.8m 处。

b. 应使一个专门用于联动防火卷帘的感温火灾探测器发出火灾报警信号；防火卷帘控制器应控制防火卷帘下降至楼板面。

c. 消防联动控制器应接收并显示防火卷控制器配接的火灾探测器的火灾报警信号、防火卷帘下降至距楼板面 1.8m 处、楼板面的反馈信号。

d. 消防控制器图形显示装置应显示火灾探测器的火灾报警信号和设备动作的反馈信号，且显示的信息应与消防联动控制器的显示一致。

④ 疏散通道上设置的防火卷帘控制器的联动控制逻辑

a. 联动控制方式。防火分区内任意两个独立的感烟火灾探测器或任意一个专门用于联动防火卷帘的感烟火灾探测器的报警信号应联动控制防火卷帘下降至距楼板面 1.8m 处，是为了保障防火卷帘能及时动作，以起到防烟作用，避免烟雾经此扩散，既起到防烟作用，又可保证人员疏散。任意一个专门用于联动防火卷帘的感温火灾探测器的报警信号显示火已蔓延到该处，此时人员已不可能从此逃生，应联动控制防火卷帘下降到楼板面，起到防火分隔作用。为了保障防火卷帘在火势蔓延到防火卷帘前及时动作，也为防止单个探测器由于偶发故障而不能动作，在卷帘的任意一侧距卷帘纵深 0.5～5m 内应设置不少于两个专门用于联动防火卷帘的感温火灾探测器。

b. 手动控制方式。应由防火卷帘两侧设置的手动控制按钮控制防火卷帘的升降。

（4）非疏散通道上设置的防火卷帘系统控制调试

① 应使防火卷帘控制器与卷门机相连接，使防火卷帘控制器与消防联动控制器相连接，接通电源，使防火卷帘控制器处于正常监视状

态，使消防联动控制器处于自动控制工作状态。

② 应根据系统联动控制逻辑设计文件的规定，对防火卷帘系统的联动控制功能进行检查并记录，防火卷帘系统的联动控制功能应符合下列规定：

a. 应使报警区域内符合联动控制触发条件的两个火灾探测器发出火灾报警信号；

b. 消防联动控制器应发出控制防火卷帘下降至楼板面的启动信号，点亮启动指示灯；

c. 防火卷帘控制器应控制防火卷帘下降至楼板面；

d. 消防联动控制器应接收并显示防火卷帘下降至楼板面的反馈信号；

e. 消防控制器图形显示装置应显示火灾报警控制器的火灾报警信号、消防联动控制器的启动信号和设备动作的反馈信号，且显示的信息应与控制器的显示一致。

③ 应使消防联动控制器处于手动控制工作状态，对防火卷帘的手动控制功能进行检查并记录，防火卷帘的手动控制功能应符合下列规定：

a. 手动操作消防联动控制器总线控制盘上的防火卷帘下降控制按钮、按键，对应的防火卷帘控制器应控制防火卷帘下降；

b. 消防联动控制器应接收并显示防火卷帘下降至楼板面的反馈信号。

④ 非疏散通道上设置的防火卷帘的联动控制逻辑

a. 联动控制方式。非疏散通道上设置的防火卷帘大多仅用于建筑的防火分隔，建筑共享大厅回廊楼层间等处设置的防火卷帘不具有疏散功能，仅用作防火分隔。应将防火卷帘所在防火分区内任意两个独立的火灾探测器的报警信号作为防火卷帘下降的联动触发信号，由防火卷帘控制器联动控制防火卷帘直接下降到楼板面。

b. 手动控制方式。应由防火卷帘两侧设置的手动控制按钮控制防火卷帘的升降，并应能在消防控制室内的消防联动控制器上手动控制防火卷帘的降落。

5.6 空调机、发电机及电梯的电气调试

（1）空调机的电气调试。由消防电气角度讲发生火情时，为了避免火焰和烟气通过空调系统进入其他的空间，需要立刻停止空调的运行。通常情况下除要求通过总线制控制外有时还需要多线制直接控制，以方

便更可靠地将其停止。具体调试方法同送风机。

（2）发电机的电气调试。发电机的电气调试主要是看其在市电停止后是否能立即自动发电，同时要求其启动回答信号能反馈至消防报警控制器上，该回答信号可以利用万用表实测其电信号回答端子获得。

（3）电梯的电气调试。电梯的电气调试需要利用对远程端子的控制，使电梯能立刻降到底层，在此期间任何呼梯命令均无效。同时当其降落至底层以后，相应的电信号回答端子导通，可通过万用表实测以便确认。

5.7　火灾自动报警及联动系统的调试

在以上各子系统的分步调试结束以后，就可以进行最后的火灾自动报警以及消防联动系统的调试了，这是整个消防系统调试最后的也是最为关键的步骤。火灾自动报警以及消防联动系统的调试流程大致如下：外部设备（探测器和模块）的编码、各类线路的测量、设备注册、外部设备定义、手动消防启动盘的定义、联动公式的编写以及报警和联动试验。以下是针对各个步骤进行的具体的说明。

（1）外部设备（探测器和模块）的编码。根据图纸中对应设备的编码，通过电子编码器或手动拨码方式对外部设备（探测器和模块）进行编码，同时对所编设备的编码号、设备种类以及位置信息进行书面记录以防止出错。原则上外部设备不允许重码。

（2）各类线路的测量。各外部设备（探测器和模块）接线编码完毕后需要将各回路导线汇总到消防控制中心，利用万用表测量各报警回路和电源回路的线间以及对地阻值是否符合规范要求的绝缘要求（报警和联动总线的绝缘电阻不小于 20MΩ），满足要求以后接到报警控制器相应端子上。测量消防专用接地线对地电阻是否符合要求，合格后接至报警控制器专用接地端子上。有条件的可以采用兆欧表对未接设备的线路进行绝缘测试。同时也要对控制器内部的备用电源及交流电源（测量电压范围不应超出 220V＋10％）进行安装接线，以方便做好开机调试前的最后准备工作。

（3）设备注册。线路连接完毕之后将消防报警控制器打开，对外部的设备（探测器和模块）进行在线注册。并且通过注册表上的外部设备数量和其具体编码来判断线路上设备的连接情况，以便于指导施工人员对错误接线进行改正。

（4）外部设备定义。根据现场施工人员提供的针对每个编码设备的具体信息往报警主机内输入相关的数据。这其中包括设备的类型（如感烟、感温、手报等）、对应设备的编码以及对应设备具体位置的汉字注释等。

（5）手动消防启动盘的定义。手动消防启动盘是相关厂家为方便对消防联动设备的控制，在主机上单独添加的一些手动按钮，由于其数量巨大，因此需要单独调试。该项调试完成后即可以方便地对外部消防设备进行手动控制。

（6）联动公式的编写。为了实现火灾发生时整个消防系统中各子系统的自动联动，需要根据消防规范并结合现场实际情况向报警控制器内编写相应的联动公式。由于涉及的联动公式数量较多而且相对复杂，因此需单独调试。此项工作完成后就可实现相关设备的联动控制。

（7）报警和联动试验。上述各步分别完成之后就可以进行最终的报警和联动试验。首先可按实际的防火分区均匀地挑选10%的报警设备（探测器和手动报警按钮等）进行报警试验，观察是否能按照以下的要求准确无误的报警：①探测器报警、手动报警按钮被按下，报警信息反馈到火灾报警控制器上；②消火栓报警按钮被按下，动作信息被反馈到火灾报警控制器上。

一切正常后可以利用手动消防启动盘和远程启动盘（也叫多线制控制盘）有针对性地启动相关的联动设备，看这些联动设备能否正常动作，同时观察动作设备的回答信号是否能够正确地反馈到火灾报警控制器上。具体要求如下：①启动消防泵、喷淋泵，启动后信号是否反馈到火灾报警控制器上；②启动排烟机、送风机，启动后信号是否反馈到火灾报警控制器上；③启动排烟阀、送风阀，启动后信号是否反馈至火灾报警控制器上；④关闭空调机，关闭后信号是否反馈至火灾报警控制器上；⑤启动消防广播、消防电话，启动后信号是否反馈至火灾报警控制器上；⑥启动一步降或者二步降卷帘门，启动后信号是否反馈至火灾报警控制器上；⑦启动切断非消防电源和迫降消防电梯，启动后信号是否反馈至火灾报警控制器上。

最后把火灾报警控制器上的自动功能打开，分别在相应的防火分区内进行报警试验，观察出现报警信息以后其相应防火分区内的相应联动设备动作与否，动作以后其动作回答信号能否显示到火灾报警控制器上。具体的联动要求如下：

① 探测器报警信号“或”手动报警按钮报警信号-相应区域的讯响器报警；

② 消火栓报警按钮按下-消火栓报警按钮动作信号反馈到控制器上-启动消火栓系统消防泵-消防泵启动信号反馈至控制器上；

③ 压力开关动作-压力开关动作信号反馈到控制器上-启动喷淋泵-喷淋泵启动信号反馈至控制器上；

④ 探测器报警信号“或”手动报警按钮报警信号-打开本层以及相邻层正压送风阀-正压送风阀打开信号反馈至控制器上-启动正压送风机-正压送风机启动信号反馈至控制器上；

⑤ 探测器报警信号“或”手动报警按钮报警信号-打开本层以及相邻层排烟阀-排烟阀打开信号反馈至控制器上-启动排烟机-排烟机启动信号反馈至控制器上；

⑥ 排烟风、正压送风机或空调机入口处的防火阀关闭-防火阀关闭信号反馈到控制器上-停止相应区域的排烟机、正压送风机或者空调机；

⑦ 探测器报警信号“或”手动报警按钮报警信号-打开本层及相邻层消防广播；

⑧ 探测器报警信号“或”手动报警按钮报警信号-相应区域的防火防烟分割的卷帘门降到底-卷帘门动作信号反馈至控制器上；

⑨ 疏散用卷帘门附近的感烟探测器报警-卷帘门一步降-卷帘门一步降动作信号反馈至控制器上；

⑩ 疏散用卷帘门附近的感温探测器报警-卷帘门二步降-卷帘门二步降动作信号反馈到控制器上，手动报警按钮“或”两个探测器报警信号“与”-切断非消防电源同时迫降消防电梯至首层-切断和追降信号反馈到控制器上。

以上就是对通常情况下联动关系的介绍，在实际调试中遇到特殊情况时要以消防规范和实际情况为原则进行适当的调整。

在完成以上内容后，即可以进行系统验收交工的工作。

5.8 消防系统的竣工验收

5.8.1 验收条件及交工技术保证资料

消防工程的验收分为两步：第一步是在消防工程开工之初对于消防工程进行的审核审批；第二步是当消防工程竣工之后进行的消防验收。以下是在进行这两步工作时所需具备条件和办理时限的详细说明，同时附有所需的主要表格以供参考。

（1）新建、改建、扩建以及用途变更的建筑工程项目审核审批条件。建设单位应到当地公安消防机构领取并填写如表 5-2 所示的《建筑消防设计防火审核申报表》；设有自动消防设施的工程，还应该领取并且填写《自动消防设施设计防火审核申报表》，并报送下列资料：

① 建设单位上级或者主管部门批准的工程立项、审查以及批复等文件；

② 建设单位申请报告；

③ 工程总平面图、建筑设计施工图；

④ 设计单位消防设计专篇（说明）；

⑤ 消防设施系统、灭火器配置设计图纸及说明；

⑥ 与防火设计有关的采暖通风、防爆、防排烟、变配电设计图以及说明；

⑦ 审核中需要涉及的其他图纸资料以及说明；

⑧ 重点工程项目申请办理基础工程提前开工的，应该报送消防设计专篇、总平面布局及书面申请报告等材料；

⑨ 建设单位应当把报送的图纸资料装订成册（规格为 A4 纸大小）。

表 5-2 《建筑消防设计防火审核申报表》

<table>
<tr><td>工程名称</td><td colspan="3"></td><td>预计开工时间</td><td colspan="2"></td></tr>
<tr><td>工程地点</td><td colspan="3"></td><td>预计竣工时间</td><td colspan="2"></td></tr>
<tr><td>单位类别</td><td colspan="2">单位名称</td><td>负责人</td><td>联系人</td><td colspan="2">联系电话</td></tr>
<tr><td>建设单位</td><td colspan="2"></td><td></td><td></td><td colspan="2"></td></tr>
<tr><td>设计单位</td><td colspan="2"></td><td></td><td></td><td colspan="2"></td></tr>
<tr><td>施工单位</td><td colspan="2"></td><td></td><td></td><td colspan="2"></td></tr>
<tr><td>使用类别</td><td colspan="6">1. 饭店、旅馆　2. 公寓、住宅　3. 体育场、馆，俱乐部，影剧院　4. 办公、科研、医院
5. 商业、金融　6. 交通、通信枢纽　7. 甲、乙类厂房　8. 甲、乙类库房
9. 丙类厂房　10. 丙类库房　11. 丁、戊类厂房　12. 丁、戊类库房
13. 油罐站、管线　14. 气罐站、管线　15. 高级综合建筑　16. 一般综合建筑
17. 其他</td></tr>
<tr><td>工程性质</td><td>工程类别</td><td>投资方式</td><td>总投资（概算）</td><td>水源</td><td colspan="2">进水管</td></tr>
<tr><td>1. 国家直属
2. 省属
3. 市属
4. 县(市、区)属
5. 私营</td><td>1. 新建
2. 改建
3. 扩建
4. 改变用途</td><td>1. 中资
2. 合资
3. 外资</td><td>万元
消防投资（概算）
万元</td><td>1. 市政
2. 河流
3. 湖泊
4. 深井
5. 水池
6. 无</td><td>数量/条</td><td>管径/mm</td></tr>
<tr><td>电力负荷等级</td><td colspan="6">电源情况</td></tr>
<tr><td>1. 一级负荷
2. 二级负荷
3. 三级负荷</td><td colspan="6">1. 一路供电　2. 二回路供电　3. 二路供电　4. 三路供电
5. 一路供电、自备发电　6. 二回路供电、自备发电
7. 二路供电、自备发电　8. 三路供电、自备发电</td></tr>
</table>

续表

<table>
<tr><td></td><td>结构类型</td><td>耐火等级</td><td colspan="2">层数/层</td><td>高度</td><td>建筑面积</td><td>占地面积</td><td>火灾危险性</td></tr>
<tr><td>单位
建筑名称</td><td>1. 砖木
2. 混合
3. 钢筋混凝土
4. 钢结构
5. 其他</td><td>1. 一级
2. 二级
3. 三级
4. 四级</td><td>地上</td><td>地下</td><td>m</td><td>m^2</td><td>m^2</td><td>1. 甲
2. 乙
3. 丙
4. 丁
5. 戊</td></tr>
<tr><td rowspan="7">储存情况</td><td>储罐位置</td><td colspan="7"></td></tr>
<tr><td colspan="4">储罐类别</td><td colspan="4">储存状态</td></tr>
<tr><td colspan="4">1. 桶装、瓶装　2. 内浮顶罐　3. 水槽式罐
4. 浮顶罐　5. 球形罐　6. 拱顶罐
7. 卧式罐　8. 其他</td><td colspan="4">1. 可燃液体　2. 易燃液体
3. 可燃气体　4. 助燃气体
5. 不燃气体　6. 可燃固体
7. 其他</td></tr>
<tr><td>储罐材质</td><td>储存形式</td><td colspan="2">储存工作压力</td><td colspan="2">储存温度</td><td colspan="2">储存物</td></tr>
<tr><td>1. 钢
2. 混凝土
3. 硅
4. 洞穴</td><td>1. 半地下
2. 地上
3. 地下</td><td colspan="2">1. 高压
2. 常压
3. 低压</td><td colspan="2">1. 低温
2. 常温
3. 降温</td><td colspan="2"></td></tr>
<tr><td>罐体
几何容积</td><td>m^3</td><td colspan="2">罐区
几何容积</td><td colspan="2">m^3</td><td colspan="2">储罐直径
/m</td></tr>
<tr><td colspan="8"></td></tr>
<tr><td rowspan="4">防火及疏散系统</td><td>设施名称</td><td colspan="2">有无状况</td><td>设施名称</td><td colspan="4">有无状况</td></tr>
<tr><td>疏散指示标志</td><td>1. 有;2. 无</td><td></td><td>防火门</td><td>1. 有;2. 无</td><td colspan="3"></td></tr>
<tr><td>消防电源</td><td>1. 有;2. 无</td><td></td><td>防火卷帘</td><td>1. 有;2. 无</td><td colspan="3"></td></tr>
<tr><td>应急照明</td><td>1. 有;2. 无</td><td></td><td>消防电梯</td><td>1. 有;2. 无</td><td colspan="3"></td></tr>
<tr><td rowspan="4">消防供水系统</td><td>产品名称</td><td colspan="2">有无状况</td><td>产品名称</td><td colspan="4">有无状况</td></tr>
<tr><td>室内消火栓</td><td>1. 有;2. 无</td><td></td><td>水泵接合器</td><td>1. 有;2. 无</td><td colspan="3"></td></tr>
<tr><td>室外消火栓</td><td>1. 有;2. 无</td><td></td><td>气压水罐</td><td>1. 有;2. 无</td><td colspan="3"></td></tr>
<tr><td>消防水泵</td><td>1. 有;2. 无</td><td></td><td>稳压泵</td><td>1. 有;2. 无</td><td colspan="3"></td></tr>
<tr><td rowspan="2">通风空调系统</td><td>产品名称</td><td colspan="2">有无状况</td><td>产品名称</td><td colspan="4">有无状况</td></tr>
<tr><td>风机</td><td>1. 有;2. 无</td><td></td><td>防火阀</td><td>1. 有;2. 无</td><td colspan="3"></td></tr>
</table>

续表

<table>
<tr><td rowspan="6">防烟排烟系统</td><td>部位</td><td>系统方式</td><td>产品名称</td><td colspan="2">有无状况</td></tr>
<tr><td>防烟楼梯间</td><td></td><td>防火阀</td><td>1. 有;2. 无</td><td></td></tr>
<tr><td>前室及合用前室</td><td></td><td>送风机</td><td>1. 有;2. 无</td><td></td></tr>
<tr><td>走道</td><td></td><td>排烟阀</td><td>1. 有;2. 无</td><td></td></tr>
<tr><td>房间</td><td></td><td>排烟机</td><td>1. 有;2. 无</td><td></td></tr>
<tr><td colspan="5">系统方式:1. 自然排烟;2. 机械排烟;3. 送风排烟;4. 正压送风;5. 通风兼排烟</td></tr>
</table>

<table>
<tr><td rowspan="2">火灾自动报警系统</td><td colspan="2">系统有无状况:1. 有;2. 无</td><td></td><td>设置部位</td><td></td></tr>
<tr><td>形式</td><td>1. 控制中心报警
2. 集中报警
3. 区域报警</td><td colspan="2">应急广播系统有无状况:
1. 有;2. 无</td><td>应急照明和疏散诱导系统有无状况:
1. 有;2. 无</td></tr>
</table>

<table>
<tr><td rowspan="7">自动灭火系统</td><td colspan="2">系统名称及有无状况:1. 有;2. 无</td><td colspan="3">系统名称及有无状况:1. 有;2. 无</td></tr>
<tr><td>自动喷水灭火系统</td><td></td><td colspan="2">蒸汽灭火系统</td><td></td></tr>
<tr><td>卤代烷灭火系统</td><td></td><td colspan="2">干粉灭火系统</td><td></td></tr>
<tr><td>二氧化碳灭火系统</td><td></td><td rowspan="3">消控室</td><td>设置位置</td><td></td></tr>
<tr><td>泡沫灭火系统</td><td></td><td>面积</td><td></td></tr>
<tr><td>氮气灭火系统</td><td></td><td>耐火等级</td><td></td></tr>
</table>

<table>
<tr><td rowspan="4">灭火器配置设计</td><td>火灾配置场所类别</td><td colspan="6">1. A类　2. B类　3. C类</td></tr>
<tr><td>危险等级</td><td colspan="6">1. 严重危险　2. 中危险　3. 轻危险</td></tr>
<tr><td>选择类型</td><td>1. 清水</td><td>2. 酸碱</td><td>3. 干粉</td><td>4. 化学泡沫</td><td>5. 二氧化碳</td><td>6. 其他</td></tr>
<tr><td>数量</td><td></td><td></td><td></td><td></td><td></td><td></td></tr>
</table>

工程简要说明

（2）建筑工程消防验收条件。建筑工程验收由申请消防验收的单位到当地公安消防机构领取并要填写《建筑工程消防验收申报表》两份，并报送下列资料。

① 公安消防机构下发的《建筑工程消防设计审核意见书》复印件。

② 室内、室外消防给水管网和消防电源的竣工资料。

③ 具有法定资格的监理单位出具的《建筑消防设施质量监理报告》。

④ 防火专篇。

⑤ 具有法定资格的检测单位出具的《建筑消防设施检测报告》（只有室内消火栓且没有消防水泵房系统的建筑不做要求）。

⑥ 主要建筑防火材料、构件以及消防产品合格证明。

⑦ 电气设施消防安全检测报告。

⑧ 建设单位应当将报送的图纸资料装订成册（规格为 A4 大小）。

（3）办理时限

① 建筑防火审批时限。一般工程是在七个工作日内，重点工程和设置建筑自动消防设施的建筑工程是在十个工作日内，若工程复杂，需要组织专家论证的，十五个工作日之内签发《建筑工程消防设计审核意见书》。

② 建筑工程验收时限。五个工作日内对建筑工程进行现场验收，并且在五个工作日之内下发《建筑工程消防验收意见书》。

（4）消防系统交工技术保证资料。消防系统交工技术保证资料为消防系统交工检测验收中的重要环节，也是保证消防设施质量的一种有效手段，下面列举常用的有关保证资料内容，供相关人员使用参考。

① 消防监督部门的建审意见书。

② 设计变更。

③ 图纸会审记录。

④ 系统竣工表。

⑤ 竣工图纸。

⑥ 主要消防设备的形式检验报告。

形式检验报告是国家或省级消防检测部门对该设备出具的产品质量、性能达到国家有关标准，准许在我国使用的技术文件。无论是国内产品还是进口产品，均应当经过此类的检测并获得通过以后方可在工程中使用。同时省外的产品还应具备使用所在地消防部门所发布的消防产品登记备案证。需要上述文件的设备主要有：

a. 火灾自动报警设备（包括：探测器与控制器等）；
b. 室内外消火栓；
c. 各种喷头、报警阀以及水流指示器等；
d. 消防水泵；
e. 气压稳压设备；
f. 防火门及防火卷帘门；
g. 水泵结合器；
h. 防火阀；
i. 疏散指示灯；
j. 其他灭火设备（如二氧化碳等）；
k. 主要设备及材料的合格证。

除以上设备外，各种管材，电线、电缆等，不燃、难燃材料应有有关检测报告，钢材应当有材质化验单等。

⑦ 隐蔽工程记录。隐蔽工程记录是对已经隐蔽检测时而且又无法观察的部分进行评定的主要依据之一。隐蔽工程记录应有施工单位、建设单位的代表签字及上述单位公章才能生效。主要隐蔽工程记录如下：

a. 消防供电、消防通信管路隐蔽工程记录；
b. 自动报警系统管路敷设隐蔽工程记录；
c. 消防管网隐蔽工程记录（包括水系统、气体以及泡沫等系统）；
d. 接地装置隐蔽工程记录。

⑧ 系统调试报告（包括火灾自动报警系统，水系统，气体、泡沫以及二氧化碳等系统）。

⑨ 接地电阻测试记录。

⑩ 绝缘电阻测试记录。

⑪ 消防管网水冲洗记录（包括自动喷水系统，气体、泡沫以及二氧化碳等系统）。

⑫ 管道系统试压记录（包括自动喷水系统，气体、泡沫以及二氧化碳等系统）。

⑬ 接地装置安装记录。

⑭ 电动门以及防火卷帘调试记录。

⑮ 电动门以及防火卷帘安装记录。

⑯ 消防广播系统调试记录。

⑰ 水泵安装记录。

⑱ 风机安装记录。

⑲ 风机、水泵运行记录。

⑳ 自动喷水灭火系统联动试验记录。
㉑ 消防电梯安装记录。
㉒ 防排烟系统调试及联动试验及试运行记录。
㉓ 气体灭火联动试验记录。
㉔ 气体灭火管网冲洗及试压记录。
㉕ 泡沫液储罐的强度及严密性试验记录。
㉖ 阀门的严密性和强度性试验记录。

5.8.2 项目验收的具体内容

系统的检测及验收应根据国家现行的有关法规，由具有对消防系统检测资质的中介机构进行系统性能的检测，在取得检测数据报告之后，向当地消防主管部门提请验收，验收合格后方可投入使用。以下通过几种常见的系统的检测和验收的内容加以整理说明。

（1）室内消火栓检测验收

① 消火栓设置的位置检测。消火栓设置位置应满足在火灾时两个消火栓同时达到起火点的要求。检测时通过对设计图纸的核对及现场测量进行评定。

② 最不利点消火栓的充实水柱的测量。对于充实水柱的测量应在消防泵启动正常、系统内存留气体放尽后进行，当实际测量有困难时，可以采用目测，计算由水枪出口处算起至90%水柱穿过32cm圆孔为止的长度。

③ 消火栓静压测量。消火栓栓口的静水压力不应大于0.80MPa，出水压力应不大于0.50MPa。

对于高位水箱设置高度应当确保最不利点消火栓栓口静水压力，当建筑物不超过100m时应不低于0.07MPa，当建筑物高度大于100m时应当不低于0.15MPa，当设有稳压和增压设施时，应该满足设计要求。

对于静压的测量应在消防泵未启动情况下进行。

④ 消火栓手动报警按钮。应该在按下消火栓手动报警按钮以后启动消防泵，按钮本身应有可见光显示，表明已经启动，消防控制室应当显示按下的消火栓报警按钮的位置。

⑤ 消火栓安装质量的检测。消火栓安装质量检测主要为箱体安装应牢固，暗装的消火栓箱的四周以及背面与墙体之间不应有空隙，栓口的出水方向应向下或者垂直于设置消火栓的墙面，栓口中心距地面高度宜为1.1m。

（2）防火门的检测验收。对防火门的检测除进行有关形式检测报告及合格证等检查外，还应进行下列项目检查。

① 防火门的型号、规格、数量、安装位置等应符合设计要求。

② 安装质量验收

a. 除特殊情况外，防火门应向疏散方向开启，防火门在关闭后应从任何一侧手动开启。

b. 常闭防火门应安装闭门器等，双扇和多扇防火门应安装顺序器。

c. 常开防火门，应安装发生火灾时能自动关闭门扇的控制装置、信号反馈装置和现场手动控制装置。

d. 防火门电动控制装置的安装应符合设计和产品说明书要求。

e. 防火插销应安装在双扇门或多扇门相对固定一侧的门扇上。

f. 防火门门框与门扇、门扇与门扇的缝隙处嵌装的防火密封件应牢固、完好。

g. 设置在变形缝附近的防火门，应安装在楼层数较多的一侧，且门扇开启后不应跨越变形缝。

h. 钢质防火门门框内应充填水泥砂浆。门框与墙体应用预埋钢件或膨胀螺栓等连接牢固，其固定点间距不宜大于600mm。

i. 防火门门扇与门框的搭接尺寸不应小于12mm。使门扇处于关闭状态，用工具在门扇与门框相交的左边、右边和上边的中部画线做出标记，用钢板尺测量。

j. 防火门门扇与门框的配合活动间隙应符合下列规定：

ⓐ 门扇与门框有合页一侧的配合活动间隙不应大于设计图纸规定的尺寸公差；

ⓑ 门扇与门框有锁一侧的配合活动间隙不应大于设计图纸规定的尺寸公差；

ⓒ 门扇与上框的配合活动间隙不应大于3mm；

ⓓ 双扇、多扇门的门扇之间缝隙不应大于3mm；

ⓔ 门扇与下框或地面的活动间隙不应大于9mm；

ⓕ 门扇与门框贴合面间隙、门扇与门框有合页一侧、有锁一侧及上框的贴合面间隙，均不应大于3mm。

k. 防火门安装完成后，其门扇应启闭灵活，并应无反弹、翘角、卡阻和关闭不严现象。

l. 除特殊情况外，防火门门扇的开启力不应大于80N。

③ 控制功能验收

a. 常闭防火门，从门的任意一侧手动开启，都应自动关闭。当装有信号反馈装置时，开、关状态信号应反馈到消防控制室。

b. 常开防火门，其任意一侧的火灾探测器报警后，均应自动关闭，并应将关闭信号反馈至消防控制室。用专用测试工具，使常开防火门一侧的火灾探测器发出模拟火灾报警信号，观察防火门动作情况及消防控制室信号显示情况。

c. 常开防火门，接到消防控制室手动发出的关闭指令后，应自动关闭，并应将关闭信号反馈至消防控制室。在消防控制室启动防火门关闭功能，观察防火门动作情况及消防控制室信号显示情况。

d. 常开防火门，接到现场手动发出的关闭指令后，应自动关闭，并应将关闭信号反馈至消防控制室。现场手动启动防火门关闭装置，观察防火门动作情况及消防控制室信号显示情况。

（3）防火卷帘的检测验收

① 防火卷帘的型号、规格、数量、安装位置等应符合设计要求。

② 防火卷帘施工安装质量的验收

a. 防火卷帘帘板（面）安装应符合下列规定：

ⓐ 钢质防火卷帘相邻帘板串接后应转动灵活，摆动 90°不应脱落；

ⓑ 钢质防火卷帘的帘板装配完毕后应平直，不应有孔洞或缝隙；

ⓒ 钢质防火卷帘帘板两端挡板或防窜机构应装配牢固，卷帘运行时，相邻帘板窜动量不应大于 2mm；

ⓓ 无机纤维复合防火卷帘帘面两端应安装防风勾；

ⓔ 无机纤维复合防火卷帘帘面应通过固定件与卷轴相连。

b. 导轨安装应符合下列规定。

ⓐ 防火卷帘帘板或帘面嵌入导轨的深度应符合表 5-3 的规定。导轨间距大于表 5-3 的规定时，导轨间距每增加 1000mm，每端嵌入深度应增加 10mm，且卷帘安装后不应变形。用直尺测量，测量点为每根导轨距其底部 200mm 处，取最小值。

表 5-3　帘板或帘面嵌入导轨的深度　　单位：mm

导轨间距 B	每端最小嵌入深度
$B<3000$	>45
$3000\leqslant B<5000$	>50
$5000\leqslant B<9000$	>60

ⓑ 导轨顶部应成圆弧形，其长度应保证卷帘正常运行。

ⓒ 导轨的滑动面应光滑、平直。帘片或帘面、滚轮在导轨内运行时应平稳顺畅，不应有碰撞和冲击现象。

ⓓ 单帘面卷帘的两根导轨应互相平行，双帘面卷帘不同帘面的导轨也应互相平行，其平行度误差均不应大于5mm。如用钢卷尺测量，测量点为距导轨顶部200mm处、导轨长度的1/2处及距导轨底部200mm处3点，取最大值和最小值之差。

ⓔ 卷帘的导轨安装后相对于基础面的垂直度误差不应大于1.5mm/m，全长不应大于20mm。

ⓕ 卷帘的防烟装置与帘面应均匀紧密贴合，其贴合面长度不应小于导轨长度的80%。若用塞尺测量，防火卷帘关闭后用0.1mm的塞尺测量帘板或帘面表面与防烟装置之间的缝隙，塞尺不能穿透防烟装置时，表明帘板或帘面与防烟装置紧密贴合。

ⓖ 防火卷帘的导轨应安装在建筑结构上，并应采用预埋螺栓、焊接或膨胀螺栓连接。导轨安装应牢固，固定点间距应为600～1000mm。

c. 座板安装应符合下列规定：

ⓐ 座板与地面应平行，接触应均匀。座板与帘板或帘面之间的连接应牢固；

ⓑ 无机复合防火卷帘的座板应保证帘面下降顺畅，并应保证帘面具有适当悬垂度。

d. 门楣安装应符合下列规定。

ⓐ 门楣安装应牢固，固定点间距应为600～1000mm。

ⓑ 门楣内的防烟装置与卷帘帘板或帘面表面应均匀紧密贴合，其贴合面长度不应小于门楣长度的80%，非贴合部位的缝隙不应大于2mm。如用塞尺测量，防火卷帘关闭后用0.1mm的塞尺测量帘板或帘面表面与防烟装置之间的缝隙，塞尺不能穿透防烟装置时，表明帘板或帘面与防烟装置紧密贴合，非贴合部分采用2.0mm的塞尺测量。

e. 传动装置安装应符合下列规定：

ⓐ 卷轴与支架板应牢固地安装在混凝土结构或预埋钢件上；

ⓑ 卷轴在正常使用时的挠度应小于卷轴的1/400。

f. 卷门机安装应符合下列规定：

ⓐ 卷门机应按产品说明书要求安装，且应牢固可靠；

ⓑ 卷门机应设有手动拉链和手动速放装置，其安装位置应便于操作，并应有明显标志。手动拉链和手动速放装置不应加锁，且应采用不燃或难燃材料制作。

g. 防护罩（箱体）安装应符合下列规定：

ⓐ 防护罩尺寸的大小应与防火卷帘洞口宽度和卷帘卷起后的尺寸相适应，并应保证卷帘卷满后与防护罩仍保持一定的距离，不应相互

碰撞；

ⓑ 防护罩靠近卷门机处，应留有检修口；

ⓒ 防护罩的耐火性能应与防火卷帘相同。

h. 温控释放装置的安装位置应符合设计和产品说明书的要求。

i. 防火卷帘、防护罩等与楼板、梁和墙、柱之间的空隙，应采用防火封堵材料等封堵，封堵部位的耐火极限不应低于防火卷帘的耐火极限。

j. 防火卷帘控制器安装应符合下列规定。

ⓐ 防火卷帘的控制器和手动按钮盒应分别安装在防火卷帘内外两侧的墙壁上，当卷帘一侧为无人场所时，可安装在一侧墙壁上，且应符合设计要求。控制器和手动按钮盒应安装在便于识别的位置，且应标出上升、下降、停止等功能。

ⓑ 防火卷帘控制器及手动按钮盒的安装应牢固可靠，其底边距地面高度宜为1.3～1.5m。

ⓒ 防火卷帘控制器的金属件应有接地点，且接地点应有明显的接地标志，连接地线的螺钉不应做其他紧固用。

k. 与火灾自动报警系统联动的防火卷帘，其火灾探测器和手动按钮盒的安装应符合下列规定。

ⓐ 防火卷帘两侧均应安装火灾探测器组和手动按钮盒。当防火卷帘一侧为无人场所时，防火卷帘有人侧应安装火灾探测器组和手动按钮盒。

ⓑ 用于联动防火卷帘的火灾探测器的类型、数量及其间距应符合《火灾自动报警系统设计规范》(GB 50116—2013) 的有关规定。

l. 用于保护防火卷帘的自动喷水灭火系统的管道、喷头、报警阀等组件的安装，应符合《自动喷水灭火系统施工及验收规范》(GB 50261—2017) 的有关规定。

m. 防火卷帘电气线路的敷设安装，除应符合设计要求外，尚应符合《建筑设计防火规范》(GB 50016—2014)(2018 版) 的有关规定。

③ 防火卷帘系统功能验收

a. 防火卷帘控制器应进行通电功能、备用电源、火灾报警功能、故障报警功能、自动控制功能、手动控制功能和自重下降功能调试，并应符合下列要求。

ⓐ 通电功能调试时，应将防火卷帘控制器分别与消防控制室的火灾报警控制器或消防联动控制设备、相关的火灾探测器、卷门机等连接

并通电，防火卷帘控制器应处于正常工作状态。

ⓑ 备用电源调试时，设有备用电源的防火卷帘，其控制器应有主、备电源转换功能。主、备电源的工作状态应有指示，主、备电源的转换不应使防火卷帘控制器发生误动作。备用电源的电池容量应保证防火卷帘控制器在备用电源供电条件下能正常可靠工作 1h，并应提供控制器控制卷门机速放控制装置完成卷帘自重垂降，控制卷帘在中限位停止、延后降至下限位所需的电源。

检查方法为切断防火卷帘控制器的主电源，观察电源工作指示灯变化情况和防火卷帘是否发生误动作。再切断卷门机主电源，使用备用电源供电，使防火卷帘控制器工作 1h，用备用电源启动速放控制装置，观察防火卷帘动作、运行情况。

ⓒ 火灾报警功能调试时，防火卷帘控制器应直接或间接地接收来自火灾探测器组发出的火灾报警信号，并应发出声、光报警信号。检查方法为使火灾探测器组发出火灾报警信号，观察防火卷帘控制器的声、光报警情况。

ⓓ 故障报警功能调试时，防火卷帘控制器的电源缺相或相序有误，以及防火卷帘控制器与火灾探测器之间的连接线断线或发生故障，防火卷帘控制器均应发出故障报警信号。

检查方法为任意断开电源一相或对调电源的任意两相，手动操作防火卷帘控制器按钮，观察防火卷帘动作情况及防火卷帘控制器报警情况。断开火灾探测器与防火卷帘控制器的连接线，观察防火卷帘控制器的报警情况。

ⓔ 自动控制功能调试时，当防火卷帘控制器接收到火灾报警信号后，应输出控制防火卷帘完成相应动作的信号，并应符合下列要求：控制分隔防火分区的防火卷帘由上限位自动关闭至全闭。防火卷帘控制器接到感烟火灾探测器的报警信号后，控制防火卷帘自动关闭至中位（1.8m）处停止，接到感温火灾探测器的报警信号后，继续关闭至全闭。防火卷帘半降、全降的动作状态信号应反馈到消防控制室。

检查方法为分别使火灾探测器组发出半降、全降信号，观察防火卷帘控制器声、光报警和防火卷帘动作、运行情况以及消防控制室防火卷帘动作状态信号显示情况。

ⓕ 手动控制功能调试时，手动操作防火卷帘控制器上的按钮和手动按钮盒上的按钮，可控制防火卷帘的上升、下降、停止。

ⓖ 自重下降功能调试时，应将卷门机电源设置于故障状态，防火

卷帘应在防火卷帘控制器的控制下，依靠自重下降至全闭。

检查方法为切断卷门机电源，按下防火卷帘控制器下降按钮，观察防火卷帘动作、运行情况。

b. 防火卷帘用卷门机的调试应符合下列规定。

ⓐ 卷门机手动操作装置（手动拉链）应灵活、可靠，安装位置应便于操作。使用手动操作装置（手动拉链）操作防火卷帘启、闭运行时，不应出现滑行撞击现象。

ⓑ 卷门机应具有电动启闭和依靠防火卷帘自重恒速下降（手动速放）的功能。启动防火卷帘自重下降（手动速放）的臂力不应大于 70N。

ⓒ 卷门机应设有自动限位装置，当防火卷帘启、闭至上、下限位时，应自动停止，其重复定位误差应小于 20mm。

c. 防火卷帘运行功能的调试应符合下列规定。

ⓐ 防火卷帘装配完成后，帘面在导轨内运行应平稳，不应有脱轨和明显的倾斜现象。双帘面卷帘的两个帘面应同时升降，两个帘面之间的高度差不应大于 50mm。

ⓑ 防火卷帘电动启、闭的运行速度应为 2～7.5m/min，其自重下降速度不应大于 9.5m/min。

ⓒ 防火卷帘启、闭运行的平均噪声不应大于 85dB。

检查方法为在防火卷帘运行中，用声级计在距卷帘表面的垂直距离 1m、距地面的垂直距离 1.5m 处，水平测量三次，取其平均值。

ⓓ 安装在防火卷帘上的温控释放装置动作后，防火卷帘应自动下降至全闭。

同一工程同类温控释放装置抽检 1～2 个。检查方法为防火卷帘安装并调试完毕后，切断电源，加热温控释放装置，使其感温元件动作，观察防火卷帘动作情况。试验前，应准备备用的温控释放装置，试验后，应重新安装。

（4）防火窗的检测验收

① 防火窗的型号、规格、数量、安装位置等应符合设计要求。

② 防火窗安装质量的验收

a. 有密封要求的防火窗，其窗框密封槽内镶嵌的防火密封件应牢固、完好。

b. 钢质防火窗窗框内应充填水泥砂浆。窗框与墙体应用预埋钢件或膨胀螺栓等连接牢固，其固定点间距不宜大于 600mm。

c. 活动式防火窗窗扇启闭控制装置的安装应符合设计和产品说明

书要求，并应位置明显，便于操作。

d. 活动式防火窗应装配发生火灾时能控制窗扇自动关闭的温控释放装置。温控释放装置的安装应符合设计和产品说明书要求。

③ 活动式防火窗控制功能的验收

a. 活动式防火窗，现场手动启动防火窗窗扇启闭控制装置时，活动窗扇应灵活开启，并应完全关闭，同时应无启闭卡阻现象。

b. 活动式防火窗，其任意一侧的火灾探测器报警后，都应自动关闭，并应将关闭信号反馈至消防控制室。

检查方法为用专用测试工具，使活动式防火窗任意一侧的火灾探测器发出模拟火灾报警信号，观察防火窗动作情况及消防控制室信号显示情况。

c. 活动式防火窗，接到消防控制室发出的关闭指令后，应自动关闭，并应将关闭信号反馈至消防控制室。

检查方法为在消防控制室启动防火窗关闭功能，观察防火窗动作情况及消防控制室信号显示情况。

d. 安装在活动式防火窗上的温控释放装置动作后，活动式防火窗应在 60s 内自动关闭。

同一工程同类温控释放装置抽检 1～2 个。检查方法为活动式防火窗安装并调试完毕后，切断电源，加热温控释放装置，使其热敏感元件动作，观察防火窗动作情况，用秒表测试关闭时间。试验前，应准备备用的温控释放装置，试验后，应重新安装。

（5）消防电梯的检测验收。消防电梯检测验收主要有以下内容。

① 应能每层停靠。

② 消防电梯的运载质量应不小于 800kg。

③ 运行时间。消防电梯从首层运行到顶层的时间应不大于 1min。

④ 电梯的动力与控制电缆、电线、控制面板应采取防水措施。

⑤ 在首层的消防电梯的入口处应设置供消防队员专用的操作按钮。

⑥ 电梯轿厢内部装修应采用不燃材料。

⑦ 电梯轿厢内部应设置专用消防对讲电话。

（6）发电机的检测验收。自备发电机的检测验收主要项目如下。

① 发电机的发电容量应当符合消防用电量的要求。

② 发电机手动启动时间应不大于 1min；自动启动时间应当不大于 30s。

③ 发电机供电线路应当有防止市电倒送装置，并且发电机相序与市电相序应一致。

(7) 疏散指示灯的检测验收

① 疏散指示灯的指示方向应当相同于实际疏散方向，墙上安装时安装高度应在1m以下且间距不宜大于20m，人防工程不宜大于10m。

② 疏散指示灯的照度应不小于0.5lx；人防工程不低于1lx。

③ 疏散指示灯采用蓄电池作为备用电源时，其应急工作时间应不小于20min，建筑物高度超过100m时其应急工作时间应不小于30min。

④ 疏散指示灯的主备电源切换时间应不大于5s。

⑤ 火灾应急照明和疏散指示控制装置应进行1～3次使系统转入应急状态检验，系统中各消防应急照明灯具均应能转入应急状态。

(8) 火灾应急广播的检测验收

① 安装的验收。消防应急广播扬声器的安装应符合下列规定：

a. 扬声器和火灾声警报装置宜在报警区域内均匀安装，扬声器在走道内安装时，距走道末端的距离不应大于12.5m；

b. 采用壁挂方式安装时，底边距地面高度应大于2.2m；

c. 应安装牢固，表面不应有破损。

② 调试验收

a. 消防应急广播控制设备调试。应将各广播回路的扬声器与消防应急广播控制设备相连接，接通电源，使广播控制设备处于正常工作状态，对广播控制设备下列主要功能进行检查并记录，广播控制设备的功能应符合《消防联动控制系统》(GB 16806—2006) 的规定：自检功能；主、备电源的自动转换功能；故障报警功能；消音功能；应急广播启动功能；现场语言播报功能；应急广播停止功能。

b. 扬声器调试。应对扬声器的广播功能进行检查并记录，扬声器的广播功能应符合下列规定：应操作消防应急广播控制设备使扬声器播放应急广播信息；语音信息应清晰；在扬声器生产企业声称的最大设置间距、距地面1.5～1.6m处，应急广播的A计权声压级应大于60dB，环境噪声大于60dB时，应急广播的A计权声压级应高于背景噪声15dB。

c. 火灾警报、消防应急广播控制调试

ⓐ 应将广播控制设备与消防联动控制器相连接，使消防联动控制器处于自动状态，根据系统联动控制逻辑设计文件的规定，对火灾警报和消防应急广播系统的联动控制功能进行检查并记录，火灾警报和消防应急广播系统的联动控制功能应符合下列规定：应使报警区域内符合联动控制触发条件的两个火灾探测器，或一个火灾探测器和一个手动火灾报警按钮发出火灾报警信号。消防联动控制器应发出火灾警报装置和应

急广播控制装置动作的启动信号，点亮启动指示灯。消防应急广播系统与普通广播或背景音乐广播系统合用时，消防应急广播控制装置应停止正常广播。报警区域内所有的火灾声光警报器和扬声器均应按下列规定交替工作：报警区域内所有的火灾声光警报器应同时启动，持续工作8～20s后，所有的火灾声光警报器应同时停止警报；警报停止后，所有的扬声器应同时进行1～2次消防应急广播，每次广播10～30s后，所有的扬声器均应停止播放广播信息。消防控制器图形显示装置应显示火灾报警控制器的火灾报警信号、消防联动控制器的启动信号，且显示的信息应与控制器的显示一致。

ⓑ 联动控制功能检查过程应在报警区域内所有的火灾声光警报器或扬声器持续工作时，对系统的手动插入操作优先功能进行检查并记录，系统的手动插入操作优先功能应符合下列规定：应手动操作消防联动控制器总线控制盘上火灾警报或消防应急广播停止控制按钮、按键，报警区域内所有的火灾声光警报器或扬声器应停止正在进行的警报或应急广播；应手动操作消防联动控制器总线控制盘上火灾警报或消防应急广播启动控制按钮、按键，报警区域内所有的火灾声光警报器或扬声器应恢复警报或应急广播。

（9）火灾探测器的检测验收

① 探测器应能够输出火警信号且报警控制器所显示的位置应当同该探测器安装位置相一致。

② 探测器安装质量应符合的要求。

a. 点型感烟火灾探测器、点型感温火灾探测器、一氧化碳火灾探测器、点型家用火灾探测器、独立式火灾探测报警器的安装，应符合下列规定：

ⓐ 探测器至墙壁、梁边的水平距离不应小于0.5m；

ⓑ 探测器周围水平距离0.5m内不应有遮挡物；

ⓒ 探测器至空调送风口最近边的水平距离不应小于1.5m，至多孔送风顶棚孔口的水平距离不应小于0.5m；

ⓓ 在宽度小于3m的内走道顶棚上安装探测器时，宜居中安装，点型感温火灾探测器的安装间距不应超过10m，点型感烟火灾探测器的安装间距不应超过15m，探测器至端墙的距离不应大于安装间距的一半；

ⓔ 探测器宜水平安装，当确需倾斜安装时，倾斜角不应大于45°。

b. 线型光束感烟火灾探测器的安装应符合下列规定：

ⓐ 探测器光束轴线至顶棚的垂直距离宜为0.3～1.0m，高度大于

12m 的空间场所增设的探测器的安装高度应符合设计文件和《火灾自动报警系统设计规范》(GB 50116—2013)的规定;

ⓑ 发射器和接器(反射式探测器的探测器和反射板)之间的距离不宜超过 100m;

ⓒ 相邻两组探测器光束轴线的水平距离不应大于 14m,探测器光束轴线至侧墙水平距离不应大于 7m,且不应小于 0.5m;

ⓓ 发射器和接收器(反射式探测器的探测器和反射板)应安装在固定结构上,且应安装牢固,确需安装在钢架等容易发生位移形变的结构上时,结构的位移不应影响探测器的正常运行;

ⓔ 发射器和接收器(反射式探测器的探测器和反射板)之间的光路上应无遮挡物;

ⓕ 应保证接收器(反射式探测器的探测器)避开日光和人工光源直接照射。

c. 线型感温火灾探测器的安装应符合下列规定:

ⓐ 敷设在顶棚下方的线型差温火灾探测器至顶棚距离宜为 0.1m,相邻探测器之间的水平距离不宜大于 5m,探测器至墙壁距离宜为 1.0～1.5m;

ⓑ 在电缆桥架、变压器等设备上安装时,宜采用接触式布置,在各种皮带输送装置上敷设时,宜敷设在装置的过热点附近;

ⓒ 探测器敏感部件应采用产品配套的固定装置固定,固定装置的间距不宜大于 2m;

ⓓ 缆式线型感温火灾探测器的敏感部件应采用连续无接头方式安装,如确需中间接线,应采用专用接线盒连接,敏感部件安装敷设时应避免重力挤压冲击,不应硬性折弯、扭转,探测器的弯曲半径宜大于 0.2m;

ⓔ 分布式线型光纤感温火灾探测器的感温光纤不应打结,光纤弯曲时,弯曲半径应大于 50mm,每个光通道配接的感温光纤的始端及末端应各设置不小于 8m 的余量段,感温光纤穿越相邻的报警区域时,两侧应分别设置不小 8m 的余量段;

ⓕ 光栅光纤线型感温火灾探测器的信号处理单元安装位置不应受强光直射,光纤光栅感温段的弯曲半径应大于 0.3m。

d. 管路采样式吸气感烟火灾探测器的安装应符合下列规定:

ⓐ 高灵敏度吸气式感烟火灾探测器当设置为高灵敏度时,可安装在天棚高度大于 16m 的场所,并应保证至少有两个采样孔低于 16m;

ⓑ 非高灵敏度的吸气式感烟火灾探测器不宜安装在天棚高度大于

16m 的场所；

ⓒ 采样管应牢固安装在过梁、空间支架等建筑结构上；

ⓓ 在大空间场所安装时，每个采样孔的保护面积、保护半径均应满足点型感烟火灾探测器的保护面积、保护半径的要求，当采样管道布置形式为垂直采样时，每 2℃温差间隔或 3m 间隔（取最小者）应设置一个采样孔，采样孔不应背对气流方向；

ⓔ 采样孔的直径应根据采样管的长度及敷设方式、采样孔的数量等因素确定，并应满足设计文件和产品使用说明书的要求，采样孔需要现场加工时，应采用专用打孔工具；

ⓕ 当采样管道采用毛细管布置方式时，毛细管长度不宜超过 4m；

ⓖ 采样管和采样孔应设置明显的火灾探测器标识。

e. 点型火焰探测器和图像型火灾探测器的安装应符合下列规定：

ⓐ 安装位置应保证其视场角覆盖探测区域，并应避免光源直接照射在探测器的探测窗口；

ⓑ 探测器的探测视角内不应存在遮挡物；

ⓒ 在室外或交通隧道场所安装时，应采取防尘、防水措施。

f. 可燃气体探测器的安装应符合下列规定：

ⓐ 安装位置应根据探测气体密度确定，若其密度小于空气密度，探测器应位于可能出现泄漏点的上方或探测气体的最高可能聚集点上方，若其密度大于或等于空气密度，探测器应位于可能出现泄漏点的下方；

ⓑ 在探测器周围应适当留出更换和标定的空间；

ⓒ 安装线型可燃气体探测器时，应使发射器和接收器的窗口避免日光直射，且在发射器与接收器之间不应有遮挡物，发射器和接收器的距离不宜大于 60m，两组探测器之间的轴线距离不应大于 14m。

g. 电气火灾监控探测器的安装应符合下列规定：

ⓐ 探测器周围应适当留出更换与标定的作业空间；

ⓑ 剩余电流式电气火灾监控探测器负载侧的中性线不应与其他回路共用，且不应重复接地；

ⓒ 测温式电气火灾监控探测器应采用产品配套的固定装置固定在保护对象上。

h. 探测器底座的安装应符合下列规定：

ⓐ 应安装牢固，与导线连接应可靠压接或焊接，当采用焊接时，不应使用带腐蚀性的助焊剂；

ⓑ 连接导线应留有不小于 150mm 的余量，且在其端部应设置明显

的永久性标识；

ⓒ 穿线孔宜封堵，安装完毕的探测器底座应采取保护措施。

i. 探测器报警确认灯应朝向便于人员观察的主要入口方向。

j. 探测器在即将调试时方可安装，在调试前应妥善保管并应采取防尘、防潮、防腐蚀措施。

(10) 报警（联动）控制器的检测验收

① 报警功能的检测验收

a. 控制器应能直接或间接地接收来自火灾探测器及其他火灾报警触发器件的火灾报警信号，发出火灾报警声、光信号，指示火灾发生部位，记录火灾报警时间，并予以保持，直至手动复位。

b. 当有火灾探测器火灾报警信号输入时，控制器应在10s内发出火灾报警声、光信号。对来自火灾探测器的火灾报警信号可设置报警延时，其最大延时不应超过1min，延时期间应有延时光指示，延时设置信息应能通过本机操作查询。

c. 当有手动火灾报警按钮报警信号输入时，控制器应在10s内发出火灾报警声、光信号，并明确指示该报警是手动火灾报警按钮报警。

d. 控制器应有专用火警总指示灯（器）。控制器处于火灾报警状态时，火警总指示灯（器）应点亮。

e. 火灾报警声信号应能手动消除，当再有火灾报警信号输入时，应能再次启动。

f. 控制器采用字母（符）-数字显示时，还应满足下述要求。

ⓐ 应能显示当前火灾报警部位的总数。

ⓑ 应采用下述方法之一显示最先火灾报警部位：用专用显示器持续显示；如未设专用显示器，应在共用显示器的顶部持续显示。

ⓒ 后续火灾报警部位应按报警时间顺序连续显示。当显示区域不足以显示全部火灾报警部位时，应按顺序循环显示；同时应设手动查询按钮（键），每手动查询一次，只能查询一个火灾报警部位及相关信息。

g. 控制器需要接收来自同一探测器（区）内两个或两个以上火灾报警信号才能确定发出火灾报警信号时，还应满足下述要求。

ⓐ 控制器接收到第一个火灾报警信号时，应发出火灾报警声信号或故障声信号，并指示相应部位，但不能进入火灾报警状态。

ⓑ 接收到第一个火灾报警信号后，控制器在60s内接收到要求的后续火灾报警信号时，应发出火灾报警声、光信号，并进入火灾报警状态。

ⓒ 接收到第一个火灾报警信号后，控制器在30min内仍未接收到

要求的后续火灾报警信号时，应对第一个火灾报警信号自动复位。

h. 控制器需要接收到不同部位两个火灾探测器的火灾报警信号才能确定发出火灾报警信号时，还应满足下述要求。

ⓐ 控制器接收到第一个火灾探测器的火灾报警信号时，应发出火灾报警声信号或故障声信号，并指示相应部位，但不能进入火灾报警状态。

ⓑ 控制器接收到第一个火灾探测器火灾报警信号后，在规定的时间间隔（不小于5min）内未接收到要求的后续火灾报警信号时，可对第一个火灾报警信号自动复位。

i. 控制器应设手动复位按钮（键），复位后，仍然存在的状态及相关信息均应保持或在20s内重新建立。

j. 控制器火灾报警计时装置的日计时误差不应超过30s，使用打印机记录火灾报警时间时，应打印出月、日、时、分等信息，但不能仅使用打印机记录火灾报警时间。

k. 具有火灾报警历史事件记录功能的控制器应能至少记录999条相关信息，且在控制器断电后能保持信息14d。

l. 通过控制器可改变与其连接的火灾探测器响应阈值时，对探测器设定的响应阈值应能手动可查。

m. 除复位操作外，对控制器的任何操作均不应影响控制器接收和发出火灾报警信号。

② 报警控制功能的检测验收

a. 控制器在火灾报警状态下应有火灾声和/或光警报器控制输出。

b. 控制器可设置其他控制输出（应少于6点），用于火灾报警传输设备和消防联动设备等设备的控制，每一控制输出都应有对应的手动直接控制按钮（键）。

c. 控制器在发出火灾报警信号后3s内应启动相关的控制输出（有延时要求时除外）。

d. 控制器应能手动消除和启动火灾声和/或光警报器的声警报信号，消声后，有新的火灾报警信号时，声警报信号应能重新启动。

e. 具有传输火灾报警信息功能的控制器，在火灾报警信息传输期间应有光指示，并保持至复位，如有反馈信号输入，应有接收显示。对于采用独立指示灯（器）作为传输火灾报警信息显示的控制器，如有反馈信号输入，可用该指示灯（器）转为接收显示，并保持至复位。

f. 控制器发出消防联动设备控制信号时，应发出相应的声光信号指示，该声光信号指示不能被覆盖且应保持至手动恢复；在接收到消防联动控制设备反馈信号 10s 内应发出相应的声光信号，并保持至消防联动设备恢复。

g. 如需要设置控制输出延时，延时应按下述方式设置：

ⓐ 对火灾声和/或光警报器及对消防联动设备控制输出的延时，应通过火灾探测器和/或手动火灾报警按钮和/或特定部位的信号实现；

ⓑ 控制火灾报警信息传输的延时应通过火灾探测器和/或特定部位的信号实现；

ⓒ 延时应不超过 10min，延时时间变化步长不应超过 1min；

ⓓ 在延时期间，应能手动插入或通过手动火灾报警按钮而直接启动输出功能；

ⓔ 任意输出延时均不应影响其他输出功能的正常工作，延时期间应有延时光指示。

h. 当控制器要求接收来自火灾探测器和/或手动火灾报警按钮的 1 个以上火灾报警信号才能发出控制输出时，在收到第一个火灾报警信号后，收到要求的后续火灾报警信号前，控制器应进入火灾报警状态；但可设有分别或全部禁止对火灾声和/或光警报器、火灾报警传输设备和消防联动设备输出操作的手段。禁止对某一设备输出操作不应影响对其他设备的输出操作。

i. 控制器在机箱内设有消防联动控制设备时，即火灾报警控制器(联动型)，还应满足《消防联动控制系统》（GB 16806—2006）相关要求，消防联动控制设备故障应不影响控制器的火灾报警功能。

③ 故障报警功能的检测验收

a. 控制器应设专用故障总指示灯（器），无论控制器处于何种状态，只要有故障信号存在，该故障总指示灯（器）应点亮。

b. 当控制器内部、控制器与其连接的部件间发生故障时，控制器应在 100s 内发出与火灾报警信号有明显区别的故障声、光信号，故障声信号应能手动消除，再有故障信号输入时，应能再启动；故障光信号应保持至故障排除。

c. 控制器应能显示下述故障的部位：

ⓐ 控制器与火灾探测器、手动火灾报警按钮及完成传输火灾报警信号功能部件间连接线的断路、短路（短路时发出火灾报警信号除外）和影响火灾报警功能的接地，探头与底座间连接断路；

ⓑ 控制器与火灾显示盘间连接线的断路、短路和影响功能的接地；

ⓒ 控制器与其控制的火灾声和/或光警报器、火灾报警传输设备和消防联动设备间连接线的断路、短路和影响功能的接地。

其中ⓐ、ⓑ两项故障在有火灾报警信号时可以不显示，ⓒ项故障显示不能受火灾报警信号影响。

d. 控制器应能显示下述故障的类型：

ⓐ 给备用电源充电的充电器与备用电源间连接线的断路、短路；

ⓑ 备用电源与其负载间连接线的断路、短路；

ⓒ 主电源欠压。

e. 控制器应能显示所有故障信息。在不能同时显示所有故障信息时，未显示的故障信息应手动可查。

f. 当主电源断电，备用电源不能保证控制器正常工作时，控制器应发出故障声信号并能保持 1h 以上。

g. 对于软件控制实现各项功能的控制器，当程序不能正常运行或存储器内容出错时，控制器应有单独的故障指示灯显示系统故障。

h. 控制器的故障信号在故障排除后，可以自动或手动复位。复位后，控制器应在 100s 内重新显示尚存在的故障。

i. 任意故障均不应影响非故障部分的正常工作。

j. 当控制器采用总线工作方式时，应设有总线短路隔离器。短路隔离器动作时，控制器应能指示出被隔离部件的部位号。当某一总线发生一处短路故障导致短路隔离器动作时，受短路隔离器影响的部件数量不应超过 32 个。

④ 屏蔽功能（仅适于具有此项功能的控制器）

a. 控制器应有专用屏蔽总指示灯（器），无论控制器处于何种状态，只要有屏蔽存在，该屏蔽总指示灯（器）应点亮。

b. 控制器应具有对下述设备进行单独屏蔽、解除屏蔽操作功能（应手动进行）：

ⓐ 每个部位或探测区、回路；

ⓑ 消防联动控制设备；

ⓒ 故障警告设备；

ⓓ 火灾声和/或光警报器；

ⓔ 火灾报警传输设备。

c. 控制器应在屏蔽操作完成后 2s 内启动屏蔽指示。在有火灾报警信号时，上一条中ⓐ～ⓒ三项的屏蔽信息可以不显示，ⓓ、ⓔ两项屏蔽信息显示不能受火灾报警信号影响。

d. 控制器应能显示所有屏蔽信息，在不能同时显示所有屏蔽信息时，则应显示最新屏蔽信息，其他屏蔽信息应手动可查。

e. 控制器仅在同一个探测区内所有部位均被屏蔽的情况下，才能显示该探测区被屏蔽，否则只能显示被屏蔽部位。

f. 控制器在同一个回路内所有部位和探测区均被屏蔽的情况下，才能显示该回路被屏蔽。

g. 屏蔽状态应不受控制器复位等操作的影响。

⑤ 监管功能（仅适于具有此项功能的控制器）

a. 控制器应设专用监管报警状态总指示灯（器），无论控制器处于何种状态，只要有监管信号输入，该监管报警状态总指示灯（器）均应点亮。

b. 当有监管信号输入时，控制器应在 100s 内发出与火灾报警信号有明显区别的监管报警声、光信号；声信号仅能手动消除，当有新的监管信号输入时应能再启动；光信号应保持至手动复位。如监管信号仍存在，复位后监管报警状态应保持或在 20s 内重新建立。

c. 控制器应能显示所有监管信息。在不能同时显示所有监管信息时，未显示的监管信息应手动可查。

⑥ 自检功能

a. 控制器应能检查本机的火灾报警功能（以下称自检），控制器在执行自检功能期间，受其控制的外接设备和输出接点均不应动作。控制器自检时间超过 1min 或其不能自动停止自检功能时，控制器的自检功能应不影响非自检部位、探测区和控制器本身的火灾报警功能。

b. 控制器应能手动检查其面板所有指示灯（器）、显示器的功能。

c. 具有能手动检查各部位或探测区火灾报警信号处理和显示功能的控制器，应设专用自检总指示灯（器），只要有部位或探测区处于检查状态，该自检总指示灯（器）均应点亮，并满足下述要求：

ⓐ 控制器应显示（或手动可查）所有处于自检状态中的部位或探测区；

ⓑ 每个部位或探测区均应能单独手动启动和解除自检状态；

ⓒ 处于自检状态的部位或探测区不应影响其他部位或探测区的显示和输出，控制器的所有对外控制输出接点均不应动作（检查声和/或光警报器警报功能时除外）。

⑦ 信息显示与查询功能。控制器信息按火灾报警、监管报警及其他状态顺序由高至低排列信息显示等级，高等级状态信息应优先显示，低等级状态信息显示不应影响高等级状态信息显示，显示的信息应与对应的状态一致且易于辨识。当控制器处于某一高等级状态显示时，应能通过手动操作查询其他低等级状态信息，各状态信息不应交替显示。

⑧ 系统兼容功能（仅适用于集中、区域和集中区域兼容型控制器）

a. 区域控制器应能向集中控制器发送火灾报警、火灾报警控制、故障报警、自检以及可能具有的监管报警、屏蔽、延时等各种完整信息，并应能接收、处理集中控制器的相关指令。

b. 集中控制器应能接收和显示来自各区域控制器的火灾报警、火灾报警控制、故障报警、自检以及可能具有的监管报警、屏蔽、延时等各种完整信息，进入相应状态，并应能向区域控制器发出控制指令。

c. 集中控制器在与其连接的区域控制器间连接线发生断路、短路和影响功能的接地时应能进入故障状态并显示区域控制器的部位。

d. 集中区域兼容型控制器应满足以上三条要求。

⑨ 电源功能

a. 控制器的电源部分应具有主电源和备用电源转换装置。当主电源断电时，能自动转换到备用电源；主电源恢复时，能自动转换到主电源；应有主、备电源工作状态指示，主电源应有过流保护措施。主、备电源的转换不应使控制器产生误动作。

b. 控制器至少一个回路按设计容量连接真实负载，其他回路连接等效负载，主电源容量应能保证控制器在下述条件下连续正常工作 4h：

ⓐ 控制器容量不超过 10 个报警部位时，所有报警部位均处于报警状态；

ⓑ 控制器容量超过 10 个报警部位时，20%的报警部位（不少于 10 个报警部位，但不超过 32 个报警部位）处于报警状态。

c. 控制器至少一个回路按设计容量连接真实负载，其他回路连接等效负载。备用电源在放电至终止电压条件下，充电 24h，其容量应可提供控制器在监视状态下工作 8h 后，在下述条件下工作 30min：

ⓐ 控制器容量不超过 10 个报警部位时，所有报警部位均处于报警状态；

ⓑ 控制器容量超过 10 个报警部位时，1/15 的报警部位（不少于 10 个报警部位，但不超过 32 个报警部位）处于报警状态。

d. 当交流供电电压变动幅度在额定电压（220V）的 110%和 85%范围内，频率为 50Hz±1Hz 时，控制器应能正常工作。在 b 条件下，其输出直流电压稳定度和负载稳定度应不大于 5%。

e. 采用总线工作方式的控制器至少一个回路按设计容量连接真实负载（该回路用于连接真实负载的导线为长度 1000m、截面积 1.0mm^2 的铜质绞线，或生产企业声明的连接条件），其他回路连接等效负载，同时报警部位的数量应不少于 10 个。

⑩ 软件控制功能（仅适于软件实现控制功能的控制器）

a. 控制器应有程序运行监视功能，当其不能运行主要功能程序时，控制器应在 100s 内发出系统故障信号。

b. 在程序执行出错时，控制器应在 100s 内进入安全状态。

c. 控制器应设有对其存储器内容（包括程序和指定区域的数据）以不大于 1h 的时间间隔进行监视的功能，当存储器内容出错时，应在 100s 内发出系统故障信号。

d. 手动或程序输入数据时，无论原状态如何，都不应引起程序的意外执行。

e. 控制器采用程序启动火灾探测器的确认灯时，应在发出火灾报警信号的同时，启动相应探测器的确认灯，确认灯可为常亮或闪亮，且应与正常监视状态下确认灯的状态有明显区别。

⑪ 报警控制器安装质量检查

a. 控制器应有保护接地并且接地标记应明显。

b. 控制器的主电源应为消防电源，且引入线应当直接与消防电源连接，禁止使用电源插头。

c. 工作接地电阻值应小于 4Ω；如果采用联合接地，接地电阻值应小于 1Ω，且应当用专用接地干线由消防控制室引至接地体。专用接地干线应用铜芯绝缘导线或者电缆，其芯线截面积不应小于 $16mm^2$。

d. 由消防控制室接地板引至各消防设备的接地线，应选用铜芯绝缘软线，其线芯面积不应小于 $4mm^2$。

e. 集中报警控制器安装尺寸。其正面操作距离：当设备单列设置时，不应小于 1.5m；当双列布置时，不应小于 2m。当其中一侧靠墙安装时，另一侧距墙不应小于 1m。当需从后面检修时，其后面板距墙不应小于 1m，在值班人员经常工作的一面，距墙不应小于 3m。

f. 区域控制器安装尺寸。当装设在墙上时，其底边距地面的高度应不小于 1.5m，且应操作方便。靠近门轴的侧面距离墙不应小于 0.5m。正面操作距离应不小于 1.2m。

g. 盘、柜内配线整齐、清晰，绑扎成束，避免交叉；导线线号清晰，导线预留长度应不小于 20cm。报警线路连接导线线号清晰，并且端子板的每个端子其接线不得超过两根。

（11）湿式报警阀组的检测验收。湿式报警阀组的检测验收包括湿式报警阀、延迟器、水力警铃、压力开关以及水流指示器等的检测验收。

① 安装质量验收。报警阀组的安装应在供水管网试压、冲洗合格后进行。安装时应先安装水源控制阀、报警阀，然后进行报警阀辅助管道的连接。水源控制阀、报警阀与配水干管的连接，应使水流方向一

致。报警阀组安装的位置应符合设计要求；当设计无要求时，报警阀组应安装在便于操作的明显位置，距室内地面高度宜为1.2m；两侧与墙的距离不应小于0.5m；正面与墙的距离不应小于1.2m；报警阀组凸出部位之间的距离不应小于0.5m。安装报警阀组的室内地面应有排水设施，排水能力应满足报警阀调试、验收和利用试水阀门泄空系统管道的要求。湿式报警阀组的安装应符合下列要求：应使报警阀前后的管道中能顺利充满水；压力波动时，水力警铃不应发生误报警。报警水流通路上的过滤器应安装在延迟器前，且便于排渣操作的位置。

② 调试验收。湿式报警阀调试时，在末端装置处放水，当湿式报警阀进口水压大于0.14MPa、放水流量大于1L/s时，报警阀应及时启动；带延迟器的水力警铃应在5～90s内发出报警铃声，不带延迟器的水力警铃应在15s内发出报警铃声；压力开关应及时动作，启动消防泵并反馈信号。

③ 其他验收要求

a. 报警阀组的各组件应符合产品标准要求。

b. 打开系统流量压力检测装置放水阀，测试的流量、压力应符合设计要求。

c. 水力警铃的设置位置应正确。测试时，水力警铃喷嘴处压力不应小于0.05MPa，且距水力警铃3m远处警铃声声强不应小于70dB。

d. 控制阀均应锁定在常开位置。

e. 空气压缩机或火灾自动报警系统的联动控制，应符合设计要求。

（12）机械排烟系统的检测验收。机械排烟系统的检测验收见表5-4。

表5-4　机械排烟系统的检测验收

检测、验收对象	检测、验收项目	检测数量	验收数量
风机控制箱、柜	设备造型；设备设置；消防产品准入制度；安装质量；基本功能	实际安装数量	实际安装数量
电动送风口、电动挡烟垂壁、排烟口、排烟阀、排烟窗、电动防火阀、排烟风机入口处的总管上设置的280℃排烟防火阀	基本功能	实际安装数量	（1）电动送风口、电动挡烟垂壁，排烟门、排烟阀、排烟窗、电动防火阀：实际安装数量30%～50%的比例抽验 （2）排烟风机入口处的总管上设置的280℃排烟防火阀：实际安装数量

续表

检测、验收对象	检测、验收项目	检测数量	验收数量
加压送风系统控制	联动控制功能	全部报警区域	建筑中含有5个及以下报警区域的，应全部检验；超过5个报警区域的应按实际报警区域数量20%的比例抽验，但抽验总数不应少于5个
	加压送风机直接手动控制功能	实际安装数量	实际安装数量
电动挡烟垂壁、排烟系统控制	联动控制功能	所有防烟分区	建筑中含有5个及以下防烟分区的，应仝部检验；超过5个防烟分区的应按实际防烟分区数量20%的比例抽验，但抽验总数不应少于5个
	排烟风机直接手动控制功能	实际安装数量	实际安装数量

5.9 消防系统定期检查与维护

（1）消防给水及消火栓系统

① 消防给水及消火栓系统应有管理、检查检测、维护保养的操作规程，并应保证系统处于准工作状态。维护管理应按《水喷雾系统技术规范》（GB 50219—2014）附录G的要求进行。

② 维护管理人员应掌握和熟悉消防给水系统的原理、性能和操作规程。

③ 水源的维护管理应符合下列规定：

a. 每个季度应监测市政给水管网的压力和供水能力；

b. 每年应对天然河湖等地表水消防水源的常水位、枯水位、洪水位，以及枯水位流量或蓄水量等进行一次检测；

c. 每年应对水井等地下水消防水源的常水位、最低水位、最高水位和出水量等进行一次测定；

d. 每个月应对消防水池、高位消防水池、高位消纺水箱等消防水源设施的水位等进行一次检测，消防水池（箱）玻璃水位计两端的角阀在不进行水位观察时应关闭；

e. 在冬季每天应对消防储水设施进行室内温度和水温检测，当结冰或室内温度低于5℃时，应采取确保不结冰和室温不低于5℃的措施。

④ 消防水泵和稳压泵等供水设施的维护管理应符合下列规定：

a. 每个月应手动启动消防水泵运转一次，并应检查供电电源的情况；

b. 每周应模拟消防水泵自动控制的条件自动启动消防水泵运转一次，且应自动记录自动巡检情况，每个月应检测记录；

c. 每日应对稳压泵的停泵启泵压力和启泵次数等进行检查和记录运行情况；

d. 每日应对柴油机消防水泵的启动电池的电量进行检测，每周应检查储油箱的储油量，每个月应手动启动柴油机消防水泵运行一次；

e. 每个季度应对消防水泵的出流量和压力进行一次试验；

f. 每个月应对气压水罐的压力和有效容积等进行一次检测。

⑤ 减压阀的维护管理应符合下列规定：

a. 每个月应对减压阀组进行一次放水试验，并应检测和记录减压阀前后的压力，当不符合设计值时应采取满足系统要求的调试和维修等措施；

b. 每年应对减压阀的流量和压力进行一次试验。

⑥ 阀门的维护管理应符合下列规定：

a. 每个月应检查雨淋阀的附属电磁阀并应做启动试验，动作失常时应及时更换；

b. 每个月应对电动阀和电磁阀的供电及启闭性能进行检测；

c. 系统上所有的控制阀门均应采用铅封或锁链固定在开启或规定的状态，每个月应对铅封、锁链进行一次检查，当有破坏或损坏时应及时修理更换；

d. 每个季度应对室外阀门井中，进水管上的控制阀门进行一次检查，并应核实其处于全开启状态；

e. 每天应对水源控制阀、报警阀组进行外观检查，并应保证系统处于无故障状态；

f. 每个季度应对系统所有的末端试水阀和报警阀的放水试验阀进行一次放水试验，并应检查系统启动、报警功能以及出水情况是否正常；

g. 在市政供水阀门处于完全开启状态时，每个月应对倒流防止器的压差进行检测，并应符合《减压型倒流防止器》（GB/T 25178—2010）、《低阻力倒流防止器》（JB/T 11151—2010）和《双止回阀倒流防止器》（CJ/T 160—2010）等的有关规定。

⑦ 每个季度应对消火栓进行一次外观和漏水检查，发现有不正常的消火栓应及时更换。

⑧ 每个季度应对消防水泵接合器的接口及附件进行一次检查，并应保证接口完好、无渗漏、闷盖齐全。

⑨ 每年应对系统过滤器进行至少一次排渣，并应检查过滤器是否处于完好状态，当堵塞或损坏时应及时检修。

⑩ 每年应检查消防水池、消防水箱等蓄水设施的结构材料是否完好，发现问题时应及时处理。

⑪ 建筑的使用性质、功能或障碍物的改变，影响到消防给水及消火栓系统功能而需要进行修改时，应重新进行设计。

⑫ 消火栓、消防水泵接合器、消防水泵房、消防水泵、减压阀、报警阀和阀门等，应有明确的标识。

⑬ 消防给水及消火栓系统应由产权单位负责管理，并应使系统处于随时满足消防的需求和安全状态。

⑭ 永久性地表水天然水源消防取水口应有防止水生生物繁殖的管理技术措施。

⑮ 消防给水及消火栓系统发生故障，需停水进行修理前，应向主管值班人员报告，并应取得维护负责人的同意，同时应临场监督，应在采取防范措施后再动工。

（2）火灾自动报警系统

① 系统投入使用前，消防控制室应具有下列文件资料：

a. 检测、验收合格资料；

b. 建（构）筑物竣工后的总平面图、建筑消防系统平面布置图、建筑消防设施系统图及安全出口布置图、重点部位位置图、危化品位置图；

c. 消防安全管理规章制度、灭火预案、应急疏散预案；

d. 消防安全组织机构图，包括消防安全责任人、管理人，专职、义务消防人员；

e. 消防安全培训记录、灭火和应急疏散预案的演练记录；

f. 值班情况、消防安全检查情况及巡查情况的记录；

g. 火灾自动系统设备现场设置情况记录；

h. 消防系统联动控制逻辑关系说明、联动编程记录、消防联动控制器手动控制单元编码设置记录；

i. 系统设备使用说明书、系统操作规程、系统和设备维护保养制度。

② 系统的使用单位应建立本标准第①条规定的文件档案，并应有电子备份档案。

③ 系统应保持连续正常运行，不得随意中断。

④ 系统应按《火灾自动报警系统施工及验收标准》（GB 50166—2019）附录 F 规定的巡查项目和内容进行日常巡查，巡查的部位、频次应符合《建筑消防设施的维护管理》（GB 25201—2010）的规定，并按《火灾自动报警系统施工及验收标准》（GB 50166—2019）附录 F 的规定填写记录。巡查过程中发现设备外观破损、设备运行异常时应立即报修。

⑤ 每年应按表 5-5 规定的检查项目、数量对系统设备的功能、各分系统的联动控制功能进行检查，并应符合下列规定：

a. 系统的年度检查可根据检查计划，按月度、季度逐步进行；

b. 月度、季度的检查数量应符合表 5-5 的规定；

c. 系统设备的功能、各分系统的控制功能应符合《火灾自动报警系统施工及验收标准》（GB 50166—2019）中第 4 章的规定。

表 5-5　系统月检、季检对象、项目季检数量

序号	检查对象	检查项目	检查数量
1	火灾报警控制器	火灾报警功能	实际安装数量
	火灾探测器、手动火灾报警按钮		应保证每年对每个探测器、报警按钮至少进行一次火灾报警功能检查
	火灾显示盘	火灾报警显示功能	月、季检查数量应保证每年对每台区域显示器至少进行一次火灾报警显示功能检查
2	消防联动控制器	输出模块启动功能	应保证每年对每个模块至少进行一次启动功能检查
	输出模块		
3	消防电话总机	呼叫功能	实际安装数量
	电话分机、电话插孔		应保证每年对每个分机、插孔至少进行一次呼叫功能检查
4	可燃气体报警控制器	可燃气体报警功能	实际安装数量
	可燃气体探测器		应保证每年对每个探测器至少进行一次可燃气体报警功能检查

续表

序号	检查对象	检查项目	检查数量
5	电气火灾监控设备	监控报警功能	实际安装数量
	电气火灾监控探测器、线型感温火灾探测器		应保证每年对每个探测器至少进行一次监控报警功能检查
6	消防设备电源监控器	消防设备电源故障报警功能	实际安装数量
	传感器		应保证每年对每个传感器至少进行一次消防设备电源故障报警功能检查
7	消防设备应急电源	转换功能	实际安装数量
8	消防控制室图形显示装置	接收和显示火灾报警、联动控制、反馈信号功能	实际安装数量
	传输设备		
9	火灾警报器	火灾警报功能	应保证每年对每个火灾警报器至少进行一次火灾警报功能检查
	消防应急广播控制设备	应急广播功能	实际安装数量
	扬声器		应保证每年对每个扬声器至少进行一次应急广播功能检查
	火灾警报和消防应急广播系统	联动控制功能	应保证每年对每个报警区域至少进行一次联动控制功能检查
10	防火卷帘控制器	控制功能	应保证每年对每个手动控制装置至少进行一次控制功能检查
	手动控制装置		
	疏散通道上设置的防火卷帘	联动控制功能	应保证每年对每樘防火卷帘至少进行一次联动控制功能检查
	非疏散通道上设置的防火卷帘		应保证每年对每个报警区域至少进行一次联动控制功能检查
11	防火门监控器	启动、反馈功能，常闭防火门故障报警功能	应保证每年对每台防火门监控器及其配接的现场部件至少进行一次启动、反馈功能，常闭防火门故障报警功能检查
	监控模块、防火门定位装置和释放装置等现场部件		

续表

序号	检查对象	检查项目	检查数量
11	防火门监控系统	联动控制功能	应保证每年对每个报警区域至少进行一次联动控制功能检查
12	气体、干粉灭火控制器	现场紧急启动、停止功能	应保证每年对每个现场启动和停止按钮至少进行一次启动、停止功能检查
	现场启动和停止按钮		
	气体、干粉灭火系统	联动控制功能	应保证每年对每个防护区域至少进行一次联动控制功能检查
13	消防泵控制箱、柜	手动控制功能	应保证每个月、每个季度对消防水泵进行一次手动控制功能检查
	水流指示器、压力开关、信号阀、液位探测器	动作信号反馈功能	应保证每年对每个部件至少进行一次动作信号反馈功能检查
	湿式、干式喷水灭火系统	联动控制功能	应保证每年对每个防护区域至少进行一次联动控制功能检查
		消防泵直接手动控制功能	应保证每个月、每个季度对消防水泵进行一次直接手动控制功能检查
	预作用式喷水灭火系统	联动控制功能	应保证每年对每个防护区域至少进行一次控制功能检查
		消防泵、预作用阀组、排气阀前电动阀直接手动控制功能	应保证每个月、每个季度对消防水泵、预作用阀组、排气阀前电动阀进行一次直接手动控制功能检查
	雨淋系统	联动控制功能	应保证每年对每个防护区域至少进行一次联动控制功能检查
		消防泵、雨淋阀组直接手动控制功能	应保证每个月、每个季度对消防水泵、雨淋阀组进行一次直接手动控制功能检查
	自动控制的水幕系统	用于保护防火卷帘的水幕系统的联动控制功能	应保证每年对每樘防火卷帘至少进行一次联动控制功能检查

续表

序号	检查对象	检查项目	检查数量
13	自动控制的水幕系统	用于防火分隔的水幕系统的联动控制功能	应保证每年对每个报警区域至少进行一次联动控制功能检查
		消防泵、水幕阀组直接手动控制功能	应保证每个月、每个季度对消防水泵、水幕阀组进行一次直接手动控制功能检查
14	消防泵控制箱、柜	手动控制功能	应保证每个月、每个季度对消防水泵进行一次手动控制功能检查
	消火栓按钮	报警功能	应保证每年对每个消防栓按钮至少进行一次报警功能检查
	水流指示器、压力开关、信号阀、液位探测器	动作信号反馈功能	应保证每年对每个部件至少进行一次动作信号反馈功能检查
	消火栓系统	联动控制功能	应保证每年对每个消火栓至少进行一次联动控制功能检查
		消防泵直接手动控制功能	应保证每个月、每个季度对消防水泵进行一次直接手动控制功能检查
15	风机控制箱、柜	手动控制功能	应保证每个月、每个季度对风机进行一次手动控制功能检查
	电动送风口、电动挡烟垂壁、排烟口、排烟阀、排烟窗、电动防火阀、排烟风机入口处的总管上设置的280℃排烟防火阀	启动、反馈功能,动作信号反馈功能	应保证每年对每个部件至少进行一次启动、反馈功能,动作信号反馈功能检查
	加压送风系统	联动控制功能	应保证每年对每个报警区域至少进行一次控制功能检查
		风机直接手动控制功能	应保证每个月、每个季度对风机进行一次直接手动控制功能检查

续表

序号	检查对象	检查项目	检查数量
15	电动挡烟垂壁、排烟系统	联动控制功能	应保证每年对每个防烟区域至少进行一次联动控制功能检查
		风机直接手动控制功能	应保证每个月、每个季度对风机进行一次直接手动控制功能检查
16	消防应急照明和疏散指示系统	控制功能	应保证每年对每个报警区域至少进行一次控制功能检查
17	电梯、非消防电源等相关系统	联动控制功能	应保证每年对每个报警区域至少进行一次联动控制功能检查
18	自动消防系统	整体联动控制功能	应保证每年对每个报警区域至少进行一次联动控制功能检查

⑥ 不同类型的探测器、手报、模块等现场部件应有不少于设备总数1%的备品。

⑦ 系统设备的维修、保养及系统产品的寿命应符合《火灾探测报警产品的维修保养与报废》（GB 29837—2013）的规定，达到寿命极限的产品应及时更换。

（3）自动喷水灭火系统

① 自动喷水灭火系统应具有管理、检测、维护规程，并应保证系统处于准工作状态。维护管理工作，应按《自动喷水灭火系统施工及验收规范》（GB 50261—2017）中附录G的要求进行。

② 维护管理人员应经过消防专业培训，应熟悉自动喷水灭火系统的原理、性能和操作维护规程。

③ 每年应对水源的供水能力进行一次测定，每日应对电源进行检查，检查内容见表5-6。

表5-6 水源及电源检查

项目名称	检查内容	周期
水源	进户管路锈蚀状况，控制阀全开启，过滤网保证过水能力，水池（或水箱）的控制阀（液位控制阀或浮球控制阀等）关、开正常，水池（或水箱）水位显示或报警装置完好，水质符合设计要求，水池（或水箱）无变形、无裂纹、无渗漏等现象	每年

续表

项目名称	检查内容	周期
电源	进户两路电源正常，高低压配电柜元器件、仪表、开关正常，泵房内双电源互投柜和控制柜元器件、仪表、开关正常，控制柜和电机的电源线压接牢固，控制柜内熔丝完好，电动机接地装置可靠，电机绝缘性良好（大于 0.5MΩ），电源切换时间不大于 2s，主泵故障备用泵切换时间不大于 60s，电源、电压值符合设计要求并稳定	每日

④ 消防水泵或内燃机驱动的消防水泵应每个月启动运转一次。当消防水泵为自动控制启动时，应每个月模拟自动控制的条件启动运转一次，检查内容见表 5-7。

表 5-7 消防水泵检查

名称	检查内容	周期
内燃机驱动消防泵	曲轴箱内机油油位不少于最高油位的 1/2，燃油箱内燃油油位不少于最高油位的 3/4，蓄电池的电解液液位不少于最高液位的 1/2，蓄电池充电器充电正常，各类仪表正常，传送带的外观及松紧度正常，冷却系统温升正常，冷却系统滤网清洁度符合要求，水泵转速、出水流量、压力符合设计要求	每个月
电动消防泵	泵启动前用手盘动电机转轴，应灵活无卡阻现象，泵腔内无汽蚀，轴封处无渗漏（小于 3 滴/min 或 5mL/h），水泵达到正常时其转速、出水流量、压力符合设计要求，轴泵温升正常（＜70℃），水泵振动不超限，电机功率、电压、电流均正常	每个月

⑤ 应每个月检查电磁阀并做启动试验，动作失常时应及时更换。

⑥ 每个季度应对系统所有的末端试水阀和报警阀旁的放水试验阀进行一次放水试验，检查系统启动、报警功能以及出水情况是否正常，检查内容见表 5-8。

表 5-8 报警阀检查

阀类名称	检查内容	周期
湿式报警阀	主阀锈蚀状况，各个部件连接处均无渗漏现象，主阀前后压力表读数准确及两表压差符合要求（＜0.01MPa），延时装置排水畅通，压力开关动作灵活并迅速反馈信号，主阀复位到位，警铃动作灵活、铃声洪亮，排水系统排水畅通	每个月
预作用报警阀和干式报警阀	除检查符合湿式报警阀内容外，另应检查充气装置启停准确，充气压力值符合设计要求，加速排气压装置排气速度正常，电磁阀动作灵敏，主阀瓣复位严密，主阀侧腔（控制腔）锁定到位，阀前稳压值符合设计要求（不得小于 0.25MPa）	每个月

续表

阀类名称	检查内容	周期
雨淋报警阀	除检查符合湿式报警阀内容外，另应检查电磁阀动作灵敏，主阀瓣复位严密，主阀侧腔（控制腔）锁定到位，阀前稳压值符合设计要求（不得小于0.25MPa）	每个月

⑦ 系统上所有的控制阀门均应采用铅封或锁链固定在开启或规定的状态。每个月应对铅封、锁链进行一次检查，当有破坏或损坏时应及时修理更换，检查内容见表5-9。

表5-9　阀类检查

阀类名称	检查内容	周期
带锁定的闸阀、蝶阀等阀类	锁定装置位置正确、开启灵活，阀门处于全开启状态，阀类开关后不得有泄漏现象	每个月
不带锁定的明杆闸阀、方位蝶阀等阀类	阀门处于全开启状态，阀类开关后不得有泄漏现象	每周

⑧ 室外阀门井中，进水管上的控制阀门应每个季度检查一次，核实其处于全开启状态。

⑨ 自动喷水灭火系统发生故障需停水进行修理前，应向主管值班人员报告，取得维护负责人的同意，并临场监督，加强防范措施后方能动工。

⑩ 维护管理人员每天应对水源控制阀、报警阀组进行外观检查，并应保证系统处于无故障状态。

⑪ 消防水池、消防水箱及消防气压给水设备应每个月检查一次，并应检查其消防储备水位及消防气压给水设备的气体压力。同时，应采取措施保证消防用水不作他用，并应每个月对该措施进行检查，发现故障应及时进行处理。

⑫ 消防水池、消防水箱、消防气压给水设备内的水，应根据当地环境、气候条件不定期更换。

⑬ 寒冷季节，消防储水设备的任何部位均不得结冰。每天应检查设置储水设备的房间，保持室温不低于5℃。

⑭ 每年应对消防储水设备进行检查，修补缺损和重新油漆。

⑮ 钢板消防水箱和消防气压给水设备的玻璃水位计两端的角阀，在不进行水位观察时应关闭。

⑯ 消防水泵接合器的接口及附件应每个月检查一次，并应保证接

口完好、无渗漏、闷盖齐全。

⑰ 每个月应利用末端试水装置对水流指示器进行试验。

⑱ 每个月应对喷头进行一次外观及备用数量检查，发现有不正常的喷头应及时更换；当喷头上有异物时应及时清除。更换或安装喷头均应使用专用扳手。检查内容：每个月检查喷头的型号、布置及安装方式应正确，溅水盘、框架、感温元件、隐蔽式喷头的装饰盖板等应无变形、无喷涂层，喷头不得有渗漏现象。

⑲ 建筑物、构筑物的使用性质或储存物安放位置、堆存高度的改变，影响到系统功能而需要进行修改时，应重新进行设计。

6 特殊建筑的消防技术

6.1 高层建筑消防技术

6.1.1 高层建筑火灾的特点

高层建筑的层数多，体积大，高度高，人员集中，其火灾危险性比普通建筑物大得多，给火灾防治方面带来了不少新的挑战。高层建筑火灾的特点主要体现在下列方面。

（1）起火因素多。高层建筑电气化和自动化程度高，用电设备多，并且用电量大，漏电、短路等电气原因导致高层建筑的火灾危险性增加。

（2）烟囱效应显著。高层建筑内大都设有多而长的竖井，如楼梯井、电梯井、管道井、电缆井、风道、排风管道等。一旦起火，烟囱效应将加剧火焰和烟气的蔓延。

（3）火势发展受室外风场参数影响大。室外风场参数包括风速与方向两个方面，是影响建筑物内火灾蔓延的重要因素，这在高层建筑上体现得尤为突出。实测证实，如果建筑物 10m 处的风速为 5m/s，则在 90m 高处风速可达 15m/s。而在通风效应的强烈影响下，那些在普通建筑内不易蔓延的小火星在高层建筑内部却可能发展成重大火灾。

（4）人员集中且难疏散。高层建筑物可容纳成千上万的人，而且一般各种类型的人都有，这不仅使起火机会增大，而且给人员的疏散增加了困难。美国“9·11”恐怖袭击更加引起了人们对高层建筑火灾人员安全疏散的重视。

（5）火灾扑救难度大。一旦发生火灾，高层建筑的高度使得需要进行高空救援，这对消防队员的身体素质和救援设备都提出了很高的要求。在某些国家，借助直升飞机进行楼顶救援也成为一个重要消防手段，它不但可以救出受困者，还可空运消防人员进行灭火抢险。随着经济的发展和技术的进步，此种方法在我国也得到快速发展。近年来，无人机技术在高层建筑灭火救援领域的应用取得了重要进展，无人机在高层建筑救援中的应用不仅提高了救援效率，降低了救援人员的风险，而且还为解决高层建筑灭火等难题提供了新的解决方案。

因为这些特点，高层建筑物的火灾防治引起人们的普遍注意。有些专家明确提出，应把这种火灾作为最重要的特殊火灾问题对待（其次是地下建筑火灾及油品火灾等），加强其防治技术和扑救对策的研究。

6.1.2 高层建筑关键消防技术

高层建筑火灾的防治应重点从下列几方面抓起。

（1）合理布局和平面布置。通常来说，合理的总体布局、有效的防火分隔和人员疏散设计是最重要的几方面。在总体布局方面应保持建筑物间有适当的防火间距，控制裙房的高度和宽度，留出足够的消防车道等。需指出的是，对于有些高层建筑，在这方面做得不够，如相邻建筑的防火间距留得过小，裙房修得过高，有的甚至没留消防车道。

在楼内进行合理的防火分区是避免火灾大面积蔓延的主要措施。对高层建筑的防火分隔，不仅要做好水平分区，还应特别注意竖直分区，穿越楼层的竖井是导致火势迅速扩展的捷径。有的高层建筑还设有空间很大的内部中庭，火灾烟气如果进入这里将难于控制，应设法避免。

（2）控制室内可燃物的种类和数量。建筑材料主要分为结构材料与装修材料两大类。高层建筑所用的结构材料应当有较强的抗烧能力，即使遭受火灾也能够保持建筑物的整体框架不受影响。现在带防火涂层的钢材与钢筋混凝土材料已成为高层建筑的主要结构材料，应当说若能够严格按照现行的高层建筑防火设计规范设计与施工，有关的构件能够满足耐火要求。

火灾统计表明，由于钢筋混凝土材料的使用，当前高层建筑的主要火灾问题已经由建筑结构问题变为楼内存放或使用的物品问题。现在楼内最先失火的一般是办公用品或设备、存储的商品、家具、床上用品等。对这些物品的使用加以合理控制是减少火灾发生及损失的主要方面。基本措施主要有以下几项。

① 控制建筑物的火灾载荷，房间内所存放的可燃物总量不能超过一定限度，当然这一限度的合适取值还有待于研究，因为建筑物使用功能的差别，难以制定统一的标准。

② 推广使用难燃或不燃的材料，家具、床上用品以及办公用品等应当选用阻燃材料制造。

③ 应当加强对装修材料燃烧性能的测试和监管，制定详细、明确

的使用规定，同时应当广泛宣传使人们接受这些认识，建立新的选材和用材观念。

（3）优化消防系统分区设计。因为高层建筑高度高，消防给水管道系统和消防设备承受的压力大，高层建筑自动喷水灭火系统设计需注意高、低区系统的分区及优化设计。合理的分区有助于确保主动灭火措施实施的有效性。

（4）有效控制烟气蔓延。烟气是火灾中致使人员伤亡的主要原因。高层建筑中烟囱效应显著，除了从防烟分区方面加强烟气控制外，正压送风防烟及机械排烟系统的优化设计，也是控制烟气蔓延的有效措施。

（5）加强人员安全疏散设计。高层建筑的人员安全疏散设计应考虑到水平和竖直两个方面。在火灾中，人员的行动具有很大的多向性及盲从性，所以每层楼应至少设有两个方向的疏散路线，并且宜将楼梯设在大楼的两端。有时还可设置在墙外，将阳台连通，使人员在房间门受阻时可通过阳台进入疏散通道。为将高层建筑中人员尽快撤出，主要还应加强竖直疏散。设置消防电梯及临时避难层是目前推荐的消防措施。增强人员对火灾事态的应变能力也是确保人员安全疏散的重要方面。突如其来的火灾往往使有些人精神过度紧张，造成不知所措地乱窜甚至跳楼等，这种恐慌心理有时比火灾本身的威胁更为可怕。应当加强对人们防灭火知识及疏散常识的教育及训练，这对高层建筑的使用者十分重要。

6.1.3 典型高层建筑火灾案例

（1）巴西圣保罗市某大楼火灾。该大楼在 1972 年建成，高 25 层，11 层以上为办公区。1973 年 2 月 2 日上午 8 时 50 分左右，大楼 12 层北侧一房间内空调器冒出火花，经理赶紧跑去将该楼层的电源切断，但返回时，火焰已引燃装饰窗帘，进而点燃了顶棚。小型灭火器已无法控制火势，经理紧急通知上部楼层的人员疏散。虽用电梯疏散了 300 多人，但是最终电梯在 12 层被火吞没，人员无法撤下，许多人只好逃到外阳台与屋顶等待救援。9 时 40 分左右，12 层以上的地板均已燃烧，10 时 30 分左右，地板几乎烧尽。这场火灾中死亡 179 人，伤 300 余人。

起火的原因是送风空调设备的电线不符合要求。因为电流过载发热而导致绝缘层破坏，加上空调机靠窗帘过近，从而引燃了窗帘。楼内使用了大量可燃及易燃的装修材料则是火灾迅速发展的根本原因。该楼屋面为木结构桁架，隔墙也是木板，顶棚为可燃纤维板，可燃物载荷过大。

安全疏散设计不合理是引起如此重大伤亡的另一原因。该大楼的办公部分只有一个宽 1.1m 的楼梯，并且不是封闭式的安全疏散楼梯，这便导致楼内出现火灾危险后人员无路可走。

(2) 我国香港某大厦火灾。1996 年 11 月 20 日下午 4 时 50 分左右，我国香港九龙某大厦发生火灾。火灾是由于在电梯井内进行烧焊引起的。因为长期未全面清扫，电梯井底堆积了大量可燃垃圾，电梯导轨上也沾满油污。修理人员忽视在焊接设备时必须清除周围可燃物的规定，导致焊渣引燃可燃垃圾。由于烟囱效应的影响，火焰迅速蔓延至整个大楼，形成了一场燃烧 21h 的大火。火灾中死亡 40 人，受伤 81 人，失踪 40 人，成为香港开埠以来高层建筑火灾燃烧时间最长、死亡人数最多的火灾。

该大厦是一座地下 3 层、地上 15 层的旧式商用建筑，3 层以下是商场，4 层是公司，5～9 层为办公室，10～15 层为其他公司和珠宝行。大楼本来进行了防火分隔，但是为满足承包商的要求，将若干防火墙而代以可燃材料板壁拆除了，为火灾的蔓延创造了条件。该楼的下部出口处安装了两道坚固的铁质防盗门，发生火灾后该门自动降下，对人员疏散及救生灭火造成了很大困难。没有安装火灾探测和自动喷水灭火系统是造成初期扑救不利的原因。根据香港的消防法规要求，宾馆、酒店、超市等必须安装火灾探测及自动喷水灭火系统，但对一般高层建筑没有明确要求。而大楼的所有者便将应当安装上述设施的区域租给客户，使之各自经营，导致防火问题无人关心。

(3) 哈尔滨某饭店火灾。该饭店是 11 层钢筋混凝土框架结构，标准层面积为 1200m^2。1985 年 4 月 9 日，11 层 16 号房间的客人酒后躺在床上吸烟造成火灾，是我国改革开放初期高层建筑发生的较为惨重的火灾之一，造成 10 人死亡，7 人受伤的惨剧。究其原因，首先该饭店装修用的塑料墙纸，燃烧快、烟尘多以及毒性大。该饭店大楼设计虽有火灾自动报警系统，但由于某种原因，消防安全设施极不完善的前提下，强行开了业，是导致火灾事故蔓延迅速的主要原因之一。并且，因为施工问题，造成饭店大楼管道穿过楼板的孔洞没有用水泥砂浆严密堵塞，发生火灾时，火星不断向下几层掉落，并且烟气也通过穿过楼板的孔洞形成的烟囱效应加剧了蔓延。另外，楼梯设计不当，把防烟楼梯间设计成普通楼梯间，导致烟气窜入，对人员疏散造成严重的威胁，导致惨重的伤亡事故。

(4) 6·14 伦敦公寓楼火灾。2017 年 6 月 14 日凌晨，英国伦敦北肯辛顿区一座 24 层公寓大楼（格伦费尔公寓）发生火灾，大火造成 81 人死亡，包括一名腹中胎儿。起火部位位于建筑的 2～4 层，火势迅速蔓延到整栋建筑。伦敦消防局先后调集 45 辆消防车和 200 余名消防员到场扑救，大火连续焚烧了十几个小时才全部被扑灭，这是英国自第二次世界大战后最严重的一次火灾。

火灾起因是四楼公寓中的大型冰箱冰柜电气故障及建筑绝缘层和外墙包层建材不合格，火势经由大楼外层和保温层迅速蔓延，在半小时内从 4 层烧到顶层。

（5）深圳市某大厦火灾。2017 年 11 月 18 日 16 时 17 分许，深圳市福田区某商业中心的某大厦发生火灾。事故共烧毁高层建筑南座、中层建筑及底商的一部分商品房屋面积约 2.7 万平方米。

据初步调查，火灾的起因是因为该大厦南侧楼底座负 1 层商铺塑料烟管发生火灾，烟管在大风的作用下向上移动，从而引发了整栋大楼的严重火灾。

火灾现场被发现部分墙体使用不符合要求的阻燃材料，这导致了火灾的快速蔓延和难以控制。同时，消防设施的维护状况也被证实是一个重要的导致火灾扩散的原因。据相关部门调查，火灾发生前，该大厦的一些消防设施处于维护不善状态，甚至有些消防设施无法正常工作。

6.2 地下建筑消防技术

地下建筑指的是建筑在岩石上或土层中的军事、工业、交通和民用建筑物。按照建造形式，地下建筑大体可分为附建式与单建式两大类。附建式地下建筑是某些地上建筑的地下部分，现在许多大型建筑都有地下室，它们主要作为商场、旅社、歌舞厅以及停车场用。单建式地下建筑类型很多，如地下商业街、地下仓库、地下铁路与公路隧道的地下车站、地下电缆沟等。在我国的许多城市中修建的地下人防工程也是一种比较常见的地下建筑，有的地下建筑离地面很深，有的还具有多层结构。我国已有深 11 层的民用地下建筑，而 3～5 层的地下建筑则十分普遍。不少地下建筑绵延数百、上千米，地下铁路及公路隧道便更长。有的地下建筑还形成庞大的地下网络。

因为地下建筑的外围是土壤或岩石，只有内部空间，没有外部空间，其火灾特征与地上建筑有着很大差别，采取的火灾防治对策应当有所不同，尤其是那些改变使用功能的地下建筑，由于历史原因和技术条件，基本上没有系统考虑火灾防治问题，甚至也没有合理的火灾安全管理措施。现在不少地下建筑的功能复杂，装修相当讲究，存放的物品种类繁多，并且大量使用电气设备，相当多的可燃材料也常常被存放到地下建筑内。所以防治火灾便成为地下建筑使用中的突出问题之一。

6.2.1 地下建筑火灾的特点

地下建筑没有门窗之类的通风口，它们经由竖直通道与地面上部的空间相连，是相对封闭的建筑空间。与地上建筑相比，这种通风口的面积要小得多，由此便造成地下建筑火灾有下列一些特点。

(1) 散热困难。地下建筑内发生火灾，热烟气无法通过窗户顺利排出，又因为建筑物周围的材料很厚，导热性能差，对流散热弱，燃烧产生的热量大部分积聚在室内，所以其中温度上升得很快。试验表明，起火房间温度可由400℃迅速上升至800～900℃，容易较快地发生轰燃。

(2) 烟气量大。地下建筑火灾燃烧所用的氧气是借助与地面相通的通风道和其他漏洞补充的。这些通道面积狭窄，新鲜空气供应不足，所以火灾基本上处于低氧浓度的燃烧，不完全燃烧程度严重，可产生相当多的浓烟。同时由于室内外气体对流交换不强，大部分烟气积存于建筑物内。这一方面造成室内压力中性面低，即烟气层比较厚（对人们威胁增大），另一方面烟气容易向建筑物的其他区域蔓延。

地下建筑的通风口的数量对室内燃烧状况有重要影响。当只有一个通风口时，烟气要由此口流出，新鲜空气亦要由此口流入，该处将会出现十分复杂的流动。当室内存在多个通风口时，一般排烟与进风会分别通过不同的开口流通。一般说来，地下建筑火灾在初期发展阶段与地上建筑物火灾基本相同，但到中、后期，其燃烧状况要根据通风口的空气供应情况而定。

(3) 人员疏散困难。在地下建筑火灾中，人员出入口常常会成为喷烟口，而烟气流动速度比人群疏散速度快。研究证实，在建筑物内，烟气的水平流动速度是0.5～1.2m/s，垂直上升速度比水平流动速度快3～5倍。若没有合理的措施，烟气就会对人员造成很大的危害。在地下建筑火灾中人员不跑出建筑物总是不太安全的，地下建筑中人员疏散距离长。在地下建筑物内，自然采光量比较少，有的甚至没有，基本上使用灯光照明，室内的能见度很低。而在火灾中，为了避免火灾蔓延，往往要切断电源，里面会很快达到伸手不见五指的程度，这也将会严重阻碍人员的疏散。

(4) 火灾扑救难度大。这种困难主要体现在下列几方面：①地上建筑失火时，人们可以从不同角度观察火灾状况，从而能够选择多种灭火路线，但地下建筑火灾没有这种方便条件，消防人员无法直接观察到火灾的具体位置与情节，这对于组织灭火造成很多困难；②消防人员只能通过地下建筑物设定的出入口进入，别无他路可走，于是经常只能是冒着浓烟往里走，再加上照明条件极差，不易迅速接近起火位置；③因为地下建筑内气体交换不良，灭火时使用的灭火剂应比灭地面火灾时少，且不能使用毒性较大的灭火剂，但是这就造成火灾不易被迅速扑灭；④地下建筑的壁面结构对通信设备的干扰很大，无线通信设备在地下建筑内难以使用，所以在火灾中地下与地上的及时联络很困难。

6.2.2 地下公共建筑关键消防技术

地下建筑的种类很多，功能不同，火灾防治措施及安全分析的重点也不一样。对于地下建筑消防安全问题应当注意下列几个方面。

(1) 严格对地下公共建筑使用功能的管理。主要是加强对地下建筑中存放物品的管理及限制。不允许在其中生产或储存易燃、易爆物品以及着火后燃烧迅速而猛烈的物品，严禁使用液化石油气和闪点低于60℃的可燃液体。对于易爆物品引发的火灾，各种消防措施均很难应对。而地下建筑泄压困难，爆炸产生的冲击波将会产生更严重的影响，甚至会完全摧毁整个地下建筑。在这方面已有不少惨重的教训。

通常说地下建筑适宜用作普通商店、餐厅、旅馆以及展厅等，也可作为丙、丁、戊类危险物质的生产车间和存储仓库。在地下建筑中使用的装修材料应是难燃及无毒的产品。装修材料的燃烧性质直接关系到室内轰燃出现的时间，而无毒产品无论对普通人员疏散和灭火人员都非常重要。

地下建筑物的使用层数及掩埋深度也值得研究，作为商业应用的公共建筑，因为人员密集，不易埋得过深，且人员活动区应尽量靠近地面。通常埋深达5～7m时应设上下自动扶梯，地下部分超过二层时应设置防烟楼梯。

(2) 合理的防火设计。在这方面主要应注意防火分区和人员疏散。防火分区是有效预防火灾扩大和烟气蔓延的重要措施，在地下建筑火灾中的作用十分突出。对地下建筑防火分区的要求应当比地上建筑更严格。根据建筑的功能，防火分区面积通常不应超过500m^2，而安装了自动喷水灭火装置的建筑可适当放宽。

地下建筑必须设置足够多及位置合理的出入口，一般的地下建筑必须有两个以上的安全出口。高层建筑地下室的出入口可与地面建筑疏散距离的规定一致。参考日本地下街的要求，两个对外出入口的距离应小于 60m。对于那些设置防火分区的地下建筑，每个分区均应有两个出口，其中一个出口必须直接对外，以保证人员的安全疏散。对于多层空间，应当设有人员可以直达最上层的通道。

在地下商业街等大型地下建筑的交叉道口处，两条街道的防烟分区不得混合，并用挡烟垂壁或防烟墙分隔。

（3）设置有效的烟气控制设施。在地下建筑火灾中，烟气对人的危害更加严重。许多案例表明，地下建筑火灾中死亡人员基本上是由于烟造成的。为了充分确保人员的安全疏散和火灾扑救，在地下建筑中必须设置烟气控制系统，以阻止烟气四处蔓延，并将其迅速排出。设置防烟帘及蓄烟池等方法也有助于限制烟气蔓延。

负压排烟是地下建筑的主要排烟方式，这样可以在人员进出口处形成正压进风条件。排烟口应设在走道、楼梯间及较大的房间内。为了保证楼梯前室及主要楼梯通道内没有烟气侵入，还可进行正压送风。对设有采光窗的地下建筑，亦可借助正压送风实现采光窗自然排烟。但采光窗应有足够大的面积，当其面积和室内平面面积之比小于 1/50，还应当增设负压排烟方式。对于掩埋很深或者多层的地下建筑，应专门设置防烟楼梯间，在其中安置独立的进风与排烟系统。

当排烟口的面积较大，占地下建筑面积的 1/50 以上，而且能够直接通向大气时，可采用自然排烟的方式。设置自然排烟设施，必须防止地面的风从排烟口倒灌到地下建筑内，所以，排烟口应高出地表面，以增加拔烟效应，同时要做成不受外界风力影响的形状。尤其是安全出口，一定要确保火灾时无烟。如图 6-1 所示为安全出口处的自然排烟构造。

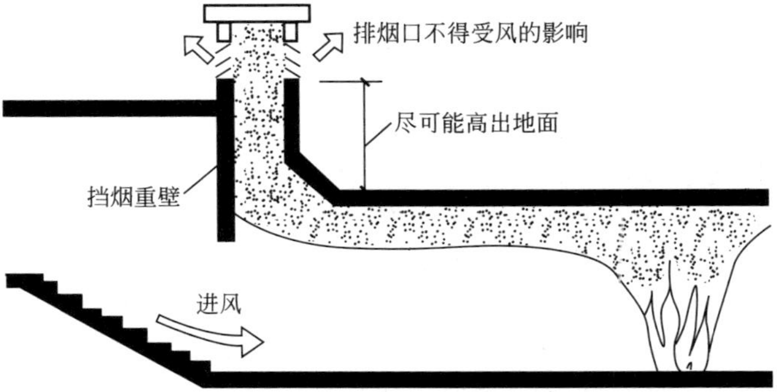

图 6-1　安全出口处的自然排烟构造

(4) 采用合适的火灾探测及灭火系统。对于地下建筑应当强调加强其火灾自救能力。探测报警设备的重要性在于能够准确预报起火位置，这对扑灭地下建筑火灾十分重要。应当针对地下建筑的特点进行火灾探测器选型，例如选用耐潮湿及抗干扰性强的产品。

安装自动喷水灭火系统也是地下建筑物的主要消防手段，不少国家在消防法规上已经对此做了规定。比如日本要求地下商业街内全部应有自动水喷淋器。现在我国已有不少地下建筑安装了这种系统，但仍不普遍。

对地下建筑火灾中使用的灭火剂应当慎重选择，不许使用毒性大及窒息性强的灭火剂，例如四氯化碳、二氧化碳等。这些灭火剂的密度比较大，会沉积在地下建筑物内，不易排出，可对人们的生命安全构成严重危害。

(5) 安装事故照明及疏散诱导设施。地下建筑的空间形状复杂多样，出入口的位置大多数不很规则，而且很多区域没有自然采光条件，这也是造成火灾中人员疏散困难的原因。所以在地下建筑中除了正常照明外，还应加强设置事故照明灯具，防止火灾发生时内部一片漆黑。同时应有足够的疏散诱导灯指引通向安全门或出入口的方向。有条件的建筑还可使用音响和广播系统临时指挥人员合理疏散。

6.2.3 隧道关键消防技术

隧道是一种狭长的地下建筑，在现代交通中具有十分重要的作用。由于隧道内车辆通过频繁，火灾事故时常发生，且容易导致恶性事故。对于隧道火灾防治，除了应注意普通地下建筑火灾的特点外，还应注意以下方面。

(1) 控制火灾荷载。隧道的吊顶必须使用不燃材料，两侧的墙壁应使用不燃或者难燃材料。限制甚至禁止某些运载化学危险品和易燃及易爆物品的车辆通过隧道也是一种可行的措施。对于任何车辆，均应限制其通过隧道的速度，并禁止超车。

(2) 合理划定防火防烟分区。对于那些与商场等地下建筑相连的地铁站应进行有效的防火分隔，避免它们之间的相互影响。在地铁站内，除了站台和站厅外，有关的机械室、控制室等应划为单独的防火分区。

(3) 安装灵敏可靠的火灾探测报警设备。隧道内应设可靠的火灾探测装置以便于能够及时发现事故发生的位置。因为隧道内的烟尘较多，不宜使用感烟式探测器。现在一般采用线型光纤感温火灾探测器和点型红外火焰探测器（或图像型火灾探测器）以确保火灾监测的准确性和及时性。

（4）设置合理的防排烟设施，加强活塞风的控制。隧道尤其是地铁隧道内上方有大大小小的通风、排气孔与地面相连，当高速行驶的列车在隧道内来回往返时，因为隧道空间的相对封闭性，运转形成的强大气流会让地面的空气借助隧道上方的通风排气孔形成一种上下抽动式的反应——“活塞效应”，产生带动的强大不稳定逆转气流会促进火灾的燃烧与扩散蔓延，导致火灾危险性加大。

综合参考国外的众多隧道火灾案例，于灭火救援过程中外部尽量不要盲目采取“排”的战术解决烟雾问题，因为隧道距离长，尤其是地铁往往都在地下 10～50m 深处，而且火灾情况下烟雾浓烈，滚滚不断，要将烟雾排至地面是非常困难的。隧道内部要立足于“堵”，城市地下隧道灭火救援过程中的烟雾问题，要灵活运用“排”和“堵”，这也是国外处置城市地下隧道火灾事故的发展方向。

（5）应配置高效可靠的灭火设备。在隧道灭火设施的配置方面，要充分灵活地运用隧道内固定灭火设施的作用。东京日本坂隧道位于东京—大阪—名古屋的高速公路上，为日本的交通大动脉，全长 2045km，里面设施齐全而先进，有电视监控系统，40 多个消火栓，1000 多个水喷淋器，300 多个探测器。但是发生火灾之后，水喷淋器工作 80min 后就停止喷水，高温使电视监控系统失去作用，产生的大量浓烟大大超过了通风系统的排烟能力。

隧道火灾往往是车辆使用的燃油着火或者运载的石化产品倾翻着火造成的。隧道火灾的有效扑救，应要优先考虑配置适宜扑灭油类火灾的灭火设施及系统。试验证实，润滑性强的轻水系统扑灭此类火灾效果较好。细水雾灭火技术对此类火灾的扑救也有很好的效率，高压细水雾灭火技术在欧洲很多国家地铁火灾防护方面得到了十分广泛的应用。

（6）应重视灭火设施和机械排烟系统的联合应用。意大利米兰市 CHUBB. SIA 公司推出了一种“喷水堵烟系统”，较好地将城市地下隧道灭火救援的这个难题解决了。米兰市将该系统在该市 50 余千米长的地铁上投入装备运行，证明“喷水堵烟装置”具有科学性、先进性以及安全性等优点，这也是在当今一种能够有效安全疏散地铁内受烟雾威胁人员的先进设施。

（7）加强人员疏散设施的完善。圣哥达隧道之所以被认为是欧洲最安全的隧道，是由于它不仅有一条平行的应急隧道，主隧道内还安装了非常先进的火灾侦察系统及空调系统，发生事故之后 15min 便可以将隧道内的有毒气体排出，另外每隔 250m 修建了一个掩体，每个掩体可容纳 70 人，即使如此，悲剧也未能避免。

6.2.4 地下建筑典型火灾案例

（1）伦敦金克罗斯地铁站火灾。1987 年 11 月 18 日 19 时 29 分左右，伦敦的金克罗斯地铁站发生火灾。该地铁站是连接维多利亚线、皮卡迪里线、城市环线以及北部线的枢纽站。从皮卡迪里线的月台至地面的售票厅安装了 4～6 号三部自动扶梯。当时一位乘客经 4 号扶梯上到售票厅，注意到扶梯由下向上的（1/3）～（1/2）处出现火苗，并告诉了售票处的值班员，此人亦很快向车站负责人做了汇报。19 时 30 分左右，另一位乘客按停了扶梯顶部的按钮，并且大声警告其他乘客赶快离开 4 号扶梯。一位交通警察闻讯赶来后了解情况，并且向值班室报告。约 19 时 33 分，值班室向消防队报警。

约 19 时 42 分，灭火机械陆续到达，同时交通警察和车站的负责人等也都来到售票厅组织灭火。但在 19 时 45 分，火焰突然十分猛烈地由自动扶梯出口窜到售票厅，大量黑色、有毒烟气波及附近的地下通道。30 个人被当即烧死，另外很多人被严重烧伤，其中一些人被送到医院后死亡。除了 4 号扶梯被彻底烧毁外，5、6 号扶梯和售票厅也严重损坏。

这场火灾是 4 号扶梯底部的垃圾着火引发的。因为多年没有彻底清扫，该车站的自动扶梯底部积存有多种细碎的可燃垃圾，如木屑、纸屑、塑料以及橡胶等。加上扶梯的链轮需要经常加黄油润滑，造成垃圾沾满油污。可能是机械摩擦过热，也可能是其他原因掉下了火种引燃了垃圾。

大量沾油垃圾的存在是这场火灾发生的基本原因，但是该地铁站的结构形式也为火灾迅速蔓延创造了条件。该处的自动扶梯隧道长约为 42m，以约 30°的坡度由月台通到售票厅，其烟囱效应造成火烟迅速向上蔓延，这是造成售票厅严重损害的重要因素。所以在自动扶梯处，应当采用一定的防火防烟分隔。

（2）我国四川某隧道火灾。1990 年 7 月 3 日晨 4 时 55 分，0201 次油罐-货物混编列车（由 55 辆车厢编组）通过襄渝线的某隧道时，由于列车中部爆炸，起火成灾。该隧道长 1776m，起火点略靠其北口。因为油品泄漏，形成了流淌火，从隧道北口流出。先期到达的消防队员用泡沫枪和开花水枪奋力控制了流淌火的发展，并筑起 1m 多高的防油堤，挡住了油品外流。但是隧道内仍然猛烈燃烧。次日凌晨，隧道内相继发生多次爆炸，更加剧了火势。北洞口的火焰高达 30m，温度达 1000℃以上，导致距洞口 40m 的沙袋也被烤燃，人在百米外亦难以忍受热辐射影响。而南洞口仅有少量烟气冒出。

经专家论证，决定先用沙袋封住南口，然后封堵北口，利用隔氧窒息法灭火。四川省武警部队、消防部队、当地驻军以及群众约 5000 人前来救火。经参战人员轮番作战，终于在 6 日 14 时 30 分将洞口封堵成功。为了使隧道内的温度降低，8 日上午开始抽江水灌入洞内。10 日开始启封，同时用大功率排烟机清除隧道内的烟气，并着手清理现场，开始抢修。

该线路在 26 日 13 时 58 分才重新开通，共中断行车 551h，报废车辆 28 辆，损失汽油约 598t，大蒜近 300t。直接经济损失估计在 500 万元以上。

这场火灾是油品爆炸造成的。据调查，还有不少隧道火灾也与油品着火有关。在隧道这种狭长的受限空间内，泄漏油品生成的可燃蒸气不易排走。当其积累到着火浓度极限之后，一旦遇到火花或高温物体便可被点燃，而列车运行中经常出现的撞击、制动等容易产生火花。所以有效防止隧道火灾，应由列车管理和隧道管理两方面入手。一方面应使运油车辆减少泄漏，另一方面应在隧道内配备合适的火灾或者可燃气体探测装置，并适时更新隧道内的气体。

6.3 古建筑消防技术

古建筑是指历史各代修建的建筑物，如宫殿、楼台、亭阁、庙宇、祠堂等。这是古代劳动人民以勤劳智慧创造的宝贵遗产，具有很高的艺术和文物价值。如果毁坏，便是一种无法弥补的损失，火灾是造成古建筑毁坏的主要原因之一。认真研究古建筑火灾的特点及规律，发展相应的火灾防治技术，加强古建筑的消防工作，保证古建筑的安全，是保护珍贵历史文化遗产的一项紧迫而又有重要意义的任务。

6.3.1 古建筑火灾的特点

因为我国的古建筑大多以木材为主要建筑材料，其火灾具有以下一些特点。

（1）火灾载荷大，容易酿成火灾。我国许多大型古建筑的屋顶基本上是全木结构，多选用黄松、红松作梁，这些树种的油性大，容易点燃。不少建筑物的立柱及墙壁也用木材制成，这种建筑结构形式类似一个炉膛，而木材经过多年的使用，通常都相当干燥，一旦着火，火焰蔓延迅速，常会很快扩展到整个建筑物中，致使其全部焚毁。这是古建筑与现代建筑物火灾的一个重要差别。

（2）防火设计不合理。出于历史原因及某些特殊要求，许多古建筑物的防火设计存在着严重缺陷，例如：不少单体建筑内采用大屋顶形式，没有防火分隔和挡烟设施；有些建筑物连成一片，只有一些窄小的洞门相通；有的古建筑依靠山坡修建，并且只有几条小径相连；不少建筑群的建筑物是由高低不同的台阶路连通的，如果失火，消防人员和设施很难接近。这些建筑物周围基本没有可供现代消防车通行的消防车道。上述特点不仅为火灾蔓延提供了有利条件，同时也为灭火造成了很多困难。

（3）经常使用明火。这种现象以寺庙式建筑最为普遍。因为宗教习俗，建筑物内经常是香烟缭绕、烛火长明，而其中又设有密集的供桌及幕帐、帷幔。不少寺庙式建筑的火灾就是由香火引燃上述物品而酿成的。

（4）电气设备使用不协调。目前在许多古建筑中，电气设备的使用也已十分普遍，电照明、电取暖、电炊具四处可见。在这些以木结构为主的古建筑内，存在不少随意敷设电线、安装用电器不规范的情况。一旦线路老化，或者设备过热，很容易引发火灾，这也是大量事实证明的。

（5）人为起火因素多。因为古建筑大都具有很高的艺术或文物价值，前来参观的人很多、很杂，且流动性大。参观者中不乏吸烟者，他们常随身携带火柴、打火机以及香烟等物，这些物品经常是导致火灾的重要因素，在古建筑中其火灾危险性更大。另外小孩玩火经常也是火灾的直接原因。

（6）容易遭遇雷击。这是由不少古建筑的形状及位置决定的。有些古建筑修在险要或位置孤立的地方，有的古建筑具有高耸、突出的屋檐，这均为遭受雷电的袭击创造了条件。因为历史原因，不少古建筑的避雷设施不完善。若没有安装避雷针，或避雷针的设计、安装不合理，便难免雷击危害。

（7）防火安全改造工作复杂而困难。很多人已认识到避免古建筑火灾的重要性，但当采取具体措施时，常常遇到一些特殊的困难与麻烦。许多建筑物具有特定的形式与风格，进行任何改造都应与原有风格相适应。在一些典型位置，不宜或者不能安装消火栓和自动灭火设备，例如在木结构屋顶装水喷淋器，由于原有构件的承重与平衡都有一定限度，再增加喷水系统的重量就有可能破坏原建筑。还有相当多的古建筑的木结构上画有各种图案，这就给使用防火涂料带来困难，目前还没有多少合适的防火涂料可供古建筑选用。

(8) 灭火造成的二次损失严重。这是由古建筑的艺术价值所决定的。在火灾中使用高压水龙喷水灭火很可能破坏建筑中的文物。另外，使用灭火药剂也需慎重选择，不宜使用腐蚀性大及活性强的灭火剂，它们很可能会严重损坏文物。

6.3.2 古建筑关键消防技术

基于古建筑火灾的上述特殊性，在进行火灾安全分析和安全管理时应充分重视下列事项。

(1) 严格控制火源。有效控制火源是避免古建筑火灾的基本途径。在这方面需要做的主要有：在重要的殿堂、寺院、楼馆内禁止动用明火，若由于维修必须用火则须特别批准，并在采取严格措施的情况下进行；在古建筑保护区内禁止使用液化石油气或安装煤气、天然气管道；在进行宗教活动的古建筑需格外注意香火管理，应当规定烧香及焚纸的地点，限制某些长明灯的数量、功率；文物保护区与附属生活区应明确分开。

(2) 加强用电管理。在建筑物内使用电气设施是不可避免的，但是在古建筑中必须制定特殊的限制措施。为了保持古建筑的原貌，在其主要区域通常不允许安装电线或者使用电器，如必须安装，需经有关部门批准，并且必须使用铜芯电线，并用金属管穿管敷设，不允许把电线直接敷在木质梁柱上。

(3) 尽量减少起火因素。严禁在古建筑内及其周围堆放易燃易爆的材料和物品，限制柴草、木料等的存放量；不允许将古建筑同时改作他用，如开设饭店、游乐厅以及旅社等；加强防火安全管理，配备专职防火人员，特别在组织庙会、拍摄影视等活动时，要防范外部带来的火源。

(4) 安装火灾探测系统。尽早发现火情、迅速报警、及时灭火对古建筑来说十分重要。安装合适的火灾探测报警系统是值得优先采取的措施。因为木材着火的初期大多处于阴燃阶段，先冒出较多的烟，所以宜选用灵敏度较高的离子型火灾探测器、气体分析探测器。但是对于经常点燃香火的寺庙等，这种探测器必会造成误报，如何区别火灾烟气和香火烟气是一个很难处理的问题。早期吸气式火灾探测器、智能光电感烟探测器、空气采样感烟火灾探测器、编码感温探测器以及可视化技术为一体的古建筑智能型火灾探测系统，使古建筑火灾探测报警的灵敏度大大提高了，减少了误报率。

（5）改进灭火设施。在这方面最主要的是解决消防水源问题，在城市中的古建筑内可安装消火栓，在离水源较远的古建筑内可修建储水池。另外，在一些重要古建筑内可以安装二氧化碳或卤代烷灭火器。细水雾灭火技术因为水渍少，也可以广泛地应用于古建筑的消防安全防护中。

（6）认真落实防雷措施。应严格按照防雷规程对古建筑安装避雷器，并根据大屋顶、多屋檐的特点，准确计算保护范围。并且需要经常认真检查避雷装置的工作状况，如接闪器及接线电阻等，发现不满足要求的要及时维修。

6.3.3 典型古建筑火灾案例

（1）北京市景山寿皇门火灾。1981 年 4 月 10 日 21 时左右，北京景山公园的值班人员发现寿皇门发生火灾，急忙向寿皇门报警。但是当时那里的值班人员是一个七旬老翁，待他起床后，火焰已由该处的电气修理间窜出，点燃了木板墙和屋架。而修理间隔壁存放的汽油、酒精等物品发生燃烧，火势加强。连 15m 外的古槐、古柏也烤着了。因为附近的消防供水不足，消防队只好从几百米远的地方取水。大火在次日凌晨 3 时 30 分才被扑灭。一座约 400 年历史的古建筑化为灰烬。现在的寿皇门是国家拨款重修的仿古建筑。

寿皇门位于北京南北轴线上。1957 年，该门与其附近的寿皇殿、神厨、神库以及井亭等划归北京市少年宫使用。此后寿皇门内逐渐增设了多种游乐装置，并且划出两间房分别作为修理室和易燃物品存放室。火灾的直接原因为游艺宫管理人员下班时未关电源，导致充电机长时间运行，致使电池发热，引燃了工作台。

在古建筑内存放易燃物品、安装电动设备以及将古建筑作为电气修理室是火灾的基础原因。消防设施不完备则是初期火灾不能控制的重要因素。该处本来有一个消火栓，但起火后却找不到水龙带。那里的灭火器当时全部送到消防器材厂换药，造成没有灭火器可用。这些充分暴露出该处火灾安全管理方面的漏洞。

（2）英国温莎城堡火灾。1992 年 11 月 20 日 11 时 30 分，英国女王居住所之一的温莎城堡发生火灾。当时有几个油画检查员，突然发现一个窗帘后面冒出火焰。他们本以为可以用灭火器灭火，但因为该灭火器长期未用而失效，从而错过了灭火的时机。当附近的工人带灭火器来灭火时，该室的火势已经控制不住。11 时 37 分，消防队接到报警，第一批消防队员赶到之后，火焰已经从小礼拜堂内冲出，向圣乔治厅（英国的国家典礼宴会厅之一）等处蔓延。因为此厅内的可燃物多，加上吊顶与屋顶之间有约 2m 的间距，空气流通容易，又助长了火势的发展。现场消防人员紧急向伦敦、牛津、汉普敦等地求救，于是先后有 225 名消防队员、39 辆灭火车以及 7 辆特别支援车参与灭火。但由于温莎城堡的可燃物品多，结构复杂，护墙与吊顶内有不少孔洞，造成火灾大范围蔓延。经过 5 个多小时的扑救才将火势控制住，又经过 8h 才把火灾彻底扑灭。

温莎城堡是已有 800 余年的英国著名文物建筑。这场火灾将其中的圣乔治堂和小礼拜堂完全烧毁，还有多处其他厅、室受到严重破坏，许多珍贵文物和艺术品被损坏。估计直接经济损失达 6000 万英镑。

火因调查证实，这场火灾系工人搬运油画时，将窗帘推向室内一个聚光灯处造成的，由于长时间的烘烤，窗帘着火。该建筑的防火性能差是造成火灾蔓延的重要原因。建筑物内可燃物多，但吊顶和护墙上存在不少孔洞没有封堵，且没有安装喷水灭火系统。相关安全部门曾建议在堡内安装喷水系统，但因为担心艺术珍品会受到水浸损失而被温莎城堡的管理部门拒绝。灭火过程，水源离起火点比较远，这也增加了灭火的难度。

温莎城堡火灾较充分暴露了在古建筑内安装火灾探测系统与喷水灭火系统的矛盾。一栋古建筑需要根据自己的具体条件尽可能采取先进而适用的防灭火系统。

参 考 文 献

[1] 中华人民共和国住房和城乡建设部．建筑防火通用规范（GB 55037—2022）[S]. 北京：中国计划出版社，2023.

[2] 中华人民共和国住房和城乡建设部．消防设施通用规范（GB 55036—2022）[S]. 北京：中国计划出版社，2023.

[3] 中华人民共和国公安部．火灾自动报警系统施工及验收规范（GB 50166—2019）[S]. 北京：中国计划出版社，2020.

[4] 中华人民共和国公安部．建筑设计防火规范（GB 50016—2014）（2018 版）[S]. 北京：中国计划出版社，2018.

[5] 中华人民共和国住房和城乡建设部．自动喷水灭火系统施工及验收规范（GB 50261—2017）[S]. 北京：中国计划出版社，2018.

[6] 中华人民共和国住房和城乡建设部．建筑防烟排烟系统技术标准（GB 51251—2017）[S]. 北京：中国计划出版社，2018.

[7] 中华人民共和国公安部．消防给水及消火栓系统技术规范（GB 50974—2014）[S]. 北京：中国计划出版社，2014.

[8] 许佳华．消防工程 [M]. 北京：中国电力出版社，2015.

[9] 石敬炜．施工现场消防安全 300 问 [M]. 北京：中国电力出版社，2014.

[10] 许秦坤．建筑消防工程 [M]. 北京：化学工业出版社，2014.

[11] 李亚峰，马学文，余海静．建筑消防工程 [M]. 北京：机械工业出版社，2013.

[12] 班云霄．建筑消防科学与技术 [M]. 北京：中国铁道出版社，2015.